DERNIÈRES NOUVELLES DES PLANÈTES

DU MÊME AUTEUR

La Vie sur Mars
Seuil, « Science ouverte », 1999

La Mort des dinosaures. L'hypothèse cosmique
Seuil, « Points sciences », 1999

Terre de France.
Une histoire de 500 millions d'années
Seuil, « Science ouverte », 2007

L'Homme sur Mars. Science ou fiction ?
Dunod, « Quai des sciences », 2007

Vous êtes ici ! Les idées clés pour comprendre notre planète
Dunod, « Oh, les sciences », 2008

CHARLES FRANKEL

DERNIÈRES NOUVELLES DES PLANÈTES

OUVRAGE PUBLIÉ AVEC LE CONCOURS
DU CENTRE NATIONAL DU LIVRE

ÉDITIONS DU SEUIL
27 rue Jacob, Paris VIe

ISBN 978-2-02-096549-1

www.editionsduseuil.fr

Avant-propos

Ce livre est une synthèse de toutes les découvertes récentes faites dans notre système solaire par les sondes spatiales et les grands télescopes.

Le moment est opportun, car nos ambassadeurs robotisés viennent de boucler un grand cycle dans l'étude des planètes. Mercure a vu la première visite en plus de 30 ans d'une sonde spatiale (la sonde *Messenger* de la NASA). L'atmosphère de Vénus et son terrible effet de serre ont été scrutés dans le détail par *Venus Express*, première sonde européenne dédiée à l'étoile du Berger. La Terre est en pleine révolution écologique, avec une flottille de satellites climatiques à son chevet. La Lune est la cible d'une armada de nouvelles sondes chinoises, japonaises, indiennes, américaines et européennes, visant à préparer le retour d'astronautes à sa surface.

Mars est la grande vedette de cette première décennie du XXIe siècle, avec les plates-formes orbitales *2001 Mars Odyssey*, *Mars Express* (2003) et *Mars Reconnaissance Orbiter* (2006), l'atterrisseur polaire *Phoenix* (2008), qui a gratté et analysé ses couches de glace, et les deux robots automobiles *Spirit* et *Opportunity* (2004), qui ont passé plus de 5 ans à arpenter les plaines de la planète rouge et roulent encore à l'heure où nous écrivons ces lignes. Plus que jamais, Mars est au cœur de la conquête spatiale avec le recensement de ses importantes réserves en eau et l'espoir d'y découvrir les formes primitives d'une vie extraterrestre – objectif de la prochaine sonde européenne *ExoMars* (2018).

Les planètes géantes ne sont pas en reste. Après l'étude de Jupiter et de ses lunes *in extenso* par la plate-forme orbitale et la sonde atmosphérique *Galileo*, c'est Saturne et ses anneaux qui sont à l'honneur grâce à la sonde internationale *Cassini*, arrivée à poste en 2004 et en plein travail à l'heure actuelle, l'Europe ayant également réussi l'exploit de poser sa sonde *Huygens* sur Titan, lune de Saturne, où clapotent des lacs d'hydrocarbures.

Enfin, le système solaire connaît une petite révolution avec le déclassement de Pluton, qui passe du statut de planète à celui de « planète naine », catégorie où il est rejoint par une multitude de petits corps glacés découverts au-delà de Neptune, qui apportent un éclairage nouveau sur la naissance et l'évolution tumultueuse du système solaire.

Ce livre s'adresse à tous ceux qui s'intéressent aux planètes – autant les curieux qui découvrent le système solaire pour la première fois que les amateurs passionnés qui veulent parfaire et mettre à jour leurs connaissances. Géologue de formation, enseignant la planétologie aux États-Unis, j'espère avoir transformé l'avalanche de données actuelles en un exposé assez clair et synthétique pour satisfaire tous ceux qui sont férus de conquête spatiale. Un grand merci à Nicolas Witkowski pour m'avoir encouragé à écrire ce livre, ainsi qu'à Sophie Lhuillier pour en avoir suivi la fabrication.

Les images qui accompagnent le texte sont une simple mise en bouche : il faudrait un ouvrage entièrement illustré pour leur faire honneur. J'invite le lecteur à consulter les livres de photographies déjà parus et à surfer sur Internet pour prendre la mesure de toute la beauté du système solaire et de toutes les découvertes que les sondes spatiales nous apportent. À cet effet, une liste de sites web est incluse dans la bibliographie, ainsi qu'un échantillon de tous les excellents livres déjà publiés sur le sujet et dont je me suis inspiré.

Enfin, merci par avance aux lecteurs pour leurs commentaires et aux planétologues pour leurs mises au point (à m'adresser par courriel à csfrankel@aol.com), qui m'aideront à mettre à jour cet ouvrage lors de prochaines éditions, afin qu'il reflète au mieux l'actualité spatiale.

Il ne me reste plus qu'à vous recommander de boucler vos ceintures et à vous souhaiter un bon voyage à travers le système solaire !

Charles Frankel

Note : le terme « lune » est ici employé à la manière anglo-saxonne (*moon*) pour désigner les satellites des planètes.

CHAPITRE I

Mercure

MERCURE EST LA PREMIÈRE PLANÈTE à partir du Soleil, et à ce titre c'est la première que nous visiterons dans notre périple à travers le système solaire. Ce n'est pas la plus excitante – elle est petite et figée depuis longtemps, sans atmosphère et sans même de lune pour égayer son ciel –, mais elle représente un beau défi pour les astronomes, les planétologues et les constructeurs de fusée qui tentent de l'apprivoiser.

Mercure ne se laisse pas facilement observer, rasant le Soleil et se cachant dans son éclat, ne se laisse pas facilement comprendre – sa forte densité, son champ magnétique et son orbite excentrique laissent perplexe –, et ne se laisse approcher par un vaisseau spatial qu'au prix de coûteuses manœuvres.

Nous avons donc beaucoup de chance de vivre aujourd'hui la découverte de Mercure, les moyens nécessaires à son étude étant enfin disponibles. C'est en effet en 2008 que la sonde américaine *Messenger* a débuté sa mission de découverte de la petite planète, qu'elle doit poursuivre jusqu'en 2012 – ou plus longtemps si la chance lui sourit. Seule une autre sonde, *Mariner 10*, en 1974-1975, l'a précédée par une rafale de courtes visites avec des instruments rudimentaires. *Messenger* représente donc un pas de géant dans notre connaissance de Mercure, et nous commencerons par décrire son vol.

Rendez-vous avec Mercure

Pour atteindre son but, la sonde américaine a dû se livrer à un véritable jeu de billard cosmique, débuté à Cap Canaveral au sommet d'une puissante fusée Delta. Car si Mercure passe fréquemment à moins de 100 millions de kilomètres de la Terre dans sa ronde autour du Soleil, il n'en demeure pas moins l'un des objectifs les plus difficiles à atteindre. Proche du Soleil, la petite planète ressent une attraction tellement forte qu'elle file sur son orbite à une vitesse proche de 60 km/s, près de 2 fois la vitesse orbitale de la Terre. Il faut donc une fusée très performante pour l'atteindre.

C'est d'ailleurs en raison de sa vélocité et de sa proximité au Soleil que la petite planète fut nommée Hermès par les Grecs et Mercure par les Romains : le dieu le plus rapide de l'Olympe, messager infatigable aux pieds ailés. Pour espérer le rejoindre, les navigateurs du cosmos ont dû ruser et solliciter un coup de pouce d'une autre divinité, amante de Mercure dans la mythologie : la divine Vénus.

C'est au début des années 1970 que la solution est trouvée. La NASA prépare à l'époque la mission *Mariner 10* : un survol en 1971 de Vénus, qui circule à mi-chemin entre la Terre et Mercure. L'idée germe alors dans l'esprit des navigateurs qu'ils peuvent utiliser Vénus comme un tremplin, en passant assez près de la planète pour exploiter son champ de pesanteur et accélérer leur sonde vers Mercure, qu'elle survolerait alors en 1974. On fait ainsi d'une pierre deux coups : la stratégie du « billard interplanétaire » est née, et Mercure est atteint pour la première fois.

Trente ans plus tard, pour la mission *Messenger*, les navigateurs de la NASA ont acquis une grande virtuosité dans l'art des ricochets planétaires. De fait, cette nouvelle sonde ne doit pas seulement survoler sa

MERCURE EN CHIFFRES

Caractéristiques physiques

Diamètre équatorial :	4 880 km
Masse :	0,05 Terre
Densité :	5,43 (5 430 kg/m^3)
Pesanteur :	0,38 *g*
Température de surface :	+427 °C à −173 °C
Période de rotation :	59 jours
Inclinaison de l'axe :	0,01°
Atmosphère :	négligeable

Caractéristiques orbitales

Aphélie :	69,8 millions de kilomètres
Périhélie :	46 millions de kilomètres
Excentricité :	0,2
Période de révolution :	88 jours
Inclinaison (sur l'écliptique) :	7°
Nombre de lunes :	0

FIGURE 1.1 – La planète Mercure photographiée par la sonde *Messenger* en octobre 2008. Les cratères d'impact les plus jeunes sont entourés de longues raies d'éjecta.
(NASA/Johns Hopkins University APL/Carnegie Institution of Washington.)

cible, elle doit se mettre en orbite autour d'elle. La manœuvre consiste à survoler l'astre à une vitesse relativement faible, de façon à ne pas utiliser trop de carburant lors du freinage et de la satellisation. À cette fin, les navigateurs ont dû concocter un sacré coup de billard.

Après son décollage de Cap Canaveral, le 3 août 2004, *Messenger* commence par se libérer de l'attraction terrestre et accomplit une première révolution autour du Soleil. Au terme de cette boucle initiale, la sonde repasse près de la Terre, le 2 août 2005, et exploite l'accélération du survol pour infléchir sa trajectoire vers l'intérieur du système solaire, en direction de Vénus.

Le survol de cette dernière, en octobre 2006, infléchit la trajectoire de la sonde. Un second passage près de Vénus, en juin 2007, modifie le cours de la sonde d'un cran supplémentaire vers sa destination finale. Ainsi, *Messenger* croise pour la première fois Mercure le 14 janvier 2008, mais à une vitesse encore trop élevée pour entreprendre une satellisation. De nouveaux ajustements de trajectoire l'amènent à recroiser Mercure le 5 octobre 2008, puis en septembre 2009, avant une dernière rencontre en mars 2011 qui sera la bonne : la vitesse relative du chasseur et de sa proie sera alors suffisamment réduite pour que *Messenger* s'inscrive en orbite autour de sa cible, grâce à un dernier coup de frein de son moteur-fusée. Par cette manœuvre, elle deviendra le premier engin fabriqué par l'homme à dompter la fougueuse planète, ouvrant une nouvelle page de son exploration.

Un monde insaisissable

La première planète du système solaire est un monde bien furtif. Qui peut se vanter d'avoir seulement aperçu Mercure sur la voûte céleste ? Proche du Soleil, il est noyé dans son éclat, de sorte qu'on ne peut l'observer que lorsqu'il s'en détache franchement – jamais plus de 28 degrés d'arc –, une séparation angulaire qu'on appelle « élongation maximale ». On arrive alors à apercevoir Mercure après le coucher du Soleil, durant une petite heure, avant que la planète ne plonge à son tour sous l'horizon ouest, ou bien dans les lueurs de l'aube, brillant de son éclat doré au-dessus de l'horizon est, avant que le Soleil ne se lève et ne l'efface du ciel.

LA MAGNITUDE

La magnitude d'un astre représente sa classification en termes d'éclat – échelle qui s'étend de 0 pour les étoiles brillantes (comme Véga) à +6 pour les étoiles les plus faibles visibles à l'œil nu, les magnitudes supérieures dénotant les astres visibles seulement à l'aide d'un instrument. Chaque unité de magnitude correspond à une baisse de luminosité d'un facteur 2,5 environ. Un astre de magnitude 5 est donc 100 fois moins brillant qu'un astre de magnitude 0. Pour les rares astres plus brillants que l'étalon Véga (0), on poursuit l'échelle des magnitudes dans le sens négatif. On assigne notamment à Sirius, l'étoile la plus brillante du ciel, une magnitude de –1,5. Quelques planètes font mieux, bien que leur magnitude soit variable selon leur position par rapport à la Terre et leur éclairage par le Soleil. Ainsi, alors que sa magnitude moyenne avoisine 0, Mercure atteint occasionnellement la magnitude –2.

OBSERVER MERCURE

Parce que son orbite est proche du Soleil, on ne peut observer Mercure qu'un mois sur deux, durant les quelques nuits où il se trouve le plus à l'est de l'astre (visible le soir) ou le plus à l'ouest (visible le matin), périodes dites d'« élongation maximale ». Dans les deux cas, la période favorable d'observation dure moins d'une heure.

La géométrie de son illumination par le Soleil vaut à Mercure des phases. Une très faible partie de sa surface est éclairée lorsqu'il passe au plus près de la Terre. Lorsque Mercure s'éloigne, une plus grande proportion de sa surface est éclairée, mais son diamètre apparent diminue alors de 13 secondes à 5 secondes d'arc.

Lors des brèves périodes de bonne visibilité, Mercure peut atteindre la magnitude –2, bien que son éclat soit noyé dans les lueurs du crépuscule. On peut alors facilement le repérer à l'œil nu, mais il faut un télescope d'au moins 100 millimètres d'ouverture, avec un grossissement de 100 à 150 fois, pour distinguer son disque et ses phases. Avec des instruments de 150 millimètres et mieux, on peut deviner de vagues taches sombres à sa surface, sans autre détail.

Une douzaine de fois par siècle, Mercure passe exactement devant le Soleil en nous dépassant. Avec un filtre spécial, ou en projetant l'image sur un écran, on peut observer ses transits devant le disque solaire, qui peuvent durer près de 8 heures de bord à bord. Les prochains transits de Mercure, visibles en Europe, auront lieu le 9 mai 2016 et le 11 novembre 2019.

Il faut donc s'armer de patience pour voir Mercure, les moments propices ne se répétant que quelques jours tous les deux mois, et il est nécessaire pour cela de disposer d'un horizon dégagé et limpide. La légende veut que Nicolas Copernic lui-même ait déploré de n'avoir jamais vu Mercure, à cause des fréquents brouillards qui flottaient sur la Vistule, dans sa Pologne natale.

Bas sur l'horizon, noyé dans les lueurs du crépuscule, Mercure n'en demeure pas moins un astre brillant qui peut atteindre la magnitude –2 *(voir encadré ci-dessus)*, soit un éclat supérieur à celui de Sirius, l'étoile la plus brillante du ciel.

En raison de son éclat et de son caractère furtif, Mercure a marqué les esprits des premiers astronomes, tant à Babylone qu'en Égypte, là où l'air sec du désert et l'horizon dégagé offraient d'excellentes conditions d'observation. Près de deux millénaires avant Jésus-Christ, le plus ancien temple de Babylone – une pyramide érigée à l'est de la ville, dans les faubourgs de Borsippa – était dédié à Mercure : il permettait son observation depuis un point de vue en hauteur, avec un horizon dégagé en direction du levant. On peut d'ailleurs se demander si les grands prêtres babyloniens avaient compris que l'astre fugitif de l'aube était le même que celui du soir, qui apparaissait 2 mois plus tard sur l'horizon ouest. Les Égyptiens furent confrontés au même problème et virent d'abord en Mercure deux astres différents – Sat pour l'étoile du soir et Horus pour l'étoile du matin –, avant de comprendre qu'il s'agissait d'un seul et même objet.

Les astronomes de la Grèce antique, s'ils reconnaissaient bien le caractère unique de l'astre crépusculaire, lui attribuèrent également deux divinités : Hermès pour l'étoile du soir et son frère Apollon pour l'étoile du matin, ce dernier conduisant le char du soleil levant. Hermès prit peu à peu l'ascendant sur son alter ego : devenant Mercure chez les Romains, c'est sous ce nom que la planète est connue désormais.

Parce que Mercure est l'un des sept astres, connus des Anciens, qui se déplacent dans le ciel (par rapport aux étoiles fixes), et donc investi d'importants pouvoirs, la petite planète a donné son nom à l'un des sept jours de la semaine : le mercredi. Les autres jours honorent la Lune (lundi), Mars (mardi), Jupiter (jeudi), Vénus (vendredi), Saturne (samedi) et le Soleil (dimanche ou, en anglais, *sunday*).

Un parcours erratique

Avant la conquête spatiale qui nous a révélé le visage de Mercure, les astronomes ont eu bien du mal à dresser son portrait, même à l'aide des plus puissants télescopes. Bas sur l'horizon – où la turbulence atmosphérique brouille les images –, noyé dans la lumière solaire, et de petite taille de surcroît (le tiers du diamètre terrestre), Mercure ne montre que des taches indistinctes. En revanche, les mouvements de la petite planète sur son orbite se prêtent bien aux observations et ont occupé de nombreux astronomes. Ils nous donnent l'occasion d'introduire quelques notions sur le comportement des planètes.

Les planètes tournent autour du Soleil sur des orbites qui ont tendance à être circulaires et dans un même plan. Cette géométrie commune tient au fait que le système solaire s'est formé par contraction d'un nuage de gaz et de poussières, animé à l'origine d'un faible mouvement de rotation. La vitesse de rotation a augmenté au cours de la contraction (loi de la « conservation du moment angulaire »), tout comme augmente celle d'un patineur qui replie les bras le long du corps. Au centre s'est formé le Soleil, alors qu'un cortège de résidus a subsisté en périphérie, qui s'est aplati en un disque sous l'effet de l'interaction constante de ses particules. C'est dans ce disque plan que les planètes sont nées.

Les poussières du disque se sont d'abord coagulées en grumeaux, puis les grumeaux sont devenus des amas plus gros dans leur ronde autour du Soleil. Ensuite, ces blocs errants ont eux-mêmes fusionné par collision, bâtissant plusieurs dizaines de « protoplanètes » de taille respectable. Ces dernières ont continué à s'influencer à distance, entrant finalement en collision à leur tour, ou modifiant les trajectoires de leurs voisines pour les éloigner d'un cercle parfait et les envoyer hors du disque de leur genèse. Ce fut le cas de Mercure, qui est l'une des planètes les plus perturbées du système solaire et qui décrit l'une des orbites les plus excentriques du groupe.

L'orbite de Mercure est à la fois inclinée par rapport à la nôtre et fort éloignée d'un cercle. Pour ce qui est de l'« inclinaison », on a l'habitude de définir le plan de référence des orbites comme étant celui de la Terre – chauvinisme tout à fait excusable – et on nomme ce plan l'« écliptique ». Il est représenté dans le ciel par les constellations du zodiaque, où semble se déplacer le Soleil par un effet de perspective, lorsque la Terre boucle une orbite autour de l'astre du jour. Les autres planètes effectuent leur ronde dans des plans voisins – également limités aux constellations du zodiaque –, et dont la plupart ne sont inclinés que de 1 ou 2 degrés par rapport au nôtre. Mercure se détache du lot par une inclinaison orbitale de 7 degrés sur l'écliptique. Seul l'exceptionnel Pluton, aux confins du système solaire, possède une orbite plus inclinée.

Tout aussi remarquable est l'« excentricité » de l'orbite de Mercure, c'est-à-dire son écart par rapport à un cercle parfait. Un cercle parfait a une excentricité de 0 par définition, alors qu'une orbite étirée à l'extrême, au point d'être ouverte sur l'infini, a une excentricité de 1. L'orbite de Mercure affiche une excentricité notable (0,2), au point que, là aussi, seul Pluton fait mieux. On a coutume de dire que Mercure circule à 58 millions de kilomètres du Soleil, mais il s'agit d'une moyenne grossière : sur son ellipse, la petite planète s'en écarte jusqu'à 70 millions de kilomètres et s'en rapproche à 46 millions. Véloce, elle boucle cette orbite en 88 jours, soit un peu moins de 3 mois.

Ainsi en va-t-il pour l'orbite et l'année mercuriennes, connues depuis l'Antiquité. La rotation de la planète sur son axe – la durée de son jour – fut plus difficile à mesurer, car il faut pour cela discerner des détails sur l'astre et chronométrer le temps qu'ils mettent pour faire un tour complet et réapparaître au même endroit. Or, même dans les meilleurs télescopes, l'observation de Mercure ne livre pas de détails fiables. Ce n'est qu'avec l'invention du radar, et son utilisation astronomique à partir des années 1960, que la rotation de l'astre a été mesurée. Elle est très lente, s'effectuant en 59 jours terrestres.

À vrai dire, les astronomes s'attendaient à une telle lenteur, car, si proche du Soleil, Mercure subit un freinage de sa rotation par les puissantes marées qu'exerce l'astre du jour sur ses couches rocheuses. C'est ce même effet de marée, exercé par la Terre sur la Lune, qui a ralenti la rotation de notre satellite jusqu'à ce qu'il nous présente toujours la même face. De nombreux astronomes avaient parié que Mercure avait connu le même sort, et que le Soleil l'avait obligé à une rotation sur lui-même en 88 jours, égale à sa révolution orbitale.

Le Soleil n'y est pas parvenu, mais il a réussi au moins à obtenir un compromis, la rotation de Mercure en 59 jours valant exactement les deux tiers de sa période orbitale de 88 jours. C'est ce que les astronomes appellent une résonance 3 : 2, à savoir que Mercure tourne 3 fois sur lui-même dans le même temps qu'il fait 2 fois le tour du Soleil. Cet équilibre sied bien à la petite planète et aux forces qu'elle subit. Mais, selon les calculs, il a fallu tout de même au Soleil un milliard d'années de freinage « marémoteur » pour ralentir la toupie mercurienne jusqu'à cette période stable de 59 jours.

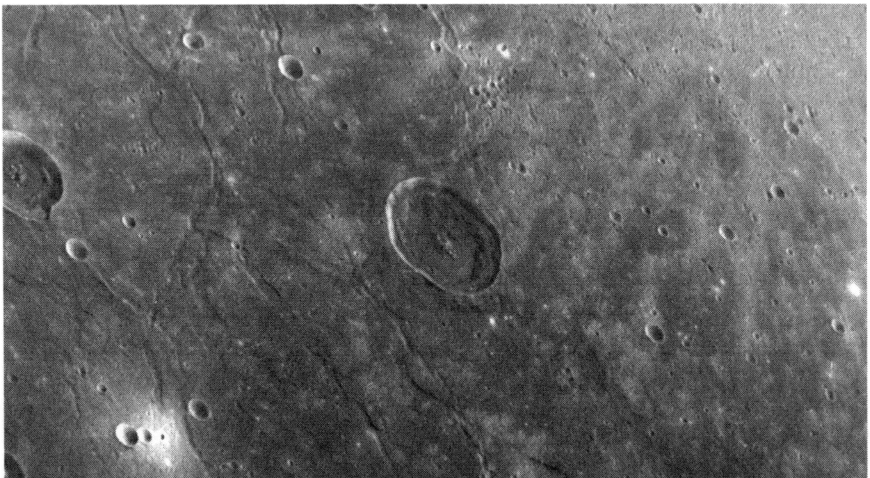

FIGURE I.2 – Les plaines volcaniques du bassin Caloris, criblées de cratères d'impact, sont également parcourues par un réseau de fossés qui indique une tectonique d'extension.
(NASA/Johns Hopkins University APL/Carnegie Institution of Washington.)

Implacable soleil

La rotation de Mercure en 59 jours – sa journée – est mesurée dans un cadre fixe, par rapport à l'arrière-plan des étoiles lointaines : on l'appelle pour cette raison « jour sidéral ». Le ciel étoilé pivote dans le ciel de Mercure durant ce laps de temps. Il n'en est pas de même pour le mouvement apparent du Soleil, car, tout en effectuant sa rotation quotidienne, Mercure file à bride abattue sur son orbite autour de l'astre central. La conjugaison des deux mouvements fait qu'il doit effectuer plus d'une rotation sur lui-même pour voir le Soleil repasser au méridien dans son ciel. C'est ce qu'on appelle le « jour solaire ».

Chez nous sur la Terre, la différence entre jour sidéral et jour solaire n'est pas bien grande. Notre planète accomplit une rotation sur elle-même en 23 heures et 56 minutes, et dans ce laps de temps ne parcourt qu'un petit segment d'arc dans sa course autour du Soleil, décalage qui l'oblige à continuer sa rotation seulement 4 minutes supplémentaires pour qu'un observateur au sol voie le Soleil repasser au même endroit dans le ciel. Ainsi, notre journée solaire ne dure pas 23 heures et 56 minutes, mais 24 heures.

Pour Mercure, qui tourne lentement sur lui-même et boucle rapidement le tour du Soleil, l'effet est beaucoup plus marqué. Alors que sa journée sidérale vaut 59 jours terrestres, sa journée solaire – le temps entre deux levers de Soleil en un point de la planète – dure 176 jours ! On arrive à ce paradoxe amusant que le jour solaire sur Mercure est 2 fois plus long que son année.

Comme si ce n'était pas suffisant, un touriste sur Mercure aurait d'autres sujets d'étonnement. Nous avons vu que la planète parcourt une trajectoire très elliptique, qui lui vaut de se rapprocher davantage du Soleil à un point de son orbite (le « périhélie ») qu'au point opposé (l'« aphélie »). Or, les lois de la gravitation nous enseignent que la vitesse orbitale d'une planète augmente lorsqu'elle se rapproche du Soleil – elle ressent une plus forte attraction – et diminue lorsqu'elle s'en éloigne. Pour Mercure, la différence n'est pas anodine : 39 km/s dans la zone la plus lente, et 59 km/s dans la zone la plus rapide.

De ce fait, le Soleil traverse le ciel de Mercure à un rythme variable. Au périhélie, la vitesse orbitale de la planète l'emporte sur sa vitesse de rotation dans le mouvement apparent du Soleil. Celui-ci s'arrête dans le ciel, rebrousse chemin vers l'est durant 8 jours, puis reprend son cours normal vers l'ouest. Si vous vous trouvez sur Mercure là où le Soleil se lève, vous le verrez changer d'avis et se recoucher sous l'horizon, avant d'enchaîner un second lever une semaine plus tard – le bon, cette fois.

Pour un observateur au sol, l'orbite excentrée de Mercure autour du Soleil génère un deuxième spectacle. Au point le plus distant de cette orbite – l'aphélie –, le diamètre apparent du Soleil vaut déjà le double de celui que l'on perçoit depuis la Terre. Or au fil des jours, à mesure que Mercure se rapproche du périhélie, le disque solaire enfle au point d'atteindre un diamètre triple. Sa surface est alors 9 fois plus grande que dans le ciel terrestre, tout comme le rayonnement qu'elle projette sur Mercure : près de 10 000 watts au m^2 !

Un troisième phénomène remarquable s'y ajoute, dû à la résonance 3 : 2 entre rotation et révolution de Mercure. Lors de son éclat maximal au périhélie, le Soleil ne passe au zénith qu'au-dessus de deux régions équatoriales de Mercure, à tour de rôle et aux antipodes l'une de l'autre. L'un de ces points chauds se trouve en bordure d'un grand bassin qui a reçu à juste titre le nom de « bassin *Caloris* » – le « bassin des chaleurs » *(voir cahier couleurs, fig.1)* – la température y atteignant 427 °C au sol. C'est à quelques degrés près la température de fusion du plomb !

Le contraste avec la température nocturne en est d'autant plus impressionnant. Dépourvu d'atmosphère en raison de sa petite taille, Mercure ne dispose d'aucun mécanisme pour retenir la chaleur du jour. Une fois le Soleil couché, la température dégringole jusqu'à – 170 °C environ, ce qui constitue le plus grand contraste de températures dans tout le système solaire.

Cela étant, il existe des endroits sur Mercure où le froid est permanent : les cratères des régions polaires. Le cas ne se présenterait pas si la planète connaissait des saisons : elle orienterait alors tantôt un pôle, tantôt l'autre vers le Soleil, ce qui les illuminerait et les réchaufferait à tour de rôle. Mais Mercure se tient parfaitement droit dans sa ronde autour du Soleil, avec un axe de rotation perpendiculaire au plan de son orbite. Dans les plaines du pôle Nord, notre explorateur verrait ainsi le Soleil raser l'horizon sans jamais s'en détacher. Il suffirait d'un modeste relief pour plonger le terrain durablement dans l'ombre. En particulier, les remparts d'un cratère d'impact protégeraient le fond de sa cuvette dans toutes les directions. Le Soleil aurait beau faire le tour de l'horizon en une journée mercurienne – 176 jours terrestres –, le plancher du cratère ne verrait jamais la lumière du jour (à moins qu'il y ait une brèche dans les remparts) et sa température resterait, selon les calculs, de – 210 °C.

FIGURE I.3 – Les rides de compression témoignent d'une contraction globale de Mercure. Ici, un tel front de chevauchement (Beagle Rupes) traverse le cratère Sveinsdóttir, large de 300 km. *(NASA/Johns Hopkins University APL/Carnegie Institution of Washington.)*

Cratères et bassins

Les cratères ne manquent pas sur Mercure. Jusqu'à l'avènement des sondes spatiales, on ignorait tout du relief et des paysages mercuriens, et il fallut attendre les trois survols par la sonde *Mariner 10*, en 1974-1975, pour découvrir le véritable visage de la planète, à travers quelque 2 700 images. Toutefois, la rotation de la planète se trouvant synchronisée avec les retours de la sonde, ce fut toujours la même face de Mercure qui fut photographiée à chaque passage.

Ces premières images n'ont surpris personne. Criblé de cratères d'impact, Mercure ressemble à la Lune. Parce qu'il est petit – son diamètre mesure 4 880 kilomètres, à peine plus du tiers du diamètre terrestre –, Mercure n'a pas gardé suffisamment de chaleur interne pour entretenir un volcanisme durable. Son activité géologique s'est limitée au premier dixième de son histoire – environ 500 millions d'années –, lorsque astéroïdes et comètes pleuvaient dru à sa surface. Quand le bombardement cessa, faute de munitions, Mercure ressemblait à un champ de tir, vérolé de cratères de toutes tailles et recouvert d'un manteau de débris et de coulées de lave. La petite planète plongea alors dans un grand sommeil, dérangé çà et là par un rare séisme, une bouffée de gaz, des impacts de plus en plus espacés. Sans atmosphère, sans précipitations, sans érosion donc, Mercure est demeuré le musée des origines.

De nombreux cratères sur Mercure dépassent 200 kilomètres de diamètre – calibre de l'impact qui massacra les dinosaures sur Terre. Il y a surtout, en bordure de la face éclairée sur les images de *Mariner 10*, un gigantesque bassin d'impact, initialement estimé à 1 300 kilomètres de taille et baptisé bassin Caloris : nous avons vu que c'est l'une des deux régions qui reçoivent une insolation maximale, lorsque Mercure passe au périhélie de son orbite.

Le bassin Caloris est l'une des plus grandes structures d'impact du système solaire. Sur la liste en cours, elle occupe la troisième position derrière le vieux bassin du pôle Sud sur la Lune (2 500 kilomètres) et le bassin Hellas sur Mars (2 100 kilomètres).

Aux antipodes du bassin Caloris, le terrain montre un aspect chaotique, bosselé, que les géologues attribuent aux ondes sismiques déclenchées par l'impact géant. Celles-ci auraient traversé la planète de part en part pour se focaliser de l'autre côté du globe, soulevant et brisant son écorce pour lui donner cet étrange aspect. Peut-être aussi les débris projetés par l'impact sont-ils principalement retombés aux antipodes du point zéro, ajoutant à la confusion.

Plus mystérieuses encore sont les énormes rides qui déforment la surface de Mercure. Elles traversent tous les terrains, et les géologues y voient le signe d'une compression gigantesque, à l'échelle de la planète entière, comme si Mercure s'était contracté en se refroidissant et avait forcé ses terrains à se chevaucher par manque de place. Les rides, semblables à celles d'une vieille pomme rabougrie, sont longues chacune de plusieurs centaines de kilomètres et atteignent par endroits de 3 000 à 4 000 mètres de hauteur, tranchant à travers plaines et cratères *(voir fig. 1.3)*.

Une autre caractéristique est à verser au dossier de Mercure : sa très forte densité, inhabituelle pour une planète aussi petite. Elle a conduit les chercheurs à imaginer pour Mercure une genèse particulièrement mouvementée.

La guerre des mondes

La densité de Mercure atteint 5,43 (5 430 kg/m^3), ce qui est comparable à celle de la Terre (5,52). La forte densité de notre Terre s'explique par le fait qu'elle possède un noyau de fer, et qu'en outre le manteau rocheux qui l'enveloppe est tellement épais qu'il s'écrase sous l'action de son propre poids, augmentant la densité de l'ensemble.

Bien plus petit que la Terre, Mercure ne saurait écraser son manteau rocheux au même point, de sorte que sa forte densité provient nécessairement d'un noyau de fer encore plus important, en proportion, que celui de la Terre. Alors qu'au sein de notre planète le noyau ne représente que 17 % du volume total, il doit représenter plus de 40 % du volume de Mercure, s'étendant jusqu'à 700 kilomètres seulement de la surface. C'est du moins ce que nous enseignent les modèles physiques, fondés sur le champ de pesanteur et le moment d'inertie de la petite planète.

D'où vient tout ce fer ? Ou bien, *a contrario,* pourquoi y a-t-il si peu de matière rocheuse qui l'entoure ? On peut spéculer que, au tout début du système solaire, le jeune Soleil connaissait une telle débauche d'énergie qu'à la distance de Mercure régnait une température de plus de 2 000 °C, vaporisant les couches externes de la planète jusqu'à réduire le manteau à sa portion congrue.

Un autre scénario, qui connaît la faveur des astronomes, est encore plus violent. Alors qu'il finissait de se construire, il y a près de 4,5 milliards d'années, Mercure serait entré en collision avec une autre planète naissante, impact qui aurait volatilisé ses couches externes et laissé son noyau presque à nu. Les simulations sur ordinateur partent du principe qu'avant le choc Mercure était 2 fois plus massif qu'à présent, et que le projectile qui l'a percuté faisait la taille de notre propre Lune.

D'après ces simulations, conduites par Jonathan Horner, Willy Benz et leur équipe de l'université de Berne, les deux planètes se sont abordées à une vitesse proche de 30 km/s (environ 100 000 km/h) et ont volé en éclats en moins de 8 minutes. Pot de fer contre pot de terre : si le noyau ferreux de Mercure a survécu, son enveloppe rocheuse et l'autre planète qui l'a percuté se sont volatilisées en un nuage de vapeur minérale et de débris, dont seule une partie est retombée sur Mercure, pour l'habiller d'un mince manteau.

Les débris restants se sont éparpillés dans le système solaire, balayés à terme par les planètes proches, comme Vénus et la Terre. D'après les calculs, une quinzaine de millions de milliards de tonnes de roches issues de la collision auraient arrosé notre planète, pleuvant à la surface sous forme de météorites – l'équivalent d'une couche de débris d'une cinquantaine de mètres d'épaisseur recouvrant toute la Terre. Dommage que des « sédiments » aussi anciens aient disparu de la surface du globe, broyés par la tectonique des plaques et engloutis en profondeur : on imagine l'émotion qu'il y aurait à fouler les débris d'un tel cataclysme !

La collision de protoplanètes, à l'aube du système solaire, est une idée qui fait son chemin. Avant même de l'appliquer à Mercure, les chercheurs l'ont invoquée pour expliquer les caractéristiques étranges du couple Terre-Lune. Ainsi, notre planète aurait essuyé elle aussi une collision monumentale, comme nous le verrons dans le chapitre qui lui est consacré.

Un noyau en fusion

Si Mercure a connu une enfance chaude et mouvementée, la logique voudrait qu'il se soit refroidi assez vite, en raison de sa petite taille. En effet, plus un corps est petit, plus l'évacuation de sa chaleur est efficace, grâce à une surface de rayonnement mieux proportionnée à son volume que dans le cas d'objets plus gros. C'est pour cette raison qu'au sortir d'un four une petite brioche se refroidit plus vite qu'un gros pain.

L'absence de volcans récents à la surface de Mercure indique que son manteau rocheux s'est effectivement refroidi. En outre, ce refroidissement a laissé les rides de compression qui donnent à la petite planète son aspect de vieille pomme ridée.

Enfoui en profondeur, le noyau de fer serait resté plus longtemps en fusion que le manteau superficiel – lequel, une fois refroidi, lui a servi d'isolant –, mais on pouvait s'attendre à ce que ce noyau se soit finalement refroidi et solidifié à son tour. Quelle ne fut donc pas la surprise des chercheurs, lorsque la sonde *Mariner 10* détecta un champ magnétique en survolant Mercure, comme si le fer du noyau était encore fondu, brassé par des courants au point de générer un effet dynamo. Ce champ magnétique est certes de 100 à 1 000 fois plus faible que celui de la Terre, mais il n'en reste pas moins une énigme. Comment le noyau de fer est-il resté si chaud, durant 4,5 milliards d'années, au point d'être encore fondu ?

Peut-être s'agit-il d'un champ magnétique « fossile », gravé dans les roches à la lointaine époque où le noyau était liquide, et encore décelable malgré l'arrêt de la dynamo ? Mais des études conduites par le physicien Jean-Luc Margot et son équipe de l'université Cornell aux États-Unis ont recentré le débat. En utilisant les puissants radars de Goldstone en Californie et d'Arecibo à Porto Rico, ce groupe de chercheurs a pu mesurer la rotation de Mercure avec une grande précision et déduire de ce mouvement que le noyau est bel et bien liquide.

C'est l'expérience de l'œuf dur et de l'œuf cru. Si vous avez un doute quant à l'état d'un œuf, imprimez-lui un mouvement de rotation. Un œuf cru pivote de façon irrégulière, en se dodelinant, à cause de la friction interne de ses liquides. Un œuf dur, entièrement solide, tourne en revanche de façon uniforme.

C'est pour cette même raison que les irrégularités détectées dans la rotation de Mercure, appelées librations longitudinales, prouvent que son noyau est liquide. Pour expliquer ce phénomène, les chercheurs évoquent un « antigel » qui l'aurait empêché de se solidifier. En effet, si le fer pur nécessite des températures de plus de 3 000 °C pour rester fondu aux fortes pressions qui règnent au centre de Mercure, des impuretés mélangées au fer pourraient abaisser son point de fusion, l'autorisant à rester fondu aux températures plus modestes qui règnent actuellement. Pour ce qui est de la nature de cet antigel, les chimistes parient sur le soufre. Affaire à suivre...

Le mystère des pôles

Fonctionnement du champ magnétique, état du noyau, collisions entre planètes : autant d'énigmes que la sonde *Messenger* compte bien percer lorsqu'elle se mettra en orbite autour de Mercure, en 2011. Elle tentera aussi de découvrir si de la glace d'eau est préservée à l'ombre des cratères polaires, comme le pensent certains chercheurs, ce qui tiendrait presque du miracle.

Les premiers soupçons d'un vernis de glace près des pôles remontent à l'année 1991, lorsque les 27 paraboles du radiotélescope VLA (*Very Large Array*) au Nouveau-Mexique ont bombardé Mercure d'une salve d'ondes radar. Les échos reçus une dizaine de minutes plus tard ont permis de repérer plusieurs points ayant une forte réflectivité : certains cratères proches de l'équateur – ce qui est normal, car les ondes radar les frappent à la perpendiculaire et bénéficient d'un effet miroir –, mais aussi, à la grande surprise des chercheurs, les régions polaires.

Pour les experts de l'imagerie radar, la solution la plus probable est qu'il s'agit de glace d'eau, connue pour sa haute réflectivité. Des observations plus récentes, effectuées avec le radiotélescope d'Arecibo à Porto Rico, ont permis de préciser que les étranges échos radar sont concentrés en petites zones circulaires de quelques dizaines de kilomètres de large, qui coïncident apparemment avec des cratères. Mais d'où viendrait leur glace ?

Nous avons vu que si Mercure est exposé à des températures pouvant atteindre 427 °C à l'équateur, au plus fort de la journée, l'illumination implacable du Soleil n'atteint jamais le fond des cratères polaires, plongé dans l'ombre. Si de l'eau venait à s'y déposer, elle se trouverait congelée à une température de – 210 °C et y resterait prisonnière. Quant à l'origine de ces dépôts, les planétologues penchent pour l'écrasement sur Mercure de comètes riches en glace. Alors qu'ailleurs sur la planète, l'eau vaporisée s'échapperait dans le cosmos, l'ombre des cratères polaires constituerait un piège à glace, où celle-ci se figerait. Ou bien l'eau proviendrait du manteau profond de Mercure, d'où elle se serait échappée au cours d'éruptions volcaniques.

Il se peut aussi que les chercheurs se trompent de piste et qu'un autre élément chimique, comme le soufre, soit à l'origine des échos radar. Ce mystère est captivant, car on observe le même phénomène dans les régions polaires de la Lune. S'il s'agit bien d'eau, elle ne servira pas à grand monde sur Mercure, où l'installation d'une colonie humaine serait coûteuse et sans grand intérêt. Mais sur la Lune, de l'eau constituerait une précieuse ressource pour les futures bases habitées.

Lors de ses premiers survols de Mercure en 2008, la sonde *Messenger* est passée trop haut au-dessus du pôle Nord pour entreprendre l'étude des mystérieux dépôts (il en sera de même en 2009). Leur analyse ne débutera qu'en 2011, lorsque la sonde gagnera une orbite polaire autour de la planète et survolera le pôle Nord à basse altitude toutes les 12 heures. Alors son spectromètre gamma cherchera à identifier les molécules riches en hydrogène – c'est-à-dire principalement l'eau – dans les cratères polaires. Si c'est au contraire du soufre qui se cache là, le spectromètre ultraviolet devrait pour sa part le repérer. En attendant, les rapides survols de janvier et d'octobre 2008 ont fait progresser notre connaissance de Mercure sur d'autres fronts.

Le survol de janvier 2008

Lorsque la sonde *Messenger* croise Mercure le 14 janvier 2008, plus d'un quart de siècle s'est écoulé depuis l'unique reconnaissance de *Mariner 10*, laquelle n'avait photographié que la moitié de la planète à l'époque. Les chercheurs sont donc impatients de découvrir Mercure, sinon en totalité, du moins sous un autre angle.

Le survol se déroule à merveille, la sonde commençant par photographier lors de l'approche le mince croissant illuminé de Mercure, côté matin, avant de contourner son hémisphère plongé dans la nuit, puis d'en émerger au-dessus de terrains jusqu'alors inconnus, qu'illumine un soleil de fin d'après-midi. Alternant vues en grand angle et plans rapprochés, la caméra recueille 1 213 images en tout, étendant la couverture photographique de Mercure de 45 % – la fraction couverte par *Mariner 10* – à 66 % de sa surface totale.

Si elle n'apporte pas de surprise majeure, l'extension de cette couverture photographique permet de découvrir le grand bassin Caloris dans sa totalité. La structure d'impact s'avère encore plus grande que la première estimation fondée sur les clichés de *Mariner*, qui n'avaient révélé que son quartier oriental : son diamètre passe de 1 300 à 1 550 kilomètres. Mais surtout, les nouvelles photographies montrent son remplissage par des plaines lisses qui ressemblent à des champs de lave, noyant les petits cratères d'impact et autres reliefs au fond du bassin. À l'extérieur de Caloris, on note des dépôts similaires qui s'étendent sur un bon millier de kilomètres au-delà des remparts.

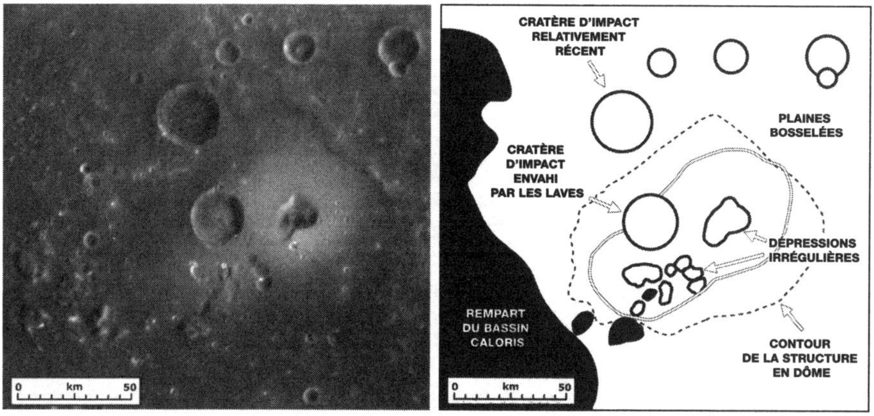

FIGURE 1.4 – Un appareil éruptif sur la périphérie du bassin Caloris montre des retombées claires autour d'une dépression (caldeira) en forme de cœur.

(NASA/Johns Hopkins University APL/Carnegie Institution of Washington, dans Head et al.*, « Volcanism on Mercury : Evidence from the first Messenger Flyby »,* Science*, vol. 321, 2008.)*

Ces laves ne résultent pas directement du grand impact qui a creusé le bassin – elles sont manifestement plus jeunes –, mais elles ont profité du fait que la croûte y est amincie et fracturée pour se frayer un chemin vers la surface, lorsque Mercure s'est réchauffé sous l'influence des atomes radioactifs de son manteau et a connu une phase intense de volcanisme.

On sait que ces laves sont pauvres en fer – pas plus de 6 % d'oxyde FeO – grâce aux analyses spectrales accomplies par la sonde. Au contraire, comme elles sont riches en magnésium et en calcium, on imagine ces laves très fluides lors de leur mise en place, faisant éruption par des fissures et s'étalant sur de grandes surfaces, au lieu de construire des édifices pentus. On ne distingue d'ailleurs ni cône ni bouclier sur les images. En revanche, les champs de lave atteignent par endroits de grandes épaisseurs, par superposition des coulées : certains cratères d'impact en sont remplis à ras bord, ce qui suggère des piles de lave de plus de 5 000 mètres d'épaisseur.

Les images *Messenger* permettent toutefois d'identifier un appareil éruptif dans le quadrant sud-ouest du bassin Caloris. Il s'agit d'une dépression en forme de cœur, une caldeira large de 20 kilomètres, entourée d'un linceul de cendres 10 fois plus vaste. On imagine que ces retombées pyroclastiques furent dispersées jadis par de vigoureuses fontaines de lave. D'autres caldeiras plus petites pointent à travers les cendres *(voir fig. 1.4)*.

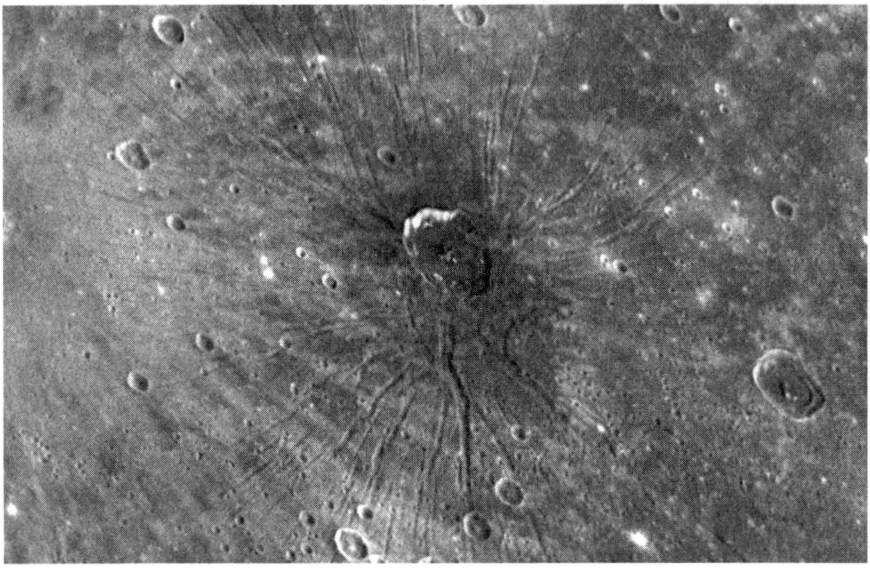

FIGURE 1.5 – Au milieu du bassin Caloris, un cratère d'impact (Apollodorus, 40 km de diamètre) se superpose à un réseau de fosses radiales, baptisé Pantheon Fossae, qui dénote une tectonique régionale d'extension.
(NASA/Johns Hopkins University APL/Carnegie Institution of Washington.)

Les chercheurs s'attendent à trouver d'autres évents éruptifs et d'autres formations volcaniques lorsque toute la planète sera couverte en gros plan. Il demeure néanmoins que le volcanisme de Mercure est peu excitant en termes de relief et de processus éruptifs. En revanche, les formations tectoniques, à commencer par les failles, se révèlent plus impressionnantes encore que dans les premières images de *Mariner 10*. Les rides de compression, en particulier, sont plus nombreuses qu'on ne le pensait, certaines des zones déjà photographiées par *Mariner 10* se trouvant montrées par *Messenger* sous un soleil plus rasant. Les ondulations du relief ressortent mieux, et leur nombre augmente d'un bon tiers par rapport aux anciennes images. Ces escarpements matérialisent le front de chevauchement des failles, à l'instar de Beagle Rupes qui court sur des centaines de kilomètres, traverse le cratère Sveinsdóttir et soulève une moitié de son plancher pour la faire grimper sur l'autre *(voir fig. 1.3)*. Cette abondance de chevauchements suggère que, lors de son refroidissement, Mercure s'est fortement contracté, son rayon ayant diminué d'au moins 3 kilomètres.

Outre sa tectonique globale, Mercure possède une riche tectonique régionale, merveilleusement représentée par le bassin Caloris. De profondes

MERCURE ET EINSTEIN

La planète Mercure a joué un rôle de premier plan dans la confirmation et l'acceptation de la théorie de la relativité générale, élaborée par Albert Einstein en 1915-1916.

La relativité générale réexamine la loi de la gravitation universelle d'Isaac Newton en introduisant un facteur correctif qui stipule que la géométrie de l'espace et du temps se trouve modifiée par les masses en présence. Même une masse relativement modeste comme le Soleil déforme l'espace-temps autour d'elle, déformation que Mercure est le plus apte à ressentir parmi les planètes, car le plus proche de l'astre du jour.

De fait, les équations relativistes permettent d'expliquer un écart de conduite dans le mouvement de Mercure, que les astronomes peinaient à expliquer jusqu'alors. En effet, l'orbite de Mercure est affectée par la masse du Soleil, qui imprime à son ellipse une dérive systématique de la direction où pointe son axe, appelée « précession du périhélie ». Selon les lois de Newton, cette dérive devrait mesurer exactement 5 557 secondes d'arc (environ 1,5 degré) par siècle. Or la précession séculaire de Mercure, observée dans les faits, est supérieure de 43 secondes d'arc à ce chiffre, ce qui n'est pas négligeable.

Les astronomes ont longtemps cru à une erreur, voire à l'existence, près de Mercure, d'une planète inconnue (et baptisée Vulcain) qui fausserait les calculs. En 1916, les nouvelles équations d'Einstein, qui prennent en compte la déformation de l'espace-temps autour du Soleil, remettent les pendules à l'heure et fournissent les 43 secondes d'arc manquantes. Cette réconciliation fut l'une des preuves phares qui fit accepter au monde la théorie de la relativité générale.

Même les sondes spatiales doivent intégrer ce facteur relativiste dans le calcul de leurs trajectoires, surtout lorsqu'elles sont proches du Soleil. Dans le cas de la sonde *Messenger*, ne pas en tenir compte se serait soldé par une erreur d'altitude de 10 kilomètres dans le passage de la sonde au plus près de la planète (200 kilomètres), et par un retard de 13 secondes par rapport au plan de vol.

failles, nées lors de la collision tant à l'intérieur qu'à la périphérie du bassin, ont servi plus tard, comme on l'a vu, de conduits pour l'ascension du magma. Les géologues pensent même pouvoir dire que ce magma souterrain a migré au fil des millions d'années : il a d'abord fait éruption au centre du bassin, puis n'a plus trouvé de débouchés qu'à l'extérieur des remparts. En s'accumulant à l'extérieur, il y a fait ployer la croûte, alors que par réaction le centre du bassin s'est trouvé en extension.

C'est en tout cas ainsi que l'on explique la formation la plus étrange de Mercure, découverte lors de ce survol du 14 janvier 2008 : une structure rayonnante qui découpe le plancher du bassin Caloris *(voir fig. 1.5)*. Elle consiste en plus de 200 fossés tectoniques, chacun mesurant plusieurs dizaines de kilomètres de long et jusqu'à 8 kilomètres de large. Les géologues lui ont donné le nom officiel de Pantheon Fossae, par analogie avec la structure rayonnante d'une coupole. La structure s'explique si l'on admet que l'intérieur du bassin était en extension, comme le veut la théorie du chargement externe de ses versants, et que son plancher a fini par craquer.

Plus difficile à expliquer est la présence d'un cratère d'impact au centre de la formation. La logique voudrait que ce soit cet impact qui ait libéré les contraintes d'extension s'accumulant dans le bassin et qui ait fait se propager failles et fossés. Mais les géologues notent que les éjecta disséminés par l'impact recouvrent les fossés et sont donc plus jeunes qu'eux. L'impact a donc suivi l'extension, plutôt qu'il ne l'a précédée. Ce grand cratère d'impact, large de 40 kilomètres et baptisé Apollodorus, se serait-il superposé au tableau sous l'effet d'une simple coïncidence ? C'est probable. Avec le bassin Caloris, les géologues ont en tout cas du grain à moudre, en attendant de découvrir d'autres paysages mystérieux lors des prochains survols.

Le survol d'octobre 2008

Neuf mois seulement s'écoulent entre le premier passage triomphal de *Messenger* au-dessus de Mercure, le 14 janvier 2008, et son deuxième passage, le 6 octobre suivant. C'est de nouveau près de 1 300 images qui sont récoltées, couvrant sous un autre angle des régions déjà connues, et dévoilant surtout 30 % de surface supplémentaire, qui avaient jusqu'alors échappé au regard des sondes. Ainsi, la couverture photographique de Mercure grimpe de 66 % à plus de 95 %.

Sur les nouveaux clichés, les cratères d'impact sont toujours présents, mais les chercheurs sont surtout frappés par les plus récents, dont les raies d'éjecta claires recouvrent toute la face photographiée. Mercure se trouve en ligne de mire de comètes exceptionnellement rapides lorsqu'elles se rapprochent si près du Soleil, et dont les impacts sont spectaculaires. La planète en porte de belles traces.

Une découverte marquante du deuxième survol est celle d'un nouveau bassin d'impact, certes plus petit que Caloris, mais qui mesure tout de même 700 kilomètres de diamètre. Là aussi, on note des failles rayonnantes à l'intérieur du bassin, comme s'il avait connu une période d'extension.

Une conclusion plus générale, au vu des 95 % de la surface de Mercure désormais photographiés, est que la planète montre peu de différences d'un hémisphère à l'autre. Sa géologie est relativement uniforme, à l'inverse de corps comme la Lune et Mars, qui présentent de grands contrastes entre hémisphères opposés : face cachée saturée d'impacts, contre-face visible « rafraîchie » par des laves, dans le cas de la Lune ; vieux plateaux dans l'hémisphère Sud et laves plus jeunes dans l'hémisphère Nord, pour ce qui est de Mars. Mercure ne présente pas de contraste similaire à grande échelle. En revanche, c'est une planète variée dans le détail, d'après l'analyse des couleurs et des autres signatures spectrales.

Pour ce qui est de ses paramètres physiques, tout aussi importants pour comprendre l'histoire d'une planète, leur portrait s'affine également de survol en survol. La modélisation du champ de gravité s'améliore à chaque passage : elle sera optimale lorsque la sonde se trouvera en orbite, mais d'ores et déjà la marge d'erreur dans l'estimation de la masse de Mercure a été divisée par 10. Quant aux anomalies régionales du champ, elles s'annoncent aussi importantes et instructives que dans le cas de la Lune.

Enfin, la modélisation du champ magnétique a bénéficié de trajectoires différentes lors des survols de janvier et d'octobre 2008. Comme la forme et l'intensité du champ sont virtuellement identiques dans les deux cas, les physiciens en déduisent que le centre du dipôle magnétique se confond avec le centre de la planète, et son axe avec l'axe de rotation de Mercure. On attend des mesures futures qu'elles nous renseignent sur les dimensions et les propriétés du noyau de fer fondu qui se trouve à l'origine du champ.

Après la mise en orbite de *Messenger* en 2011, d'autres mystères seront percés, à commencer par la nature des dépôts dans les cratères polaires, que les spectromètres embarqués devraient enfin pouvoir identifier : glace, soufre ou autre invité surprise ?

La sonde américaine n'aura pas terminé sa mission que son successeur prendra place sur le pas de tir. Il s'agit de *BepiColombo*, une sonde de 2,5 tonnes mise au point par l'Agence spatiale européenne (ESA). Son nom vient de l'ingénieur italien Giuseppe « Bepi » Colombo (1920-1984), qui a tant fait pour la conquête de Mercure et mis au point, entre autres, la stratégie du billard cosmique pour l'atteindre. La sonde européenne sera jumelée à un compagnon, le *Mercury Magnetosphere Orbiter*, construit par la JAXA, l'agence spatiale japonaise. En tandem, ils seront lancés en août 2013, si le programme est respecté, pour une mise en orbite autour de Mercure en août 2019.

Il sera question pour *BepiColombo* de faire mieux, de récolter des images plus détaillées, de dresser des cartes minéralogiques plus pointues, de définir plus finement que ses vaillants prédécesseurs le champ magnétique et le champ de gravité. C'est un beau défi pour l'Europe spatiale.

CHAPITRE 2

Vénus

EN SE SATELLISANT AUTOUR DE VÉNUS LE 11 AVRIL 2006, la sonde européenne *Venus Express* a mis fin à un hiatus de 12 ans dans l'exploration de notre planète sœur. Ce n'est pas que Vénus ait manqué de visiteurs. Elle fut la première planète atteinte par les sondes spatiales : après un premier survol par *Venera 1* (URSS) le 19 mai 1961, mais sans récolte d'information à cause d'une radio en panne, la sonde américaine *Mariner 2* en fit la première reconnaissance photographique le 14 décembre 1962. Depuis lors, pas moins de trente vaisseaux automatiques l'ont contournée, ont gagné son orbite, traversé son atmosphère, atterri à sa surface. Mais nombre de ses mystères restent encore à percer.

Vénus nous intéresse particulièrement car au premier abord c'est la planète qui ressemble le plus à notre Terre, de par ses dimensions et sa distance au Soleil. Elle est notre plus proche voisine, mais elle a connu un destin aux antipodes du nôtre, se transformant en un véritable enfer alors que la Terre est devenue le paradis de la vie. Elle représente un avertissement pour les hommes, l'exemple d'une planète qui a mal tourné. Pour les planétologues, il est donc crucial de comprendre son histoire, son évolution et les raisons de sa déchéance tragique.

Descente aux enfers

Vénus, on l'a dit, est l'astre le plus brillant du ciel, atteignant une magnitude de -4, ce qui la rend 20 fois plus lumineuse que Sirius, l'étoile la plus brillante du ciel.

Sur une orbite intérieure à celle de la Terre, et donc plus rapide, elle nous prend un tour tous les 19 mois. Lorsqu'elle nous rattrape, c'est un astre du soir visible au-dessus de l'horizon ouest. Après nous avoir dépassés, elle brille avant l'aube au-dessus de l'horizon est.

OBSERVER VÉNUS AU TÉLESCOPE

Vénus est l'astre le plus brillant du ciel après le Soleil et la Lune : elle se laisse même voir en plein jour, si on connaît sa position exacte. Sa magnitude oscille entre −3,8 et −4,6. Comme elle circule sur une orbite proche du Soleil, elle ne s'en sépare jamais de plus de 47 degrés (élongation maximale), vue depuis la Terre. Elle est tour à tour étoile du matin (pendant 8 mois), puis étoile du soir (8 mois également), avec des interruptions d'un mois et demi lorsqu'elle passe devant ou derrière le Soleil et qu'elle se perd dans son éclat.

Lorsqu'elle est de l'autre côté du Soleil par rapport à la Terre, son disque apparent ne mesure que 9 secondes d'arc : éclairée de face, elle est alors en phase pleine. Lorsqu'elle se rapproche de la Terre, son diamètre apparent croît jusqu'à près de 1 minute d'arc, mais elle est éclairée de profil, jusqu'à ne plus nous présenter qu'un mince croissant. Enfin, il lui arrive de passer exactement devant le disque du Soleil lorsqu'elle nous prend un tour et que le plan de son orbite recoupe le nôtre à cet instant : le phénomène ne se produit que 2 fois par siècle en moyenne, les deux « transits » se succédant à 8 années d'intervalle. Après ceux du 8 juin 2004 et du 6 juin 2012, il faudra patienter jusqu'en 2117 et 2125 pour la prochaine série ! Le transit du 6 juin 2012 sera visible depuis le Pacifique (Australie comprise), ainsi que depuis l'Asie orientale. Observé avec un filtre solaire, ou avec un renvoi de l'image sur un écran, le transit de Vénus d'un bord à l'autre du Soleil dure environ 6 heures.

Par ailleurs, la planète ne montre aucun détail de sa surface, car elle est enveloppée d'une épaisse couche nuageuse qui lui vaut une teinte légèrement jaunâtre. Pour espérer distinguer une quelconque texture dans cette couverture nuageuse, un filtre bleu foncé ou violet est recommandé.

Étoile du soir, étoile du matin, étoile du Berger... Tous ces termes en disent long sur la fascination que Vénus exerce sur les hommes. Nombre de soucoupes volantes signalées aux autorités ne sont en fait que cette brillante planète, lorsque celle-ci est vue pour la première fois par des promeneurs peu habitués aux merveilles du ciel.

Philosophes et astronomes ne sont pas les derniers séduits, qui ont longtemps imaginé Vénus comme un monde merveilleux, au climat chaud et humide, nourrissant une végétation luxuriante. Après tout, Vénus n'était-elle pas plus proche du Soleil et donc plus chaude que la Terre, et son disque ne montrait-il pas au télescope un épais manteau nuageux ?

Svante Arrhenius, Prix Nobel de chimie, n'hésitait pas à écrire en 1918 : « Tout sur Vénus dégouline d'eau, et une grande partie de sa surface est sans nul doute recouverte de marécages. » Fred Whipple,

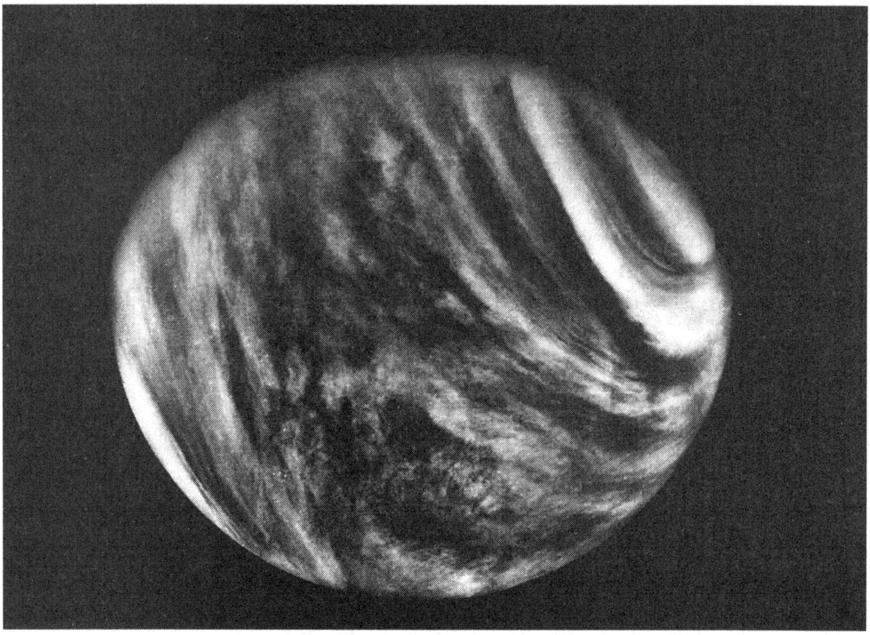

FIGURE 2.1 – La planète Vénus photographiée par la sonde *Mariner 10* en 1974, avec le pôle Nord en haut à droite, recouvert d'un voile tourbillonnaire. La région équatoriale, au centre, montre des nuages pommelés, flanquée de zones tempérées aux bandes nuageuses étirées par les vents.
(NASA/JPL.)

astronome à Harvard, imagina même la planète totalement recouverte d'un océan.

Ce portrait plaisant s'effondre peu après la Seconde Guerre mondiale, avec la mise au point des premiers radiotélescopes. Sur le toit du laboratoire de recherche de la marine, à Washington, les Américains braquent leur antenne sur Vénus et découvrent à leur grande surprise une puissante émission micro-onde rayonnée par la planète, qui trahit une température d'au moins 300 °C. Les astronomes sont incrédules, d'autant que les nuages de Vénus devraient limiter son insolation. Pour expliquer cette surchauffe, les chercheurs rivalisent d'imagination. Certains n'hésitent pas à suggérer qu'un vent extrêmement violent chauffe par friction le sol de Vénus, en le bombardant de sable. Mais c'est le jeune étudiant Carl Sagan qui met finalement le doigt sur le mécanisme, dans une thèse de planétologie qu'il défend à l'université de Chicago en 1959. Il propose l'hypothèse que le gaz carbonique de l'atmosphère

VÉNUS EN CHIFFRES

Caractéristiques physiques

Diamètre équatorial :	12 103 km
Masse :	0,815 Terre
Densité :	5,2 (5 204 kg/m^3)
Pesanteur :	0,9 *g*
Température de surface :	+465 °C
Période de rotation :	243 jours
Inclinaison de l'axe :	177,3° (2,7° rétrograde)
Atmosphère :	CO_2 : 96,5 % ; N_2 : 3,5 % ; SO_2 : 0,015 % ; Ar : 0,007 % ; H_2O : 0,002 %

Caractéristiques orbitales

Aphélie :	108,9 millions de kilomètres
Périhélie :	107,5 millions de kilomètres
Excentricité :	0,007
Période de révolution :	225 jours
Inclinaison (sur l'écliptique) :	3,4°
Nombre de lunes :	0

vénusienne est responsable d'un effet de serre phénoménal, laissant passer la lumière visible du Soleil, mais empêchant l'échauffement qui en résulte – le rayonnement infrarouge – de repartir vers l'espace.

À l'époque, l'effet de serre est déjà bien connu des physiciens, et les maraîchers l'utilisent depuis longtemps pour chauffer l'air de leurs abris sous verre et accélérer la croissance des plantes. Mais c'est la première fois qu'un chercheur en explore les dangereuses dérives à l'échelle d'une planète.

La thèse de Carl Sagan marque les esprits, et le jeune homme est chargé de mettre au point le radiomètre infrarouge embarqué sur *Mariner 1*, première sonde interplanétaire de la NASA. Elle décolle pour Vénus le 22 juillet 1962, mais explose après cinq minutes de vol. Dans l'urgence, les ingénieurs sortent son frère jumeau de l'atelier et accomplissent la prouesse de le lancer un mois plus tard, le 27 août. Cette fois, c'est un succès : au terme d'un vol de 6 mois, *Mariner 2* passe à 35 000 kilomètres de Vénus, et le radiomètre de Sagan recueille les premières mesures infrarouges à bout portant. Une température au sol supérieure à 425 °C est enregistrée. Reste à se poser sur Vénus pour étudier cette fournaise *in situ*.

Ce sont les Soviétiques qui relèvent le défi. Leurs sondes sont conçues comme de véritables bathyscaphes, car, outre les hautes températures, de très fortes pressions règnent au fond de l'épaisse atmosphère. D'ailleurs, les premiers engins rendent l'âme avant d'atteindre le sol, mais ils parviennent tout de même à transmettre quelques précieuses données. En 1967, *Venera 4* enregistre 18 bars et près de 500 °C à 25 kilomètres d'altitude. En 1969, *Venera 5* et *6* fonctionnent jusqu'à 20 kilomètres de la surface.

La tentative suivante sera la bonne. Le 15 décembre 1970, malgré un dysfonctionnement du parachute et un atterrissage brutal, *Venera 7* survit 22 minutes au sol et a le temps d'émettre le premier bulletin météo depuis la surface de Vénus : 465 °C et 90 bars de pression – la même pression que dans un océan à 900 mètres de profondeur, à la différence qu'il n'y a pas d'eau. C'est une atmosphère chaude et sèche qui étouffe la planète, principalement composée de dioxyde de carbone (96,5 %), avec un peu d'azote (3,5 %) et des traces d'oxyde de soufre. Les fameux nuages de Vénus ne sont pas constitués de gouttes d'eau, mais de gouttelettes d'acide sulfurique !

À la surface de Vénus

La couverture nuageuse de Vénus est globale et permanente. Les sondes qui ont traversé son atmosphère nous enseignent que ce plafond nuageux, épais de 20 kilomètres, s'étend de 65 à 45 kilomètres d'altitude, divisé en plusieurs niveaux. En dessous, après une dernière couche de brume, l'atmosphère de gaz carbonique devient parfaitement limpide.

Si les premières sondes russes n'ont pas embarqué de caméra, un photomètre a pu mesurer la luminosité. *Venera 8*, qui se pose sur Vénus en 1972, trouve ainsi que la lumière au sol est comparable « à celle d'une journée d'hiver à Moscou sous un ciel couvert ». Pour les sondes suivantes, qui doivent embarquer une caméra, les Soviétiques ont donc soin d'ajouter un projecteur. *Venera 9* et *10* renvoient ainsi les premières images en noir et blanc de la surface, recueillies à ras du sol, les 20 et 23 octobre 1975. À défaut de découvrir l'horizon, les images détaillent les roches au premier plan. *Venera 9* fait apparaître une pente parsemée de blocs rocheux assez plats ; *Venera 10* photographie des plaques plus minces qui évoquent la carapace d'une coulée de lave. Des spectromètres mesurent leur teneur en uranium et en potassium, et précisent qu'il s'agit vraisemblablement de basaltes de type continental, similaires aux laves du grand rift africain, sur notre Terre.

Sept ans plus tard, en 1982, *Venera 13* et *14* répètent l'exploit photographique, mais cette fois en couleurs *(voir fig. 2.2 et cahier couleurs, fig. IV)*.

FIGURE 2.2 – Le sol de Vénus photographié par la sonde soviétique *Venera 13*, le 1er mars 1982. Au-delà du sol granuleux au premier plan, les plaques rocheuses ressemblent à la carapace fragmentée d'une fine couche de lave.
(Académie des sciences d'URSS.)

De nouveau, ce sont des laves qui recouvrent le sol – une variété de basalte riche en potassium, qui rappelle les laves du Vésuve. Quant à la couleur du sol, elle tire sur l'orange, une teinte due à l'éclairage diffus qui tombe du ciel, où nuages et aérosols sulfureux jouent le rôle de filtre. Ainsi, tout sur Vénus prend une couleur ambrée, ce qui donne la sensation, selon les Russes, « de se trouver à l'intérieur d'un gigantesque tube fluorescent ».

Il y a aussi un étrange effet d'optique, engendré par l'écrasante pression atmosphérique de 90 bars. Les rayons lumineux s'infléchissent vers le sol, de sorte que l'horizon paraît redressé – mirage qui donnerait l'impression à un promeneur d'être piégé en permanence au fond d'une cuvette. Du reste, arpenter le sol de Vénus tiendrait de l'exploit, vu la pression et la température qui règnent à la surface – une température suffisamment élevée pour faire fondre du plomb. Pas étonnant qu'aucune sonde n'ait survécu plus de deux heures au sol !

Dans le ciel, aucune indication de la direction du Soleil, à cause de l'épais plafond nuageux. Si l'astre du jour était visible, il paraîtrait presque immobile, tant la rotation de Vénus est lente. Celle-ci tourne en effet sur elle-même en 243 jours, et cette rotation s'effectue d'est en ouest, à la différence des autres planètes. Pour expliquer le phénomène, certains chercheurs avancent de puissants effets de marée, dus au Soleil, qui auraient freiné sa rotation. D'autres évoquent l'épaisse atmosphère qui agirait comme un frein à tambour et ralentirait la rotation par la simple friction avec le sol. Enfin, les planétologues suggèrent des collisions cosmiques : voyageant à contresens dans le système solaire, des protoplanètes auraient frappé Vénus et freiné sa rotation, allant jusqu'à l'inverser.

Toujours est-il que Vénus tourne sur elle-même en sens rétrograde, sa lente rotation en 243 jours se combinant à sa révolution en 225 jours pour que, vu depuis le sol, le Soleil se lève à l'ouest et se couche à l'est, la journée solaire entre deux levers successifs mesurant 117 jours terrestres.

Lorsque le jour fait place à la nuit, la température ne diminue pas pour autant. L'effet de serre et l'inertie de l'épaisse atmosphère maintiennent la chaleur uniforme tout autour de la planète. Sans grand différentiel de température pour l'activer, le vent au niveau du sol se limite à un chaud zéphyr d'un mètre par seconde – moins de 4 km/h – selon les mesures recueillies par les sondes soviétiques. La haute atmosphère, beaucoup plus fine, est sensiblement plus animée.

S'il fait aussi chaud de jour comme de nuit sur Vénus, et si la couverture nuageuse empêche de voir les étoiles, l'obscurité permet au moins de

UNE PLANÈTE SANS LUNE

Tout comme Mercure, Vénus ne possède pas de lune, mais peut-être n'en fut-il pas toujours ainsi. Sa rotation à contresens de celle des autres planètes – en sens rétrograde – est attribuée à une collision avec une autre protoplanète lors de sa prime enfance. Dans un scénario échafaudé par les chercheurs Alex Alemi et David Stevenson de l'université de Caltech, un premier choc dans le sens direct aurait formé une lune, puis une seconde collision en sens contraire n'aurait pas ajouté de nouveau satellite, mais aurait renversé la rotation de Vénus. Ce renversement aurait freiné par effet de marée la lune existante, jusqu'à lui faire percuter la planète. Ce n'est bien sûr qu'un scénario, et cela le restera, car aucun test ne permet de le valider.

En revanche, on peut affirmer que Vénus possède un « quasi satellite », bien que minuscule, temporaire, et très loin d'être une lune au sens strict. Il s'agit d'un astéroïde de 300 mètres de taille, découvert en 2002 à l'observatoire Lowell, en Arizona. Baptisé 2002 VE68, il s'approche du Soleil jusqu'à croiser l'orbite de Mercure et s'éloigne jusqu'à croiser celle de la Terre – sans menace de collision dans un proche avenir –, et a surtout la particularité de posséder la même période orbitale (225 jours) que Vénus. Cette résonance fait que l'astéroïde semble centré sur Vénus et fait le tour de son ciel, alors qu'il orbite vraiment autour du Soleil.

Les calculs suggèrent que l'orbite de 2002 VE68 n'est pas stable, que l'astéroïde ne l'occupe que depuis 7 000 ans environ, et qu'il en sera éjecté d'ici à quelques siècles.

jouir d'un spectacle incongru : les roches luisent dans le noir comme des charbons ardents. À 480 °C, elles émettent une lumière rouge foncé, à la limite de l'infrarouge, invisible de jour mais qui transparaît la nuit. Notre observateur sur Vénus aurait l'impression d'être debout au milieu d'une mer de lave, rougeoyant jusqu'à l'horizon.

Paysages volcaniques

On connaît l'aspect des roches vénusiennes en gros plan, grâce aux images des sondes soviétiques. Pour découvrir les paysages à grande échelle, il a fallu ruser, car la couverture nuageuse les cache aux sondes orbitales, tout comme aux grands télescopes terrestres.

Le voile de Vénus est tombé grâce à l'avènement du radar. Les ondes micrométriques passent sans difficulté à travers les nuages, de sorte que,

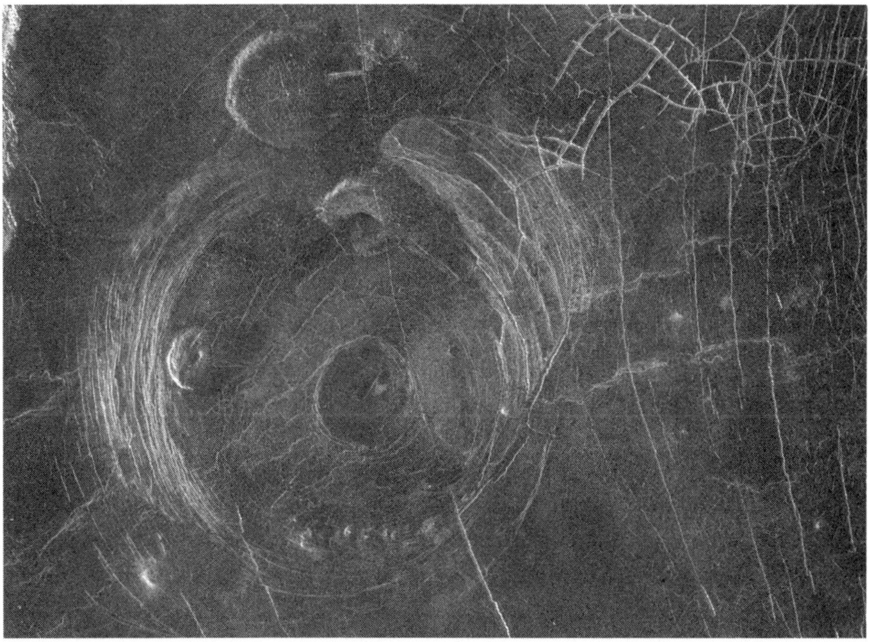

FIGURE 2.3 – *Aine corona* (59° S, 164° E), large de 200 km, au sud d'*Aphrodite Terra*. Les *coronæ* forment une classe originale du volcanisme de Vénus, caractérisée par un bombement subtil encerclé de failles concentriques. Ici, le magma s'épanche sous la forme de grands dômes visqueux (au centre, en haut et à gauche). En haut à droite, les failles régionales dessinent un curieux réseau réticulé. *(NASA/JPL.)*

en émettant de telles ondes vers la planète, on peut reconstituer son relief grâce au chronométrage et à la nature des échos reçus. Les premiers tests sont conduits avec les radiotélescopes de Goldstone, en Californie, et d'Arecibo, à Porto Rico, au cours des années 1970. Ils permettent d'identifier deux grandes bosses sur l'équateur, culminant à 3 000 mètres au-dessus des plaines et auxquelles sont donnés les noms d'Alpha et de Beta Regio *(voir cahier couleurs, fig. II)*, le relief de la seconde bosse montrant des embranchements aux allures de rifts volcaniques. Les géologues ne sont pas étonnés : ils s'attendent à ce que Vénus montre une activité volcanique semblable à celle de la Terre, à cause de sa taille (à peine inférieure) et d'une chaleur interne comparable. Reste à savoir si cette activité présente le même visage que sur Terre – une tectonique des plaques avec des zones de création et de destruction de croûte planétaire – ou bien un style de volcanisme entièrement différent.

Pour en savoir plus, il faut se rapprocher et utiliser un radar sur place. C'est ce que fait la sonde américaine *Pioneer Venus*, qui se satellise autour de la planète en décembre 1978. En plus des deux massifs visibles depuis la Terre, son radar embarqué révèle un plateau équatorial tourmenté qui s'étend sur 15 000 kilomètres – le tiers du tour du globe. Il reçoit le nom d'Aphrodite Terra : la coutume est prise en effet de nommer les reliefs de Vénus d'après les divinités et les célébrités de sexe féminin.

Avec l'entrée en fonction de deux nouvelles sondes radar, *Venera 15* et *16*, mises en orbite par les Soviétiques, Vénus livre des détails topographiques de plus en plus poussés, et se pare de noms évocateurs. Un nouveau massif près du pôle Nord prend le nom d'Ishtar Terra, d'après la déesse sumérienne de l'Amour. Il est poinçonné de deux larges caldeiras volcaniques qui sont nommées Colette, d'après la romancière française, et Sacajawea, du nom de l'Indienne qui guida les explorateurs Lewis et Clark dans leur découverte du Grand Ouest américain.

Si le balayage radar de la planète ne montre aucune trace de tectonique des plaques – ni chaîne de volcans aux flancs symétriques ni fosse de subduction –, les sondes soviétiques révèlent l'originalité de Vénus en identifiant des édifices volcaniques tout à fait insolites.

Outre de grands volcans classiques – à l'image du piton de la Fournaise, du Vésuve ou de l'Etna –, les vues radar font ressortir d'étranges structures circulaires, au relief modeste mais intensément fracturées, avec une sorte de douve entourant le renflement central. Les géologues leur donnent le nom de *coronae* (« couronnes » en latin) *(voir fig. 2.3)*. Certaines mesurent plusieurs centaines de kilomètres de diamètre, le record appartenant à un arc immense baptisé Artemis, qui mesure 2 100 kilomètres et atteint 6 fois la surface de la France. D'autres structures à peine moins étranges ajoutent aux fractures circulaires un réseau de fractures radiales qui leur donne un aspect de toile d'araignée : les géologues ont surnommé celles-ci les « arachnoïdes ».

Après ces découvertes russes, un nouveau bond en avant est accompli par la sonde américaine *Magellan*, satellisée autour de Vénus en août 1990, et dont le radar est encore plus performant : la résolution des images atteint 300 mètres, soit une amélioration d'un facteur 10 par rapport aux relevés des sondes soviétiques. À cette échelle, *Magellan* découvre des centaines de milliers de petits volcans, de taille et d'aspect comparables à ceux de la chaîne des Puys en Auvergne. Comme eux, ils sont souvent regroupés en familles de plusieurs dizaines à plusieurs centaines d'individus – l'expression d'une grande lentille de magma stagnant dans le sous-sol et nourrissant une multitude d'appareils éruptifs en surface.

Les volcans plus grands, mesurant plusieurs dizaines de kilomètres de diamètre (tel l'Etna chez nous), se comptent pour leur part en centaines. Quant aux volcans de plus de 100 kilomètres de diamètre *(voir cahier couleurs, fig. III)*, ils sont au nombre de 168 très exactement, le record appartenant à Ozza Mons qui mesure 1 000 kilomètres. Sans oublier plusieurs centaines d'arachnoïdes et de *coronae* qui sont du même calibre.

Curieusement, les volcans de Vénus ne sont pas très hauts. Seul Maat Mons, un beau volcan à cheval sur l'équateur, atteint 8 000 mètres d'altitude *(voir fig. 2.5)*. Tous les autres grands volcans se cantonnent à des hauteurs comprises entre 2 000 et 3 000 mètres. Sans doute leur lave est-elle si fluide qu'elle se répand sur de grandes distances autour des points de sortie, étalant les édifices en vastes boucliers, sans leur permettre de se bâtir en hauteur. Du reste, si la grande fluidité des laves de Vénus est attestée par les longs chenaux qu'elles constituent et qui serpentent à travers les plaines sur des milliers de kilomètres, cette fluidité même n'est pas facile à expliquer. On pourrait croire en effet que les laves coulent très loin parce que la chaude atmosphère ralentit leur refroidissement et préserve ainsi leur fluidité sur de longues distances. Mais les volcanologues font remarquer qu'on devrait observer l'effet inverse : parce qu'elle est très dense, l'atmosphère de Vénus peut absorber une grande quantité de calories au contact des laves et devrait au contraire évacuer plus efficacement leur chaleur. Que la température de cette atmosphère atteigne 480 °C n'a pas grande importance au contact de laves qui dépassent 1 000 °C. La différence reste suffisante pour que l'atmosphère agisse à la manière d'un fluide réfrigérant. Ainsi, les laves devraient se refroidir et se figer plus vite, et couler moins loin sur Vénus que sur Terre.

L'extrême étendue des champs de lave et la longueur des chenaux doivent donc avoir d'autres explications. Les géologues penchent pour des

NEIGE-T-IL DU MÉTAL SUR VÉNUS ?

Certains sites sur Vénus réfléchissent les ondes radar avec une efficacité surprenante, notamment de nombreux reliefs au-dessus de 2 000 mètres d'altitude dans Aphrodite Terra, Beta Regio et Maxwell Montes. Cette haute réflectivité est attribuée à des minéraux particuliers, sensibles aux ondes électromagnétiques, qui se formeraient à ces altitudes élevées.

Un scénario particulièrement osé voudrait qu'il neige du métal sur ces hauts reliefs. Les métaux en question seraient émis sous forme de vapeur lors d'éruptions volcaniques et resteraient à l'état gazeux en raison de la température élevée de la basse atmosphère (465 °C). Les seuls candidats assez volatils pour agir de la sorte sont le plomb et le bismuth, qui réagissent avec le soufre pour former des sulfures. En s'élevant le long des reliefs, ils se refroidiraient, se condenseraient et précipiteraient sous forme de cristaux, recouvrant le sol d'une couche de plusieurs millimètres d'épaisseur de sulfure de plomb (galène) ou de sulfure de bismuth.

D'autres modèles suggèrent que le vernis métallique ne se dépose pas sous forme de « neige », mais résulte d'une altération en altitude de minéraux communs dans les laves, sous l'action du dioxyde de soufre. La magnétite, un oxyde de fer abondant dans le basalte, se transformerait ainsi en sulfure de fer, du genre pyrite ou pyrrhotite.

débits gigantesques – plus le volume émis est important, plus le magma met du temps à refroidir – ou pour des laves extrêmement fluides d'un point de vue chimique, pauvres en silice et riches en métaux. Certains chercheurs évoquent des laves exotiques faites de carbonates de sodium ou de potassium – les « carbonatites » –, dont la fluidité est remarquable. On en compte quelques rares exemples sur Terre, notamment sur le volcan Oldoiniyo Lengai (Afrique de l'Est) ou dans le massif de l'Eifel (Allemagne).

Malgré la multitude de volcans sur Vénus, leur disposition est arbitraire et ne montre pas d'alignements qui feraient penser à une tectonique des plaques telle qu'on la connaît sur Terre. Chez nous, la disposition des volcans dessine des zones frontières, là où d'immenses plaques de croûte terrestre s'écartent ou convergent. Pour expliquer cette absence de tectonique des plaques sur Vénus, les géologues évoquent la température élevée du sous-sol. Comme on démarre avec 465 °C en surface, on atteint 1 000 °C à partir d'une trentaine de kilomètres de profondeur seulement, température suffisamment élevée pour altérer radicalement le comportement des roches.

Ramollie par la chaleur, l'écorce vénusienne se comporte comme de la guimauve, fluant au lieu de casser et empêchant toute tectonique. Pour que l'écorce de Vénus se scinde en plaques qui dérivent horizontalement à la surface, il aurait fallu qu'elle soit rigide. Ramollie, la croûte de la planète subit plutôt des mouvements verticaux, des pans entiers sombrant sur place dans le manteau sous-jacent, comme les globules d'une lampe à lave. C'est donc un recyclage vertical de la croûte qui aurait lieu, plutôt qu'une tectonique horizontale.

Les crises de Vénus

Sur Vénus, pareil recyclage vertical de la croûte n'est peut-être pas aussi bien huilé que le mécanisme de la tectonique des plaques sur Terre. La planète pourrait traverser d'intenses périodes de crise, alors qu'à d'autres époques elle serait léthargique, ce qui semble d'ailleurs être le cas actuellement. En effet, si Vénus possède une multitude de volcans petits et gros, rien ne semble bouger aujourd'hui. La sonde *Magellan* a surveillé la planète sur une durée de 3 ans (1991-1994), scannant au radar afin de repérer tout changement sur le court terme. Le fait qu'elle n'ait repéré aucune éruption ni évolution du paysage est surprenant. Sur Terre,

LES VOLCANS « PANCAKES »

Vénus possède plusieurs catégories de volcans originaux, que l'on ne trouve sur aucune autre planète. C'est le cas notamment des *pancake domes* (ou *farra* dans leur désignation latine). Il s'agit de reliefs circulaires en forme d'épaisses galettes, qui ressemblent à nos propres dômes de lave sur Terre. Chez nous, de tels dômes surgissent du sol comme des champignons, gonflant par injection interne d'un magma visqueux, à l'instar du puy Chopine et du Grand Sarcouy en Auvergne. Mais alors que ces derniers mesurent moins d'un kilomètre de diamètre, les dômes de Vénus mesurent jusqu'à 100 kilomètres !

En imagerie radar, leur surface paraît craquelée, sans doute en raison de leur mode de croissance, avec un sommet plat à légèrement concave, parfois garni d'un ou de plusieurs petits cratères. Au bas de leur pente, certains dépôts évoquent des avalanches de cendres, de type nuée ardente. Les géologues ont répertorié 150 *pancake domes* sur Vénus, dont la plupart sont groupés en familles de plusieurs individus. Leur magma est sans doute riche en silice et en alcalins : les géologues parient sur des laves de type trachyte ou phonolite, dont la genèse est facilitée par une abondance de dioxyde de carbone. La sonde soviétique *Venera 8*, qui a relevé une chimie du sol allant dans ce sens, se serait justement posée près d'un *pancake dome*.

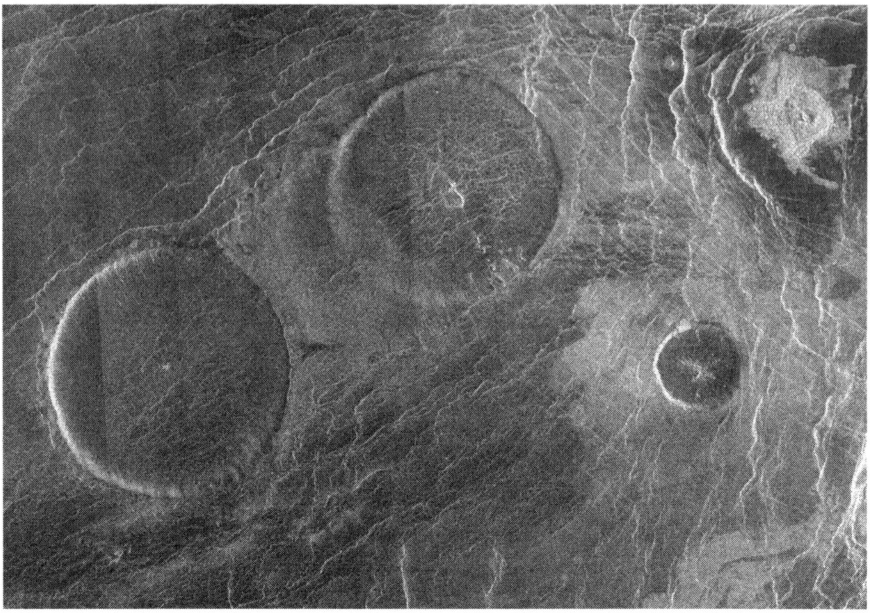

FIGURE 2.4 – Deux grands *pancake domes* (65 km de diamètre chacun) et un troisième exemplaire plus petit à leur droite, dans Eistla Regio (12° N, 8° E). On note le terrain clair dans l'échancrure entre les deux grands dômes, qui pourrait être une avalanche de cendres ou une coulée de lave visqueuse. En haut à droite, sur un plateau sombre, l'éclaboussure claire d'un cratère d'impact. *(NASA/JPL.)*

---

pas moins d'une cinquantaine de volcans différents font éruption chaque année, sans compter ce qui se passe sous la mer, où l'activité est plus intense encore. Sur Vénus, on se serait donc attendu en 3 ans à un signe d'activité – ne fût-ce qu'un champ de lave supplémentaire, une retombée de cendres, l'effondrement d'un versant. Or, sur la période d'observation, rien ne s'est manifesté.

En fait, l'abondance de volcans sur Vénus est trompeuse : la planète conserve précieusement ses reliques volcaniques, épargnées par l'érosion, au point d'en cumuler au fil du temps un nombre impressionnant. Ce manque d'érosion peut paraître surprenant, en regard de la dense atmosphère de cette planète. Mais cette épaisse atmosphère bouge lentement – les vents au sol sont quasi nuls – et agit plutôt à la façon d'un cocon protecteur. En outre, il n'y a pas d'eau et donc pas de précipitations à la surface de Vénus, alors qu'il s'agit du principal agent d'érosion sur Terre.

Ainsi, le grand nombre de volcans indique surtout le long laps de temps durant lequel ils ont pu s'accumuler à la surface, sans jamais être effacés. On pourrait même supposer qu'ils se sont accumulés depuis la naissance de la planète et qu'à ce compte-là l'activité volcanique de Vénus est tout à fait modeste. Pour en avoir le cœur net, il faudrait dater sa surface. Et c'est en ruminant cette question que les géologues ont découvert que l'histoire de Vénus n'était pas aussi simple qu'on le croyait.

Traditionnellement, on se sert des cratères d'impact à la surface d'une planète pour estimer son âge : plus il y a de traces de collision, plus le paysage est ancien. Pour Vénus, la tâche est loin d'être facile. Son épaisse atmosphère freine et consume la plupart des météorites avant qu'elles ne frappent le sol, et seuls les projectiles de taille kilométrique survivent à la traversée atmosphérique pour creuser des cratères. On ne recense donc sur Vénus que 963 cratères d'impact, tous d'un diamètre supérieur à 15 kilomètres. Ce n'est pas assez pour dater une région par rapport à une autre – il n'y a pas suffisamment de cratères à l'échelle régionale pour faire ce type d'estimation –, mais c'est suffisant pour avoir une idée de l'âge global de la surface. Ainsi, sur la foi des 963 grands cratères, les géologues estiment que la surface de Vénus est âgée de 800 millions d'années environ.

C'est un âge vénérable, mais tout de même limité. La planète existe depuis 4,5 milliards d'années, un laps de temps 5 à 6 fois plus long. Le verdict des cratères suggère donc que l'ardoise a été effacée il y a 800 millions d'années, et que Vénus a développé une nouvelle peau à cette date, à partir de laquelle seulement elle s'est encombrée de cratères et de reliefs. Comment une planète accomplit-elle pareille mue ? Quel phénomène lui a valu ce « lifting », effaçant les épisodes précédents de son histoire géologique ?

Voilà qui force les géologues à considérer une activité géologique à deux vitesses. En temps normal, cette activité est modeste, mais petit à petit le magma rejeté par les volcans s'empile en surface et épaissit la croûte de Vénus. Parce que celle-ci est chaude et molle, elle fléchit sous son propre poids et s'enfonce dans le manteau, en subissant une pression sans cesse croissante qui la compacte. À terme, lorsque sa densité atteint un seuil critique (au bout de plusieurs centaines de millions d'années), la croûte sombre dans le manteau en entraînant avec elle toutes les couches superficielles. La croûte de Vénus se comporterait donc comme un monte-charge où l'on empile des assiettes, jusqu'au moment où le poids de la pile fait descendre l'ensemble.

C'est un tel chamboulement global qu'aurait connu Vénus il y a 800 millions d'années. Parvenue au seuil de densité critique, l'ancienne croûte aurait sombré en catastrophe, la disparition d'un pan de croûte déstabilisant et entraînant le voisin. Dans le sillage des morceaux disparus, des pans de croûte nouvelle se seraient mis en place, par le biais d'énormes épanchements volcaniques. Puis, ayant fait peau neuve et évacué une grande bouffée de chaleur interne, Vénus se serait calmée et aurait baissé de régime, n'apportant plus que quelques retouches à sa nouvelle écorce et n'y rajoutant que quelques volcans, jusqu'à offrir son visage actuel.

Selon ce scénario, qui séduit nombre de géologues, Vénus serait donc une planète à deux vitesses. Elle connaîtrait des révolutions volcaniques débordantes d'énergie, séparées par de longues périodes d'activité réduite. Nous serions, depuis 800 millions d'années, dans une telle période de calme, les éruptions étant modestes et espacées, alors que la chaleur s'accumule et que la température monte sous le couvercle de la marmite. Jusqu'au jour où une nouvelle crise se déclenchera, et où la planète accomplira une nouvelle mue.

FIGURE 2.5 – Le volcan *Maat Mons* (1° N, 195° E), à l'est d'*Aphrodite Terra*, culmine à 8 000 m d'altitude. Une théorie voudrait que de tels volcans injectent du dioxyde de soufre dans la haute atmosphère de Vénus. Dans cette vue en perspective synthétisée à partir d'une image radar de *Magellan*, l'exagération verticale est de × 10.
(NASA/JPL.)

Ce scénario à deux vitesses a le mérite d'expliquer la léthargie actuelle des volcans. Les volcanologues, aux aguets, attendent toujours d'épingler leur première éruption sur Vénus. Mais la surveillance n'est pas facile : depuis la période 1991-1994, lorsque *Magellan* et son radar étaient au travail, on n'a pas recueilli d'images détaillées de la surface. Les volcanologues doivent donc ruser et chercher des indices indirects d'éruptions pour parfaire leur étude de Vénus.

Avant même *Magellan*, par exemple, les chercheurs avaient relevé un phénomène atmosphérique particulièrement suspect. La sonde précédente *Pioneer Venus*, satellisée en 1978, avait détecté une quantité notable de dioxyde de soufre – gaz volcanique par excellence – au-dessus des nuages de Vénus, gaz qui s'était mis à décroître au cours des années suivantes. Comme si la sonde était arrivée au lendemain d'une importante éruption et avait suivi la disparition progressive du panache...

Cette explication est séduisante, mais elle n'est pas la seule. Les volcanologues doutent qu'avec les pressions élevées qui règnent au sol, un volcan puisse faire grimper un panache à travers l'atmosphère jusqu'au sommet des nuages, à 65 kilomètres d'altitude. Il semble plus probable que des vents ascendants aient brassé l'atmosphère et injecté en altitude des gaz sulfureux qui résident d'ordinaire dans la basse atmosphère ; ou bien que la haute atmosphère change de transparence au fil des ans, ouvrant et fermant des fenêtres de visibilité sur les couches de gaz sous-jacentes et faisant varier la concentration *apparente* du dioxyde de soufre.

Entre ces trois scénarios, les avis sont partagés, et aucune donnée supplémentaire n'a été récoltée durant 20 ans, entre le milieu des années 1980 et la première décennie du siècle suivant. Mais après cette longue éclipse, et grâce cette fois aux Européens, Vénus est revenue sur le devant de la scène.

La sonde européenne *Venus Express*

Satellisée autour de Vénus le 11 avril 2006, la sonde européenne *Venus Express* a repris la surveillance de son atmosphère avec une batterie d'instruments sophistiqués, parmi lesquels des caméras et des spectromètres infrarouge et ultraviolet. La recherche d'un volcanisme actuel – et notamment l'étude du dioxyde de soufre – figure parmi les nombreux objectifs de la sonde, et celle-ci remarque bien quelques changements surprenants.

Le 13 janvier 2007, par exemple, l'hémisphère Sud de Vénus a vu sa brume d'altitude devenir beaucoup plus brillante, comme si un arrivage massif de dioxyde de soufre y avait stimulé la formation d'aérosols réfléchissants. En quelques jours, cette brillance est retombée, les aérosols ayant apparemment précipité dans la basse atmosphère.

Le phénomène paraît trop étendu pour être le produit d'une simple éruption volcanique ; il s'agirait plutôt d'un brassage météorologique de l'atmosphère – l'une des théories possibles que les chercheurs proposent pour expliquer de telles variations. Un phénomène similaire, en juillet 2007, a vu l'éclat de la brume australe augmenter à nouveau d'un bon tiers, la vague de brillance se déplaçant du pôle vers l'équateur, puis retournant vers le pôle. Ce comportement rappelle là aussi un phénomène météorologique à grande échelle, plutôt qu'une éruption volcanique localisée, bien que son mécanisme exact reste à expliquer.

Un autre phénomène qui suscite bien des interrogations est celui des éclairs. Les sondes soviétiques furent les premières à en signaler l'existence autour de Vénus, à commencer par *Venera 9* en 1975, qui détecta des flashs de lumière alors qu'elle survolait la face nocturne de la planète. Par la suite, les sondes *Venera 11* et *12* en 1978 enregistrèrent des pulsations radio lors de leur descente à travers l'atmosphère, tout comme *Venera 13* et *14* en 1982, et comme la sonde américaine *Pioneer Venus* depuis son orbite, au milieu des année 1980.

Par analogie avec les éclairs qui fusent sur Terre dans les panaches de cendres volcaniques, à l'époque les chercheurs émirent l'hypothèse que les sondes avaient surpris des éruptions en cours. Toutefois, le nombre élevé de signaux radio – jusqu'à 30 éclairs par seconde – suggère un phénomène global de nature météorologique, d'autant que les décharges semblent concentrées au-dessus des régions de Vénus qui se trouvent en fin d'après-midi et en début de soirée, ce qui correspond au comportement des orages sur Terre.

On imagine que ces éclairs fusent d'un nuage à l'autre, plutôt que des nuages vers le sol, vu la hauteur trop élevée à franchir. Quant à la séparation des charges électriques nécessaires pour cumuler une grosse différence de potentiel, on pense comme dans le cas terrestre à des courants ascendants d'orage, qui séparent les petites gouttelettes des plus grosses.

Venus Express apporte sa contribution à l'étude, grâce à son magnétomètre qui « écoute » les pulsations électromagnétiques autour de la fréquence de 100 hertz, typique des éclairs. Toutefois, la sonde ne peut le faire qu'une fois par orbite, lorsqu'elle descend à son altitude minimale (300 kilomètres) et durant 2 minutes seulement, car pour l'ordinateur de bord la mesure est gourmande en mémoire. Malgré ces restrictions, l'instrument confirme l'activité orageuse de Vénus, avec de brèves décharges d'un quart de seconde à une demi-seconde chacune.

Le nombre d'éclairs repérés reste modeste, car les mesures ont été faites lors du survol de régions tempérées, et en outre à l'aube (heure locale de Vénus), où on sait que l'activité orageuse est minimale. Cela étant, les chercheurs extrapolent qu'à l'échelle de la planète entière il pourrait y avoir au moins 50 éclairs par seconde, soit une activité orageuse comparable à celle que nous connaissons sur Terre (100 éclairs par seconde).

Une météo spectaculaire

Grâce à *Venus Express*, la météorologie de la planète commence donc à se préciser. Et elle est très active, surtout en altitude. En effet, si la basse atmosphère est lourde et relativement stagnante, les hautes couches nuageuses offrent un spectacle captivant.

Les nuages d'acide sulfurique défilent à une vitesse phénoménale, faisant le tour de Vénus en 4 jours, ce qui représente des vents d'altitude soufflant à près de 400 km/h au niveau de l'équateur. En ballon, ce n'est donc pas en 80 jours que l'on ferait le tour de la planète, comme dans le roman de Jules Verne, mais en 4 à 5 jours seulement ! Cette « super-rotation » de la haute atmosphère est une énigme en soi. Quelle est sa source d'énergie ? À quelle altitude la transition a-t-elle lieu entre le régime léthargique de la basse atmosphère et la furie éolienne des

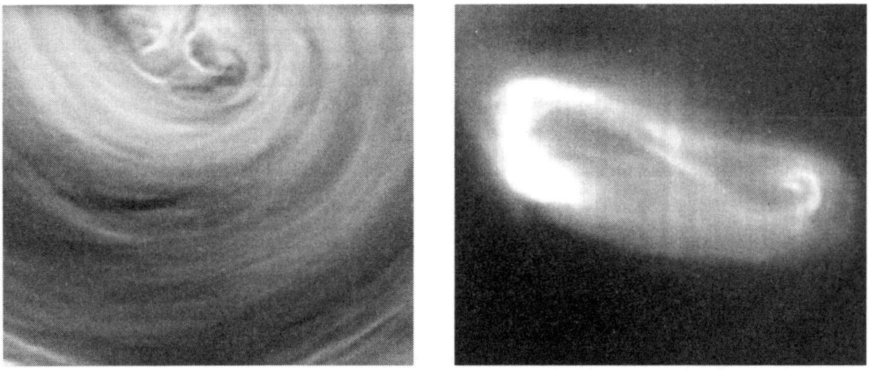

FIGURE 2.6 – Le pôle Sud de Vénus photographié dans l'ultraviolet (à gauche) et en gros plan dans l'infrarouge (à droite) par la sonde européenne *Venus Express*. Un cyclone de 2 000 km tourbillonne autour d'un « œil » qui a la particularité d'être double, en forme de « S » inversé.
(ESA/MPS/DLR/IDA et ESA/VIRTIS/INAF-IASF/Obs. de Paris-LESIA.)

couches hautes ? La caméra infrarouge de *Venus Express*, chronométrant le mouvement des nuages à différents niveaux, montre qu'à l'équateur le vent tombe de 400 à 200 km/h entre 70 et 45 kilomètres d'altitude.

Outre cette stratification verticale, l'atmosphère de Vénus présente aussi une grande diversité latitudinale, de l'équateur aux pôles. À l'équateur, la chaleur du Soleil alimente un « bouillonnement » des nuages en cellules convectives, en forme de grosses bulles d'une vingtaine de kilomètres de large, où doivent se concentrer les courants ascendants et les fameux orages. En s'éloignant de cette turbulente région équatoriale, les nuages de Vénus deviennent plus ordonnés, étirés par les vents violents de la « super-rotation » en bandes parallèles. Enfin, un troisième régime sévit aux latitudes élevées, où une chape nuageuse, dont l'aspect est aussi surprenant qu'esthétique, recouvre chaque pôle. Si la sonde américaine *Pioneer Venus* avait naguère observé le phénomène au pôle Nord, *Venus Express* a découvert la même formation au pôle Sud : les chapes polaires sont en rotation à la manière de gigantesques cyclones, à ceci près qu'il n'y a pas un œil central unique, comme dans un cyclone ordinaire, mais deux yeux !

Le comportement cyclonique est en lui-même logique. Les masses d'air chauffées à l'équateur s'élèvent et se dirigent vers les pôles, où, refroidies en chemin par l'altitude, elles redescendent. Ce mouvement radial est transformé en mouvement tourbillonnaire par la force de Coriolis, due à la rotation de la planète : dans le sens des aiguilles d'une montre au pôle Nord, dans le sens inverse au pôle Sud. D'une taille de 2 000 kilomètres, chaque formation fait le tour de son pôle en 2,5 jours.

Ce qui reste inexpliqué, c'est la forme de l'œil, qui est tantôt unique et circulaire, tantôt ovale, et souvent double en forme de « S » inversé, le cyclone entier prenant alors la forme d'un sablier. Du reste, pour ajouter au mystère, le cyclone ne se prive pas de changer de forme en l'espace de quelques jours.

L'histoire de deux mondes

Si l'atmosphère de Vénus est changeante à court terme, les chercheurs sont encore plus intéressés par son évolution à long terme : pourquoi a-t-elle basculé dans un effet de serre endiablé qui lui vaut des conditions dantesques aujourd'hui, alors que la Terre jouit de conditions paradisiaques – aussi longtemps en tout cas que l'homme ne détruira pas irrémédiablement son équilibre ? C'est sans nul doute la faute au Soleil, et au fait que Vénus en est plus proche que la Terre. À l'origine, Vénus et la Terre avaient sans doute des atmosphères comparables, avec une prépondérance de vapeur d'eau et de dioxyde de carbone, l'azote venant très loin en troisième position.

Sur Terre, la température initiale plus clémente, à cette plus grande distance du Soleil, a permis à la vapeur d'eau de se condenser en océans d'eau liquide. Dans cette eau est venu se dissoudre le dioxyde de carbone, de sorte que deux gaz à effet de serre – vapeur d'eau et gaz carbonique – ont été éliminés de l'atmosphère. Lorsque le Soleil a vu sa luminosité augmenter – une hausse d'environ 30 % que connaissent les étoiles de sa classe au bout de quelques centaines de millions d'années de « rodage » –, la hausse de l'insolation et de la température n'a pas été suffisante pour altérer l'équilibre de la Terre.

Vénus a été, à l'évidence, beaucoup moins chanceuse. On peut supposer qu'au début de son histoire, et malgré sa proximité au Soleil, elle aussi avait une température atmosphérique assez basse pour que la vapeur d'eau se condense en océans, quoique ces océans aient été certainement plus chauds que sur la Terre. Une certaine proportion de dioxyde de carbone s'y serait également dissoute. On peut même spéculer que la vie aurait pu y prendre naissance, comme elle l'a fait à cette époque dans les océans terrestres.

L'étape suivante, lorsque le Soleil a connu sa hausse de luminosité, fut en revanche fatale pour Vénus. Les océans se sont mis à bouillir,

UN CHAMP MAGNÉTIQUE INEXISTANT

L'une des observations scientifiques les plus surprenantes, dès les premiers survols de Vénus, fut l'absence de tout champ magnétique émanant de la planète : dans le meilleur des cas, son intensité ne saurait dépasser le dix millième (< 0,01 %) de celle du champ terrestre.

Dans le cas de la Terre, le champ magnétique est généré par des courants de fer liquide au sein du noyau en rotation. On a d'abord cru que la très lente rotation de Vénus (243 jours) empêchait pareil effet dynamo, mais les simulations sur ordinateur montrent que cette lenteur n'est pas rédhibitoire. Il semblerait plutôt que soit en cause l'absence de courants de convection dans le noyau. Soit le noyau métallique de Vénus n'est plus liquide – il aurait suffisamment refroidi pour se solidifier –, soit il est encore liquide et reste au contraire uniformément chaud sous un manteau isolant, de sorte qu'il n'est pas brassé par des courants de convection.

Quoi qu'il en soit, l'absence de champ magnétique autour de Vénus prive la planète d'un précieux bouclier contre le vent solaire : celui-ci frappe directement l'atmosphère, au point de dissocier ses molécules d'eau. Les atomes d'hydrogène et d'oxygène ainsi libérés s'enfuient dans l'espace, ce qui explique pourquoi Vénus a perdu la grande majorité de son eau.

relâchant d'énormes quantités de vapeur d'eau dans l'atmosphère, ainsi que le dioxyde de carbone qu'ils séquestraient. L'effet de serre résultant a fait grimper la température irrémédiablement. Une fois libéré, le dioxyde de carbone pouvait d'ailleurs se charger tout seul de cette surchauffe. La vapeur d'eau, de son côté, a en effet disparu : l'absence de champ magnétique autour de Vénus l'aurait exposée au bombardement des rayons ultraviolets du Soleil, causant sa dissociation et sa fuite dans l'espace *(voir encadré p. 49)*. De fournaise humide, Vénus serait devenue une fournaise sèche, sans espoir de rédemption.

La sonde *Venus Express* a mesuré d'une part la concentration extrêmement faible de vapeur d'eau qui reste dans l'atmosphère aujourd'hui – 3 centimètres d'eau précipitable –, ainsi que sa dissociation continue, et d'autre part la fuite des atomes d'hydrogène et d'oxygène libérés, qui s'échappent dans l'espace.

Le dioxyde de carbone est lui aussi dissocié dans la haute atmosphère par les rayons ultraviolets du Soleil, mais ses atomes n'ont pas le temps de s'échapper. En témoignent les lueurs fluorescentes qui illuminent de nuit la haute atmosphère de Vénus. Visibles depuis la Terre dans les grands télescopes, ces lueurs vertes sont étudiées sur place par *Venus Express*. Leur origine est la suivante : côté jour, le dioxyde de carbone est bombardé par les rayons ultraviolets du Soleil, et une petite proportion de molécules sont brisées, libérant des atomes d'oxygène. Emportés par le vent, ces atomes se retrouvent en 1 ou 2 jours sur le côté nocturne de la planète, où ils se recombinent en dioxygène trop lourd pour s'échapper, relâchant lors de leur jonction une bouffée d'énergie fluorescente.

La vie en suspens

Si les vertes lueurs de Vénus ne sont ni des esprits ni des lucioles, et trouvent une explication toute physique, un autre phénomène continue de laisser les chercheurs perplexes. Il a aussi trait à l'interaction du rayonnement solaire avec la haute atmosphère. Au-dessus des nuages, vers 80 kilomètres d'altitude, quelque chose absorbe une bonne moitié de l'énergie ultraviolette en provenance du Soleil. Ce « quelque chose » prend la forme de taches disparates, qui surgissent au-dessus d'une région, puis d'une autre, naissant un peu partout autour du globe. De quoi peut-il donc s'agir ?

Ce n'est pas de l'ozone, qui est chez nous le principal absorbant d'ultraviolets dans la stratosphère. Dans l'atmosphère de Vénus, il y a en effet très peu d'oxygène (O_2) et encore moins d'ozone, qui est sa variété triatomique (O_3). Si les chimistes penchent plutôt pour un composé à base de soufre, certains chercheurs n'excluent pas qu'il ait une origine biologique. Sur Terre, la photosynthèse intercepte les rayonnements rouge et bleu de la lumière visible pour alimenter la centrale électrochimique des plantes. C'est pour cela que les feuilles sont vertes : cette couleur réfléchie est le reliquat du rayonnement qu'elles n'ont pas absorbé. Y aurait-il « quelque chose » dans la haute atmosphère de Vénus qui se servirait plutôt de l'ultraviolet pour alimenter une photosynthèse exotique ? Ou bien, au contraire, pour bâtir une carapace servant de bouclier contre les ultraviolets – un procédé que certains lichens ont développé sur Terre ? Le soufre est un élément qui réagit bien avec l'ultraviolet et qui pourrait servir à élaborer un tel écran protecteur.

La vie en plein ciel ? Un tel scénario est loin d'être absurde. On a découvert sur Terre des micro-organismes qui pratiquent la photosynthèse dans les gouttelettes d'eau de nos propres nuages. Sur Vénus, les nuages pourraient donc constituer un refuge pour la vie, bien qu'ils soient principalement constitués d'acide sulfurique dilué, c'est-à-dire d'un acide contenant des molécules d'eau – une eau présente à hauteur de 30 %, semble-t-il. Il y a aussi des traces d'eau au-dessus des nuages, au niveau où se déroule justement la mystérieuse absorption d'ultraviolet.

L'origine biologique du phénomène reste toutefois à prouver, d'autant que la quantité d'eau en suspension dans la haute atmosphère est bien faible. Si on en condensait la totalité pour la précipiter au sol – chose impossible vu la température à la surface de Vénus –, cette eau ne formerait qu'une

LE JAPON VISE VÉNUS

Malheureux dans son exploration de Mars (échec de la sonde *Nozomi* en 2003), le Japon met en œuvre le même matériel de base – une plate-forme d'une demi-tonne, stabilisée selon les trois axes – pour une satellisation autour de Vénus en décembre 2010.

Pour ce *Venus Climate Orbiter* (anciennement nommé PLANET-C), une orbite quasi équatoriale est visée (8 degrés d'inclinaison), avec déplacement d'est en ouest afin de suivre le vent et les nuages de Vénus de façon quasi synchrone et d'en étudier les subtiles variations. Une caméra est assignée à la détection d'éclairs, une autre (fonctionnant dans l'ultraviolet) à l'étude des nuages d'altitude, du dioxyde de soufre et des molécules « mystères » qui absorbent l'ultraviolet à ce niveau. Trois caméras infrarouges perceront le voile nuageux pour étudier la basse atmosphère à trois niveaux différents, ainsi que l'émission infrarouge du sol.

mince pellicule de 3 centimètres d'épaisseur, une misère par rapport aux 5 000 mètres d'eau qui remplissent les bassins océaniques sur Terre.

Toutefois, de modestes formes de vie pourraient s'en contenter aujourd'hui, en particulier si elles avaient bénéficié autrefois de meilleures conditions pour leur naissance, leur développement et leur évolution. Vénus, comme la Terre, a dû abriter beaucoup d'eau dans sa prime jeunesse, exhalée par les volcans et apportée par les comètes. Nous avons vu que cette eau a pu perdurer des millions d'années – et la vie y éclore – avant qu'un Soleil de plus en plus lumineux ne finisse par vaporiser cette mer primitive.

Devenu un enfer au sol, Vénus conserverait-elle un humide purgatoire au-dessus des nuages d'acide sulfurique, où les formes de vie les plus chanceuses se seraient réfugiées dans les rares gouttelettes d'eau ? Ce scénario d'une vie résiliente, qui survivrait dans la haute atmosphère de Vénus, n'est encore que cela : un scénario. Aucune preuve ne vient l'étayer, et seule l'absorption étrange des rayons ultraviolets donne quelque espoir aux biologistes.

Ballons et projets d'avenir

L'idéal, pour percer le mystère, serait d'envoyer un ballon-sonde au-dessus des nuages de Vénus. L'idée n'est pas nouvelle : le planétologue français Jacques Blamont a réussi la première opération du genre en 1985, dans le cadre d'une collaboration entre le Centre national d'études spatiales (CNES) et l'Union soviétique. Deux ballons furent ainsi largués dans l'atmosphère vénusienne par les sondes *Vega*. Gonflés à l'hélium et mesurant 3,5 mètres de diamètre – taille comparable à celle de nos ballons-sondes météo –, ils ont dérivé 2 jours durant à 53 kilomètres d'altitude, dans des vents dépassant 300 km/h, avant que ne soit perdu le contact radio. Ces ballons portaient au bout d'une traîne un paquet renfermant divers instruments de mesure pour relever température, pression, nébulosité et vitesse du vent. À cette altitude, les ballons-sondes ont enregistré une température plaisante de 30 à 40 °C et une pression de 535 hectopascals, similaire à celle qui règne au sommet du mont Blanc. Le paradis sur Vénus ?

Pas tout à fait. Outre le rinçage à l'acide sulfurique, relevé d'une touche d'acide chlorhydrique, les ballons ont subi des vents violents, pas seulement horizontaux mais aussi verticaux. Ainsi, des « trous d'air » ont tiré à plusieurs reprises les ballons vers le bas, à plus de 10 km/h, leur faisant perdre 2 kilomètres d'altitude en une dizaine de minutes, avant de les laisser remonter.

Cette exploration par ballon mérite d'être poursuivie, non seulement pour mieux cerner l'atmosphère de Vénus, mais aussi pour assister les futures sondes au sol et leur servir de monte-charge pour remonter leurs échantillons en altitude, où les instruments d'analyse sont moins menacés par la chaleur, voire pour les remonter vers un vaisseau mère en orbite.

Ainsi, l'Agence spatiale européenne étudie pour 2018 le concept d'un ballon-sonde qui dériverait au même niveau que celui qui fut exploré par *Vega* – entre 50 et 60 kilomètres d'altitude –, mais dont la durée de vie serait d'au moins une semaine. Le ballon serait accompagné d'une plateforme orbitale pour servir de relais radio, d'une sonde russe pour traverser l'atmosphère jusqu'au sol, et même d'une capsule japonaise qui délivrerait son propre ballon, gonflé à la vapeur d'eau plutôt qu'à l'hélium, de façon à plafonner à une altitude plus basse (35 kilomètres).

Les États-Unis ne sont pas en reste, qui développent un projet ambitieux baptisé VISE (*Venus In-Situ Explorer*). Prévu en 2013, il repose sur une sonde d'atterrissage qui récoltera un échantillon du sol. L'un des concepts à l'étude consiste ensuite à arracher du sol le laboratoire de bord, contenant l'échantillon, au moyen d'un ballon porteur, afin de quitter la surface torride et de gagner une altitude plus fraîche où l'échantillon serait analysé en toute quiétude. La technique, tournée vers l'avenir, prépare les missions suivantes qui pourraient remonter des échantillons jusqu'en orbite, en vue d'un retour propulsé vers la Terre, en utilisant un ballon pour la première étape de la remontée à travers les couches denses de l'atmosphère, étape suivie de la mise à feu d'un moteur fusée pour terminer l'ascension. On le voit : l'exploration de Vénus nous promet de belles aventures pour les années à venir.

CHAPITRE 3

La Terre

La Terre est une planète au même titre que les autres : elle mérite donc son propre chapitre dans un livre consacré aux planètes, tant pour la mettre en perspective que pour souligner sa différence. Parmi elles, elle est la seule à abriter des océans d'eau liquide en surface, et elle est la seule à abriter la vie, jusqu'à preuve du contraire. Elle est aussi la seule à posséder une aussi grosse lune par rapport à sa propre taille : le diamètre de notre satellite naturel atteint le quart du diamètre de la Terre. Les spécialistes parlent même, pour le couple Terre-Lune, de « planète double ». Le phénomène est si particulier, et notre satellite si intéressant en soi, que nous consacrons à la Lune un chapitre séparé. Mais pour l'heure, place à la Terre.

Troisième planète du système solaire à partir du Soleil, la Terre circule entre Vénus et Mars. C'est une position idéale, en termes d'insolation et de température, qui lui a valu un destin exceptionnel. En effet, si la Terre a retenu comme Vénus une atmosphère épaisse, elle n'a pas basculé comme elle dans un effet de serre infernal.

Cela tient à peu de choses. Bénéficiant d'une insolation plus clémente, la Terre a vu l'un des principaux constituants de son atmosphère se liquéfier : la vapeur d'eau s'est condensée pour former de profonds océans. Ce fut la clef de sa réussite. Ces océans d'eau liquide ont servi de régulateurs thermiques, pompant l'excès de gaz carbonique hors de l'atmosphère et stabilisant l'effet de serre dans une fourchette de températures modérées.

Le compromis est d'ailleurs admirable. Sans aucun effet de serre, la Terre aurait une température moyenne de – 15 °C, les océans seraient gelés en surface, et l'éclosion de la vie peu probable. Mais l'équilibre entre atmosphère et océan a laissé suffisamment de gaz à effet de serre en liberté – principalement un reliquat de vapeur d'eau et de gaz carbonique – pour remonter la température atmosphérique à une valeur moyenne de + 15 °C : un gain de 30 degrés ! Non seulement les océans ne gèlent pas (sauf à proximité des pôles, durant certaines périodes), mais leur évaporation entretient des précipitations sur les continents, entraînant l'érosion et l'altération chimique des roches, ainsi que le transfert de sels et d'autres minéraux vers la mer. Ce cycle de l'eau est la grande ressource, la grande fierté de la Terre. C'est lui qui distingue notre planète des autres, tant pour la géologie et les paysages que pour la biologie et l'aventure de la vie.

La vie est un phénomène extraordinaire, dont la Terre possède pour l'instant l'exclusivité. L'espoir demeure de découvrir un jour d'autres formes de vie ailleurs dans l'Univers, sur des planètes autour d'autres étoiles, qui auraient elles aussi un ensoleillement optimal et des océans d'eau liquide. Mais dans notre système solaire en tout cas, la Terre fait figure d'exception – même si Mars et deux lunes des planètes géantes, Europe et Titan, ne sont pas totalement hors course : il n'est pas exclu en effet que l'une d'entre elles abrite une vie primitive, microbienne et discrète, que nous n'avons pas encore découverte.

Outre le fait qu'elle a le mérite d'exister, la vie terrestre se distingue par sa diversité et sa complexité. La vie peut en effet se complaire dans la simplicité – c'est d'ailleurs ce qu'elle a fait sur Terre durant les trois premiers milliards d'années de son histoire. Mais elle n'en est pas restée là. Stimulée par une cascade d'événements géologiques, astronomiques et climatiques, elle a évolué en un foisonnement d'espèces animales et végétales qui dépasse de loin tout ce que le monde inanimé peut offrir comme diversité : si nous avons identifié sur Terre plus de 2 000 minéraux différents – qui bâtissent nos roches et nos paysages –, nous avons catalogué à l'heure actuelle près de 2 millions d'espèces vivantes différentes, et l'on estime que le nombre total est plus proche de 15 millions.

Le revers de la médaille, c'est que cette extraordinaire richesse est en train de disparaître, la faute en revenant à la mauvaise gestion de l'espèce dominante, pourtant caractérisée par son intelligence : l'espèce humaine. Les dernières nouvelles de la planète Terre ne sont donc pas gaies. Mais l'homme réagit. Non seulement le public a pris conscience de la fragilité du globe en contemplant les images de la Terre prises depuis l'espace, mais les scientifiques disposent d'une armée de précieux robots qui papillonnent autour de notre planète – satellites de télédétection des ressources terrestres, de météorologie et de surveillance du climat, et satellites de télécommunications pour canaliser ce flot croissant d'informations.

LA TERRE EN CHIFFRES

Caractéristiques physiques

Diamètre équatorial :	12 656 km
Masse :	6×10^{24} kg
Densité :	5,5 (5 515 kg/m^3)
Pesanteur :	1 *g* (9,78 m/s^2)
Température de surface :	+15 °C
Période de rotation :	23 h 56 min 4 s
Inclinaison de l'axe :	23,45° (23° 27′)
Atmosphère :	N_2 : 78,08 % ; O_2 : 20,95 % ; Ar : 0,93 % ; CO_2 :0,039 % ; H_2O :variable, environ 1 %)

Caractéristiques orbitales

Aphélie :	152 millions de kilomètres
Périhélie :	147 millions de kilomètres
Excentricité :	0,02
Période de révolution :	1 an (365,25 jours)
Inclinaison (sur l'écliptique) :	0° (par définition)
Nombre de lunes :	1

La ronde des satellites

La connaissance de la Terre commence par les informations recueillies au sol. Certaines concernent le passé de la planète, comme les forages dans les calottes de glace de l'Antarctique et du Groenland, qui nous renseignent sur la fréquence des éruptions volcaniques, la composition de l'atmosphère et les fluctuations de température au cours des millénaires écoulés.

Les conditions actuelles, au jour le jour, sont enregistrées par une multitude de capteurs, et leur évolution est suivie pas à pas. Les données atmosphériques, par exemple, sont recueillies par quelque 10 000 stations d'observation au sol, 7 000 navires, 3 000 balises flottantes et plusieurs centaines de ballons-sondes lâchés chaque jour dans l'atmosphère. Près de 100 stations océanographiques mesurent avec précision l'horaire et l'amplitude des marées, et un réseau mondial de sismomètres prend le pouls de la Terre dans toutes les zones sensibles du globe, le long des grandes failles, sur les volcans, et même au fond des océans.

Mais le plus grand flux d'informations provient des satellites. Il ne se passe pas une année sans qu'une dizaine de nouveaux satellites météo et de télédétection ne soient lancés, le cru 2006 servant d'exemple et établissant un record avec 13 engins dédiés à l'étude de la planète. Ainsi, au premier trimestre 2006, c'est l'Asie qui a étoffé son réseau de surveillance : le Japon a lancé un satellite pour l'observation de la Terre puis un satellite météorologique ; Taïwan a envoyé 6 mini-satellites pour mesurer la température et la vapeur d'eau atmosphérique et prévoir la formation des typhons ; la Chine a lancé pour sa part un gros satellite de télédétection dédié au cadastre du pays, au suivi des récoltes et à la surveillance des catastrophes naturelles.

Plus tard au cours de cette même année, l'Europe et les États-Unis ont lancé les satellites *Calipso* et *Cloudsat*. Projet franco-américain, *Calipso* mesure dans l'atmosphère la distribution de la vapeur d'eau et des aérosols (les fines particules solides). Quant à *Cloudsat*, il emporte un radar pour étudier les nuages. Ils constituent, avec *Aqua, Parasol* et *Aura*, une escadrille d'engins complémentaires qui partagent la même orbite et survolent à tour de rôle les mêmes régions de la Terre.

À plus haute altitude et toujours en 2006, la constellation de satellites géostationnaires s'est enrichie de 2 nouveaux satellites météo. Le satellite américain *GOES* photographie les nuages, détecte les feux de forêt, mesure la température et la concentration en vapeur d'eau, et pointe vers le Soleil des caméras qui surveillent son activité. Quant au satellite européen *Metop 2*, il emporte une dizaine d'instruments différents, capables de mesurer température et humidité, concentration d'ozone et de gaz rares, vitesse et direction du vent, et de relever les données transmises par les balises Argos.

Enfin, la Russie a lancé le petit satellite *Compass 2*, chargé de détecter les anomalies électromagnétiques qui pourraient précéder les tremblements de terre et les éruptions volcaniques, mais aussi un lourd satellite de télédétection des ressources terrestres, *Resurs DK-1*, qui possède des caméras à très haute résolution pour l'étude de la géologie et des ressources minières, de l'état de la banquise et des pôles, et la cartographie des zones touchées par les catastrophes naturelles.

Si 2006 est un cru exceptionnel, chaque année voit s'étoffer notre réseau de surveillance de la Terre. L'année 2007 s'est distinguée par une salve de satellites chinois (météorologie, observation des récoltes et des catastrophes naturelles, océanographie), ainsi que par de nouveaux satellites de télédétection des ressources terrestres, lancés par l'Égypte et l'Arabie saoudite, l'Inde, l'Allemagne et l'Italie. En 2008, la grande vedette fut le deuxième satellite franco-américain *Jason 2*, chargé de surveiller les courants océaniques et la montée du niveau marin. Et en 2009, c'est l'étude de l'atmosphère qui bénéficie de nouveaux matériels, avec

L'ATMOSPHÈRE TERRESTRE

L'atmosphère terrestre représente une masse de 5×10^{18} kilos : un peu moins d'un millionième de la masse de la planète elle-même. Cette masse gazeuse exerce à la surface une pression moyenne de 1 bar, soit nettement moins que l'atmosphère de Vénus (90 bars), mais beaucoup plus que celle de Mars (moins d'un centième de bar).

L'atmosphère de la Terre est constituée principalement d'azote (N_2) et d'oxygène (O_2), à hauteur de 78 % et 21 % respectivement. L'argon (Ar), gaz neutre et inerte, est loin en troisième position (0,9 %), place que lui dispute la vapeur d'eau (H_2O), dont la concentration atmosphérique varie de 0 à près de 4 % selon les régions et les saisons. Enfin, très loin en cinquième position, le dioxyde de carbone (CO_2) atteint 0,039 % – en hausse constante, suite à nos rejets industriels –, alors que néon (Ne), hélium (He), méthane (CH_4) et krypton (Kr) se disputent les miettes avec chaque fois un pourcentage inférieur au millième de pourcent. L'ozone (O_3) occupe la treizième position, avec une concentration atmosphérique qui avoisine le millionième de pourcent.

L'atmosphère, très tassée par la forte pesanteur de la Terre, voit la moitié de sa masse concentrée sous 6 kilomètres d'altitude, et il n'en reste que 10 % au-dessus de 16 kilomètres d'altitude. L'essentiel des phénomènes météorologiques, et notamment la formation des nuages, se déroule dans une couche basse appelée « troposphère » (les premiers 8 à 16 kilomètres, avec une frontière plus élevée à l'équateur qu'aux pôles). La troposphère est surmontée par la stratosphère, où réside notamment la minuscule quantité d'ozone, jusqu'à 50 kilomètres d'altitude. Au-dessus, le peu de gaz restant, agité par le rayonnement du Soleil, se décline en deux couches supérieures appelées « mésosphère » et « thermosphère », dont la partie riche en particules électrisées, qui réfléchissent les ondes radio, est appelée « ionosphère ».

La composition de l'atmosphère terrestre a évolué au cours des âges géologiques. À l'origine, les gaz rejetés par les volcans ont été principalement de la vapeur d'eau et du dioxyde de carbone, des oxydes de soufre, et un peu d'azote, d'ammoniac et de méthane. Lorsque la vapeur d'eau s'est condensée en océans, tôt dans l'histoire de la Terre, la majeure partie du dioxyde de carbone s'y est dissoute, empêchant l'effet de serre de s'emballer. Les gaz restants ont été un reliquat de dioxyde de carbone et de vapeur d'eau, et l'azote neutre qui est devenu le gaz dominant de l'atmosphère. L'oxygène n'est apparu que sur le tard, fabriqué par les bactéries et les algues primitives par photosynthèse, et n'a véritablement pu commencer à s'accumuler dans l'atmosphère qu'il y a 2,5 à 2 milliards d'années. La proportion d'oxygène a fluctué, atteignant apparemment 35 % durant la période du Trias (de –250 à –200 millions d'années), avant de redescendre à 21 % aujourd'hui.

les plates-formes géostationnaires *NOAA 19* et *GOES-O* pour la météorologie et des satellites spécialisés, tels *OCO* (*Orbiting Carbon Observatory*), dédié à l'étude du gaz carbonique et de l'effet de serre, et *Glory*, qui recense la suie et d'autres aérosols en suspension dans l'atmosphère.

Tous ces nouveaux satellites s'ajoutent à ceux qui furent lancés au cours des années précédentes et qui sont toujours en activité – la durée de vie d'un satellite dépassant aujourd'hui la dizaine d'années. Avec plus de 800 satellites opérationnels autour de la Terre, c'est donc bien notre planète qui est la plus étudiée par nos engins spatiaux, loin devant Mars et Vénus. Et le moins que l'on puisse dire, c'est que la Terre mérite cet intérêt, tant pour la complexité de sa géologie que pour le dynamisme et la fragilité de son climat.

Une planète volcanique

Depuis l'espace, la Terre offre un visage bien différent de celui des autres planètes. Elle est principalement blanche et bleue, en raison des océans et des nuages, mais elle affiche aussi des continents qui pointent au-dessus des eaux, avec des chaînes de montagnes et des massifs volcaniques.

En regardant sous la mer pour appréhender le relief global de la planète – ce que permettent certains satellites en analysant le signal gravimétrique des masses sous-marines –, on découvre que la Terre se partage entre deux types de relief : les continents eux-mêmes, qui culminent en moyenne à 800 mètres au-dessus du niveau de la mer, et les bassins océaniques, qui s'étendent en moyenne 4 000 mètres sous ce même niveau. Dans le détail, on remarque des chaînes de volcans sous-marins qui serpentent au fond des bassins – les dorsales médio-océaniques –, ainsi que d'autres arcs volcaniques qui émergent en bordure de certains continents, notamment dans le Pacifique Ouest et aux Antilles.

Grâce aux études au sol, dans le cadre de plus de 2 siècles de patiente prospection géologique, nous savons que ce curieux arrangement du relief est l'expression d'un phénomène particulier à la Terre : la tectonique des plaques. L'écorce terrestre se trouve ainsi divisée en deux matériaux aux comportements différents. D'une part, nos continents sont le rassemblement en surface d'une croûte siliceuse et alumineuse : une écume de roche distillée par les volcans, qui s'est accumulée durant des milliards d'années jusqu'à recouvrir le quart de la surface du globe. D'autre part, le plancher des bassins océaniques est formé, quant à lui, d'un magma plus dense, riche en fer, qui finit par s'enfoncer au bout de quelques centaines de millions d'années dans les entrailles de la Terre et se fait remplacer par de la matière volcanique nouvelle. À la différence des continents, les bassins océaniques sont donc éphémères, à géométrie variable, et s'apparentent en quelque sorte à de gigantesques tapis roulants.

Dans le détail, le plancher basaltique se forme au niveau des dorsales et fait continuellement place à de nouvelles remontées de magma en s'écartant des deux côtés de la zone active. À mesure qu'il s'éloigne de cet axe chaud, ce plancher nouvellement formé se refroidit, ce qui le rend plus dense, jusqu'à un seuil critique quand il s'incurve et plonge, pour y refondre, dans le manteau sous-jacent au niveau d'une fosse de subduction. Ce mouvement en boucle gouverne toute l'activité géologique du globe, des éruptions volcaniques aux tremblements de terre. Là où les continents entrent en collision, emportés comme des valises sur un tapis roulant, naissent les chaînes de montagnes.

Cette dynamique est mesurable depuis l'espace, puisque des balises fixées sur les continents, qui utilisent le GPS et les satellites de navigation, indiquent au centimètre près le mouvement des plaques tectoniques. On constate ainsi que l'écartement de l'Europe et de l'Amérique du Nord se déroule au rythme de 2 centimètres/an, alors que dans le Pacifique Est le record est de 15 centimètres/an. Le long de la faille de San Andreas, en Californie, c'est plutôt un mouvement de glissement latéral qui déplace le continent américain vers le sud par rapport à la plaque Pacifique – un mouvement saccadé de 3 à 4 centimètres/an en moyenne, qui est à l'origine de nombreux séismes.

L'observation par satellite permet aussi de suivre l'activité volcanique partout dans le monde, notamment dans les régions inaccessibles, de sorte que l'on dispose aujourd'hui pour celle-ci d'une vision globale et quasi permanente. Cette activité atteint d'ailleurs un niveau presque unique dans le système solaire. L'activité volcanique d'une planète est en effet proportionnelle à sa taille – taille qui conditionne la chaleur qu'elle peut produire et retenir dans ses entrailles. Ainsi, la petite planète Mercure est morte du point de vue volcanique, Mars est moribond avec une activité déclinante, alors que Vénus est apparemment agitée par des épisodes de volcanisme espacés dans le temps. Parmi les planètes, seule la Terre distille une activité éruptive vigoureuse et permanente (nous verrons dans un prochain chapitre que Io, lune de Jupiter, présente également une forte activité, mais pour des raisons particulières).

Chaque année, une soixantaine de volcans différents font éruption sur Terre, et à tout moment – par exemple à l'heure où vous lisez ces lignes – pas moins de 20 volcans sont en activité simultanément. Parmi ceux-ci, il y a une bonne quinzaine d'« habitués » semi-permanents, qui sont en éruption depuis des décennies, voire des siècles. En Europe, c'est le cas de l'Etna et du Stromboli ; en Amérique centrale, c'est l'Arenal ; en Indonésie, le Merapi et le Semeru ; au Japon, le Sakurajima ; en Afrique, l'Erta-Ale ; en Antarctique, l'Erebus ; et, dans le Pacifique, le Kilauea (Hawaï).

À ces vieux fidèles, l'observation au sol et par satellite ajoute son lot de surprises. Les satellites jouent le rôle de sentinelles dans les régions inhabitées du globe, relevant les panaches de cendres et les anomalies thermiques qui sont symptomatiques d'éruptions. Ils repèrent même les indices d'éruptions sous-marines. C'est ainsi que les satellites de télédétection *Terra* et *Aqua* ont photographié en août 2006, au large des îles Fidji, un anneau de pierre ponce – matériau volcanique bulleux qui a la propriété de flotter. Au centre de l'anneau, un nouveau volcan a ensuite émergé, dont la surface a rapidement atteint près de 2 km^2.

À plus grande profondeur, notamment sur les dorsales océaniques, navires et bathyscaphes complètent notre surveillance du globe. Les vaisseaux de recherche déposent sur le fond marin des réseaux de sismomètres qui détectent les éruptions, parfois même de manière insolite. C'est ainsi qu'en avril 2006 le navire chargé de récupérer un chapelet de douze sismomètres sur la dorsale du Pacifique Est n'en a retrouvé que quatre. Soupçonnant que les instruments perdus avaient été recouverts par une coulée de lave, les chercheurs ont effectué des chalutages par 2 500 mètres de profondeur, remonté du basalte tout frais, puis remorqué des caméras robotiques le long du fond, qui ont photographié les nouvelles laves émises par le rift sous-marin sur une section longue d'au moins 18 kilomètres. Cet épisode éruptif illustre l'intense activité des dorsales océaniques, qui produisent la grande majorité des laves de la planète.

Au total, la production globale de produits volcaniques sur Terre atteint 3 km^3/an sous la mer (principalement au niveau des dorsales) et 1 km^3 sur les continents. C'est dire que l'on peut observer à l'échelle d'une année des changements notables dans le paysage. Tout comme nous tâchons de le faire pour Mars et pour Vénus – pour l'instant sans succès –, les images satellites prises à plusieurs années d'intervalle montrent sur la Terre la naissance de nouveaux terrains imputables au volcanisme. L'Etna, en Sicile, en offre un bel exemple *(voir encadré p. 62)*.

Aussi spectaculaires qu'elles puissent paraître, les éruptions des dernières années ne constituent que le « bruit de fond » de l'activité volcanique du globe. Celle-ci est ponctuée de crises bien plus importantes, mais heureusement d'autant plus rares qu'elles sont violentes. Ainsi, la Terre connaît une éruption de l'ordre du kilomètre cube de laves ou de cendres tous les 10 ou 20 ans, les dernières en date étant celles du mont Saint Helens (États-Unis) en 1980 et du Pinatubo (Philippines) en 1991. Une fois par siècle, l'éruption dépasse les 10 km^3 : ce fut le cas des coulées de lave du Laki (Islande) en 1783, de l'explosion du Krakatoa (Indonésie) en 1883, et de celle du Katmai (Alaska) en 1912.

L'EXEMPLE DE L'ETNA

En éruption quasi permanente depuis l'aube de l'humanité, l'Etna illustre l'activité exceptionnelle de la Terre et les changements que le volcanisme peut entraîner dans le paysage, d'une année sur l'autre.
Perché sur la côte orientale de la Sicile, l'Etna est né il y a environ 600 000 ans au fond de la mer, et a émergé à l'air libre, il y a 300 000 ans, pour bâtir un bouclier de basalte qui culmine actuellement à 3 350 mètres d'altitude. Canne et céréales, vignes et vergers s'étagent sur ses flancs jusqu'à 1 000 mètres d'altitude, relayés par des bois de conifères jusqu'à 1 500 mètres, avant que la roche nue ne domine le paysage sur une section sommitale plus pentue, où s'accumulent des coulées de lave. Plusieurs cônes actifs ornent le sommet, alternant panaches de cendres (éruptions pliniennes), hoquets éruptifs de scories incandescentes (éruptions stromboliennes) et véritables fontaines de lave (éruptions hawaïennes).
Sur l'Etna, les transformations du paysage sont incessantes. Les cônes du sommet, chacun de la taille de la butte Montmartre ou du Mont-Saint-Michel, sont tous nés depuis la Seconde Guerre mondiale. Parmi les nouveaux venus, un cône de plus de 100 mètres de hauteur est apparu en moins d'un mois durant l'été 2001, et un double cône de près de 200 mètres, durant l'hiver 2002-2003. Quant aux coulées de lave, si elles sont particulièrement courtes près du sommet, celles qui sont émises à plus basse altitude par les fissures majeures du volcan peuvent atteindre de grands volumes. Ainsi, l'éruption de 1991-1993 a émis sur le versant oriental de l'Etna, dans la vallée del Bove, pas moins de 250 millions de m^3 de lave (un quart de km^3) en 16 mois. En termes de superficie, ces nouvelles coulées ont recouvert 8 km^2, soit la superficie d'un grand arrondissement de Paris. C'est dire qu'un extraterrestre se rendrait vite compte, en comparant des images satellites de la Terre d'une année sur l'autre, que notre planète est hyperactive d'un point de vue géologique, alors que Mars, Vénus et la Lune ne montrent aucun changement notable sur cette échelle de temps.

Encore plus rares sont les éruptions de 100 km^3, qui n'ont lieu qu'une fois par millénaire en moyenne : ce fut le cas du Tambora (Indonésie) en 1815. Épisodiquement, un « supervolcan » géant, telle la caldeira de Yellowstone, aux États-Unis, ou celle de Toba, aux Philippines, peut éjecter 1 000 km^3 de cendres – le volume du mont Blanc – dans l'atmosphère, mais un tel événement n'a lieu que tous les 100 000 ans en moyenne, sans qu'il soit possible au demeurant de prévoir quand la prochaine crise aura lieu. Les géologues américains surveillent de près la caldeira de Long Valley, en Californie, qui pourrait être l'une des prochaines à se réveiller. Toutefois, la probabilité qu'un tel supervolcan fasse éruption au cours du

FIGURE 3.1 – L'Etna en éruption, photographié par l'équipage de la Station spatiale internationale le 30 octobre 2002, avec le versant nord au premier plan. Les coulées de lave les plus jeunes ressortent en noir. Outre le panache de cendres sombres et de vapeur d'eau blanche au-dessus du sommet, la fumée de feux de forêt, allumés par des coulées de lave, s'étale du versant nord vers l'est (à gauche). *(NASA/JSC.)*

---

prochain millénaire est minime – 1 chance sur 100 environ –, et l'on peut donc dormir tranquille.

Encore plus rares que les supervolcans, on note aussi sur Terre des remontées massives de magma, appelées « trapps », qui inondent des provinces entières à force d'éruptions répétées, échelonnées sur des centaines de milliers d'années. De telles inondations de lave n'ont lieu que toutes les quelques dizaines de millions d'années en moyenne, la dernière ayant fait surface dans le nord-ouest des États-Unis (Columbia River Plateau), il y a 14 millions d'années. Selon toute probabilité, nous n'avons pas à redouter une telle catastrophe durant le bail de la civilisation humaine.

Du nouveau sur le noyau

Si nous connaissons bien les manifestations volcaniques en surface, nous avons également une bonne idée de la structure interne de la Terre. Elle est révélée par le comportement des ondes sismiques, ondes qui permettent une véritable échographie de l'intérieur du globe.

Nous avons fêté ainsi en 2009 le centenaire de la première découverte en la matière, celle de la démarcation entre la croûte superficielle et une couche plus dense en profondeur, appelée « manteau ». C'est en effet en 1909 que le géophysicien yougoslave Andrija Mohorovicic a déduit l'existence de cette frontière, qui porte désormais son nom (le « Moho » en abrégé), à une trentaine de kilomètres de profondeur sous la Croatie. Sa profondeur varie selon les lieux : en moyenne, 7 kilomètres sous le plancher des océans et une quarantaine de kilomètres sous les continents – ceux-ci ont une croûte plus épaisse.

En dessous de cette frontière débute donc le manteau, qui est une matière rocheuse plus compacte que la croûte et composée principalement d'olivine, de pyroxène et de grenat. On en trouve des fragments à la surface de la Terre, sous la forme de nodules remontés par les éruptions volcaniques : ils ont une belle couleur rose et pistache. Le manteau minéral s'étend jusqu'à 2 900 kilomètres de profondeur, soit pratiquement la moitié du rayon terrestre, et représente 83 % du volume de la Terre. Chaude et plastique, comprimée par la pression, sa matière est lentement brassée par des courants de convection, à la vitesse de quelques centimètres par an. En s'approchant de la surface, ces courants entraînent et étirent la croûte plus rigide qui les recouvre, donnant lieu à l'expansion des fonds océaniques et à la dérive des continents. Ce sont ces courants qui sont le moteur de la tectonique des plaques.

Au centre du globe, enveloppé par le manteau comme un jaune d'œuf dans son albumine, se trouve le noyau de la Terre, principalement constitué de fer. Pressenti en 1881 par le mathématicien Édouard Roche, découvert en 1912 par Beno Gutenberg grâce aux ondes sismiques, ce noyau est particulier, car le ralentissement des ondes montre que sa partie extérieure est liquide entre 2 900 et 5 150 kilomètres de profondeur, alors que sa partie centrale, appelée « graine », est solide. Ce contraste est dû à la pression plus forte au centre de la Terre, qui empêche la matière d'y rester liquide, malgré la température supérieure à 5 000 °C. Du reste, comme notre planète se refroidit au fil des âges, la graine de fer solide croît peu à peu, cette cristallisation progressant au rythme de quelques dixièmes de millimètre par an.

La partie externe et liquide du noyau nous intéresse particulièrement. On sait que, outre le fer (80 %), elle doit aussi contenir du nickel et du silicium, voire un peu d'oxygène et de soufre. Cela nous est suggéré par la densité du noyau et par l'analyse des météorites ferreuses qui tombent sur Terre et qui proviennent du noyau éclaté de protoplanètes. Dans le noyau externe de notre globe, nous l'avons dit, cette matière est liquide : sa fluidité est comparable à celle de l'eau. Elle est brassée par des courants de convection. Et comme elle est métallique, elle conduit l'électricité. Il en résulte un champ magnétique – c'est le principe de la dynamo autoentretenue – dont l'intensité à la surface du globe varie de 30 à 60 microteslas selon les endroits.

Non seulement ce champ magnétique nous indique approximativement le nord (son dipôle est aligné à 11 degrés près avec l'axe de rotation de la Terre), mais il nous protège des particules ionisantes en provenance du Soleil et des étoiles, qui bombardent le globe en permanence. Ce bouclier magnétique protège les espèces vivantes des rayonnements nocifs, et protège également notre atmosphère d'une « érosion » de ses molécules gazeuses. Sans lui, les gaz les plus légers pourraient s'exciter sous le bombardement des particules, au point de vaincre la gravité terrestre et de s'évader dans l'espace. D'autres planètes, comme Mars et Vénus, ont été moins chanceuses : dépourvues depuis longtemps de champ magnétique – un déclin dû à leur refroidissement accéléré et à la solidification de leur noyau –, elles ont vu leur atmosphère attaquée au point de perdre de précieux gaz. C'est le cas de la vapeur d'eau sur Vénus.

Le champ magnétique terrestre est toutefois loin d'être stable. De petites variations sporadiques de sa direction et de son intensité ont lieu de façon aléatoire, sous l'influence des sautes d'humeur du Soleil. On constate aussi une lente dérive du champ et de son axe : le pôle Sud magnétique a ainsi migré de 83 à 79 degrés de latitude sud entre le XVIIe siècle et l'époque actuelle.

Encore plus spectaculaires sont les retournements complets du champ magnétique, lorsque sa polarité s'inverse, que le pôle Nord devient le pôle Sud et vice versa. Certaines roches terrestres, notamment les laves riches en fer comme le basalte, ont conservé la trace du champ magnétique à l'époque de leur formation, de sorte que l'on possède un registre des variations du champ magnétique au cours des ères géologiques. On constate que ces renversements du champ ont lieu à intervalles irréguliers, certaines périodes comme le Crétacé étant particulièrement stables alors que, durant d'autres périodes, le champ peut basculer plusieurs fois par million d'années. Nous sommes depuis 780 000 ans dans une période de polarité normale, appelée époque de Brunhes, alors qu'auparavant, de 780 000 à 2,5 millions d'années, le champ était le plus souvent inversé.

Même une époque de polarité identique n'est pas totalement stable : on peut assister à des soubresauts quand l'intensité du champ diminue, et sa polarité peut même changer brièvement – pendant quelques siècles voire quelques millénaires – avant de se rétablir. Une telle petite inversion est survenue il y a 40 000 ans et n'a duré que 2 ou 3 millénaires : elle est connue sous le nom d'événement de Laschamp, du nom de la coulée de lave en Auvergne qui en porte l'empreinte.

On explique encore mal la cause de tous ces renversements, mais elle serait liée à des instabilités au sein du noyau de fer liquide. Les simulations par ordinateur montrent que des zones de polarité opposée s'y développent au fil du temps, jusqu'à atteindre une taille critique, au point de faire basculer le champ entier.

Ces renversements de champ sont inquiétants dans la mesure où, lors d'une telle transition, l'intensité du champ diminue jusqu'à pratiquement disparaître avant de croître dans l'autre sens. C'est dire que le bouclier magnétique de la Terre s'évanouit temporairement, l'espace de plusieurs siècles, et que l'écosystème se trouve alors à la merci du bombardement de rayons cosmiques et des trombes de particules en provenance du Soleil. Les biologistes et les paléontologues n'ont pas constaté de disparition massive d'espèces vivantes lors des événements passés, et la situation n'est donc pas catastrophique pour les êtres vivants, mais on est en droit de s'interroger sur l'effet qu'aurait un tel évanouissement du champ magnétique sur notre civilisation : multiplication brutale des cancers de la peau, perturbations accrues des télécommunications, voire d'autres effets néfastes et insoupçonnés.

Or, les mesures indiquent que notre champ magnétique a baissé de 10 % en 150 ans. S'agit-il seulement d'une variation aléatoire du champ, lequel reprendra du poil de la bête dans les prochaines années, ou bien le déclin est-il réel, menant à terme à une disparition totale du champ et à un basculement de la polarité ? Surveillez vos boussoles.

L'autre actualité du noyau, c'est que sa graine solide paraît tourner plus vite que le reste de la Terre. Publiée en 2005, cette théorie est fondée sur l'analyse des ondes sismiques lorsqu'elles traversent la graine de fer au centre de la planète. Cette graine a en effet des irrégularités de densité – connues des chercheurs –, les ondes la traversant plus ou moins vite. Or, au fil des ans, les irrégularités changent de place, comme si la graine entière tournait légèrement plus vite que le reste du globe. Le décalage est de 0,3 à 0,5 degré d'arc par an, de sorte que cette boule centrale de fer « prendrait un tour » au reste de la planète tous les 1 000 ans environ.

Mouvements de la Terre et périodes glaciaires

Outre ses mouvements internes, notre planète est également soumise à des mouvements globaux de sa sphère en rotation, à cause de l'influence gravitationnelle du Soleil, de la Lune et des planètes voisines. En premier lieu, si la Terre semble décrire aujourd'hui un cercle parfait autour du Soleil, il n'en est pas toujours ainsi. L'orbite terrestre se déforme selon un cycle de 400 000 ans, durant lequel sa trajectoire varie d'un cercle parfait à une ellipse légèrement allongée, sa distance au Soleil variant de 10 % (l'insolation varie alors de 20 %). Aujourd'hui, la situation est intermédiaire, avec une distance qui varie de 3,4 % entre janvier, quand nous nous rapprochons à 147 millions de kilomètres du Soleil (périhélie), et juillet, lorsque nous en sommes éloignés de 152 millions de kilomètres (aphélie) : notre insolation varie ainsi de 7 % au cours de l'année. Le phénomène est compliqué par le fait qu'au périhélie, la Terre circule plus vite sur son orbite : la saison en question est donc plus marquée, mais aussi plus courte.

Les deux autres mouvements périodiques de la Terre ont à voir avec son axe de rotation, la planète pouvant être comparée à une toupie sur laquelle on exerce des forces. L'expérience d'une toupie le démontre : faites pression sur son axe de rotation et la toupie se mettra à « hocher de la tête », l'inclinaison de l'axe variant cycliquement, alors qu'en outre cet axe pointera dans une direction sans cesse changeante, décrivant un cône dans l'espace.

Soumise aux forces perturbatrices des astres voisins, la « toupie Terre » accomplit de tels mouvements à grande échelle. Pour ce qui est du hochement, l'axe de rotation terrestre est aujourd'hui incliné de 23 degrés et 27 minutes par rapport à la verticale (au plan de l'orbite), inclinaison qui est responsable des saisons. Mais c'est une valeur changeante : les calculs nous enseignent que cette inclinaison, appelée aussi « obliquité », varie de 22 à 25 degrés selon un cycle de 41 000 ans. Lorsqu'elle est maximale, les saisons sont plus contrastées.

Quant au pointage de cet axe, il décrit un cône dans l'espace selon un cycle de 21 000 ans : c'est la fameuse précession des équinoxes. Elle se traduit par le fait que, à certaines périodes du cycle, c'est le pôle Nord qui pointe vers le Soleil lorsque la Terre sur son orbite elliptique est au plus proche de l'astre, alors qu'à d'autres époques, comme aujourd'hui, c'est le pôle Sud qui pointe vers le Soleil lors du rapprochement annuel.

Il ressort de tous ces mouvements qu'ils font varier cycliquement l'insolation de la Terre, ainsi que les emplacements où cette insolation est focalisée. Ces variations périodiques sont responsables depuis plus de 2 millions d'années d'une alternance sur Terre de périodes glaciaires et de périodes interglaciaires. Auparavant, une distribution différente des courants océaniques empêchait ce « forçage » astronomique d'avoir autant d'effet.

Les périodes glaciaires ont lieu aux époques du cycle où les précipitations neigeuses bâtissent des calottes de glace pendant l'hiver et où l'été est trop doux pour les faire fondre. Les calottes grandissent donc d'année en année, réfléchissent d'autant mieux la lumière du Soleil, et le climat planétaire refroidit. À l'inverse, lorsque les facteurs astronomiques font que la fonte estivale l'emporte sur les précipitations hivernales, les calottes glaciaires reculent et la température planétaire remonte.

Les facteurs astronomiques modulent cette alternance de telle sorte qu'une période glaciaire dure en moyenne 100 000 ans, alors qu'un interglaciaire tempéré dépasse rarement 20 000 ans. Nous sommes aujourd'hui dans un interglaciaire qui dure depuis un peu plus de 10 000 ans et qui a vu l'essor de notre civilisation. On s'attend à ce que cette période de climat faste dure encore plusieurs millénaires. Mieux : si nous la comparons à un épisode précédent, il y a 420 000 ans, lorsque les facteurs astronomiques se combinaient de façon identique à la situation actuelle, l'interglaciaire de l'époque avait duré 28 000 ans. Nous pouvons donc espérer qu'il nous reste 18 000 ans de climat serein. Mais c'est sans compter avec la civilisation humaine, qui a considérablement changé la donne.

Le changement climatique

L'une des dernières nouvelles de la planète Terre, c'est en effet que l'homme perturbe fortement son climat. Ce constat est récent, la première analyse sérieuse du problème datant de 1988 : à l'époque, le climatologue américain Jim Hansen met en cause les rejets industriels de gaz à effet de serre et prévoit une augmentation notable des températures dès les années 1990. L'histoire lui a donné raison : la décennie 1991-2000 a été la plus chaude depuis 150 ans que l'on relève les températures tout autour du globe. Et la tendance se confirme : les 14 années les plus chaudes depuis le début des mesures il y a un siècle et demi ont toutes eu lieu au cours… des 15 dernières années ! Les bilans montrent que la température globale de l'atmosphère terrestre a augmenté de 0,75 °C au XXe siècle. Et on a déjà pris 0,2 °C supplémentaire entre 2001 et 2009.

Presque 1 °C en un siècle, c'est énorme à l'échelle d'une planète en un si court laps de temps. La différence entre une période glaciaire et une période interglaciaire, par exemple, est de l'ordre de 5 °C en l'espace de plusieurs siècles. C'est dire que la hausse de température dont nous

FIGURE 3.2 – Le cyclone Fran photographié le 4 septembre 1996 au-dessus des Bahamas par le satellite *GOES-8*, avec la Floride à l'ouest et Cuba au sud. Le réchauffement climatique accroît l'énergie des cyclones tropicaux.
(NASA/GSFC.)

sommes responsables est du même ordre de grandeur. Une hausse de 1 °C, c'est aussi une valeur moyenne. Elle est amplifiée dans certaines régions et équivaut à une hausse locale d'environ 3 °C à l'intérieur des continents, et jusqu'à 10 °C dans l'Arctique.

Cette hausse de température est attribuée par la grande majorité des spécialistes à l'augmentation de la quantité de gaz à effet de serre dans l'atmosphère, laquelle augmentation est liée pour sa part de façon certaine aux activités humaines.

On connaît le principe : certains gaz, comme la vapeur d'eau, le gaz carbonique et le méthane, sont transparents à la lumière du Soleil, qui chauffe la surface terrestre ; mais lorsque cette énergie est émise à nouveau vers l'espace sous forme de rayons infrarouges, elle est piégée par les gaz en question, et la température atmosphérique augmente. Toutes les planètes qui contiennent de tels gaz connaissent un effet de serre naturel, lequel peut être sévère, comme dans le cas de Vénus, ou modéré, comme dans le cas de la Terre.

L'influence de la civilisation humaine, de par son industrie et ses pratiques agricoles, consiste à ajouter des gaz à un système jusque-là en équilibre et à en changer la donne. Depuis le début de l'ère industrielle, la concentration de dioxyde de carbone dans l'atmosphère a augmenté de 0,028 à 0,039 % aujourd'hui, soit une hausse de près d'un tiers. Au cours de la même période, le taux de méthane a pour sa part plus que doublé. Mais ce n'est pas fini – nous émettons toujours des gaz –, et les projections sont inquiétantes : les spécialistes s'attendent à une hausse supplémentaire de la température globale de 2 à 4 °C au cours du XXIe siècle selon les scénarios envisagés, c'est-à-dire selon les efforts consentis par la civilisation pour freiner ses émissions de gaz à effet de serre.

Le réchauffement climatique est une mauvaise nouvelle pour la civilisation humaine et pour la biosphère. Pour la civilisation d'abord. Il va se traduire par des perturbations à l'échelle régionale : sécheresse et canicules dans les régions déjà en difficulté comme le Sahel et les régions subtropicales en général, ainsi que sur le pourtour méditerranéen ; précipitations accentuées dans les zones déjà humides, comme les régions tropicales et le sud de l'Asie. L'augmentation de la température au-dessus des océans rendra d'autre part plus violents les cyclones et les typhons.

À cela il faut ajouter la hausse du niveau marin. Celle-ci est due, pour moitié, à la simple dilatation des eaux océaniques devenues plus chaudes. L'autre facteur est la fonte des glaciers et des inlandsis continentaux, comme celui du Groenland, dont les eaux douces se déversent dans les océans. Grâce à des plates-formes orbitales munies d'altimètres laser, comme les satellites franco-américains *Topex-Poséidon* et *Jason*, on mesure le niveau marin qui subit une hausse de 3 millimètres/an actuellement. Au moins 30 centimètres de hausse sont donc attendus au XXIe siècle, voire de 40 à 60 centimètres au vu de l'accélération du phénomène. C'est beaucoup en aussi peu de temps, et les plaines littorales surpeuplées en feront les frais.

En effet, la conjonction de ces changements peut en accentuer les effets néfastes. Ainsi, des tempêtes et des cyclones plus violents associés à la hausse du niveau marin se traduiront par des inondations côtières qui seront dévastatrices pour les pays en voie de développement. Déjà, sans compter les cyclones, un niveau marin plus haut de 40 centimètres – ce qui sera le cas avant la fin du siècle – fera passer le nombre de personnes touchées par les inondations de 50 à 250 millions, sans même prendre en compte la croissance de la population entre-temps.

Le bilan de l'évolution climatique de la Terre est donc inquiétant et nécessite une réponse adaptée, qui passe par une réduction drastique des gaz à effet de serre. Cette réaction est d'autant plus urgente que le réchauffement climatique affecte également l'ensemble de la biosphère, déjà très touchée par les activités humaines.

La biosphère s'appauvrit

Le réchauffement climatique, parce qu'il a lieu à un rythme élevé, menace d'extinction de nombreuses espèces animales et végétales : en effet, celles-ci n'ont pas le temps de s'adapter à la nouvelle température ou de migrer vers d'autres zones géographiques pour retrouver les conditions vitales à leur survie. Les exemples les plus représentatifs en sont la fonte de la banquise avec la mise en danger de l'ours blanc, ou l'écosystème de montagne, qui voit le réchauffement entraîner le déplacement des espèces habituées au froid vers des altitudes de plus en plus élevées, où la surface habitable est de plus en plus réduite.

Le changement climatique n'est en outre que la pointe de l'iceberg, si l'on peut dire. Les espèces vivantes sont agressées par bien d'autres agents néfastes qui découlent directement de l'activité humaine : déforestation et réduction de l'habitat (agriculture, urbanisme), pollution de l'air, de l'eau et du sol, surpêche, toutes actions liées à la croissance débridée de notre population. Les nouvelles pour la biosphère terrestre sont donc alarmantes : des milliers d'espèces disparaissent chaque année, de sorte que nous vivons actuellement ce que les spécialistes appellent une « extinction massive », comparable à celle qui a vu la disparition des dinosaures il y a 65 millions d'années *(voir encadré p. 72)*.

Le recensement des espèces est en lui-même difficile. Depuis l'explosion de formes de vie complexes au cambrien, il y a 500 à 600 millions d'années environ, le nombre d'espèces animales et végétales a certainement fluctué autour de plusieurs millions, avec peut-être une lente croissance jusqu'à nos jours, et de brèves mais drastiques réductions lors des grandes extinctions massives, suivies de rétablissements plus ou moins rapides. Les recensements ne sont que partiels, vu la préservation incomplète des fossiles, et les extrapolations audacieuses. Même à l'époque actuelle, l'exercice est difficile, car le nombre d'espèces est tel, et les niches écologiques à explorer si nombreuses, que le travail acharné des biologistes n'y suffit pas.

Ainsi, les systématiciens décrivent plus de 10 000 espèces nouvelles chaque année, principalement des insectes, mais aussi des plantes et des

LES GRANDES EXTINCTIONS

Depuis 550 millions d'années environ que la vie laisse des traces fossiles dans les sédiments, qui permettent de recenser les espèces à différentes époques, les paléontologues ont relevé une vingtaine d'événements durant lesquels le taux de disparition des espèces a dépassé de façon notable le « bruit de fond » de la mortalité en temps normal, et cinq grandes extinctions massives, quand le nombre d'espèces recensées chute de plus de 50 % en un laps de temps relativement court. Elles ont eu lieu il y a 440 millions d'années (fin de l'Ordovicien), de – 370 à – 365 millions d'années (fin du Dévonien), il y a 251 millions d'années (fin du Permien), 205 millions d'années (fin du Trias) et 65 millions d'années (fin du Crétacé).
L'extinction de la fin du Crétacé (appelée aussi crise « K-T ») est expliquée de façon convaincante par la collision d'un astéroïde avec la Terre, qui a creusé un cratère de 200 kilomètres de diamètre au Yucatan (cratère de Chicxulub) et libéré une énergie de 100 millions de mégatonnes équivalent TNT. Les quatre autres extinctions ne sont pas encore tirées au clair, et les causes postulées incluent d'autres impacts, des éruptions volcaniques massives ou des changements climatiques, voire des modifications chimiques de l'eau de mer, dont la cause première reste à expliquer.

champignons, des poissons, des amphibiens et des reptiles, et même des mammifères (de 15 à 20 nouvelles espèces recensées par an). Et c'est sans compter les bactéries, notamment celles qui vivent dans le sous-sol, et dont la biomasse pourrait dépasser la masse totale de tout ce qui vit dans les océans et à la surface du globe !

À l'heure d'arrêter un chiffre, les spécialistes parlent de 1,8 million d'espèces décrites, dont près de 1,4 million d'animaux (les invertébrés se taillent la part du lion avec notamment plus de 1 million d'insectes), 300 000 plantes et 100 000 champignons et moisissures. Parmi les vertébrés, on connaît environ 30 000 poissons différents, 10 000 espèces d'oiseaux, 8 000 reptiles, 6 000 amphibiens et près de 5 500 mammifères.

Si la liste des gros animaux, comme les vertébrés, est assez complète et ne progresse plus que lentement, celles des invertébrés, plantes et champignons, est encore loin du compte. Ainsi, pour les espèces de champignons, les spécialistes estiment que leur nombre doit friser le million –10 fois plus que le nombre actuellement catalogué. Il en est de même pour les insectes, dont le nombre d'espèces est probablement plus proche de 10 millions que de 1 million. Il ne s'agit pas de vaines spéculations, mais d'extrapolations à partir du recensement laborieux d'espèces dans une niche précise, extrapolée ensuite au nombre de niches différentes dans l'écosystème – par exemple, le recensement d'insectes qui colonisent exclusivement une espèce d'arbre dans la forêt amazonienne, multipliée par le nombre d'essences différentes dans ladite forêt.

Ainsi, les biologistes estiment que le nombre total d'espèces vivant aujourd'hui sur la planète est de l'ordre de 13 à 14 millions au bas mot, c'est-à-dire que moins de 15 % d'entre elles sont recensées à l'heure actuelle. Ce qui est triste, c'est que nous n'aurons guère le temps de compléter la liste, puisque nous détruisons les espèces bien plus vite que nous ne pouvons les répertorier ! Par les mêmes méthodes statistiques que celles qui sont utilisées pour les recensements, il apparaît en effet que nous exterminons plus de 100 000 espèces par an, donc à un rythme 10 fois plus rapide que le taux de découverte.

La grande extinction en cours, due aux activités humaines, est donc comparable (voire plus grave) à celle que causa l'impact de l'astéroïde qui, à la fin du Crétacé, a fait disparaître les dinosaures. Une équipe internationale de chercheurs a estimé en 2007 que, avec le réchauffement climatique, 10 % du nombre total des espèces sera éliminé d'ici à 2050. En incluant la pollution, la déforestation et les autres effets néfastes de la civilisation humaine, d'autres spécialistes comme Edward Wilson, de l'université Harvard, avancent que 50 % des espèces seront éradiquées d'ici à 2100 – ce qui est la définition même d'une grande extinction massive.

La menace des astéroïdes

Si les nouvelles de la Terre ne sont pas bonnes en matière de changement climatique et de chute de la biodiversité, elles sont à mettre en perspective avec les menaces externes qui pèsent également sur l'écosystème, notamment celle des impacts cosmiques.

La catastrophe qui a frappé la Terre il y a 65 millions d'années – la cinquième grande extinction massive du monde vivant – fut causée par l'écrasement sur Terre d'un astéroïde de 10 kilomètres de taille. L'énergie du choc et la projection d'éjecta rocheux sur toute la planète ont embrasé les forêts, pollué l'atmosphère de poussières et de cendres, bloqué la lumière du Soleil et arrêté net la photosynthèse sur Terre et dans les océans, exterminant 75 % de toutes les espèces et la totalité des dinosaures, tristes vedettes de l'histoire. C'est la découverte de cet impact, pressenti en 1980 et confirmé en 1991 par celle du cratère, qui a sensibilisé les chercheurs à la réalité et à la violence des impacts cosmiques[1].

1. Pour une description du phénomène, voir Charles Frankel, *La Mort des dinosaures. L'hypothèse cosmique*, Éditions du Seuil, « Points sciences ».

Comme toutes les planètes, la Terre est en effet exposée à des collisions avec les blocs errants qui tournent avec elle autour du Soleil : les astéroïdes et les comètes. Les astéroïdes sont des blocs rocheux qui circulent principalement entre Mars et Jupiter, mais certains croisent l'orbite terrestre ou menacent de le faire à l'avenir – ils sont appelés pour cette raison des « géocroiseurs » (*Near Earth Asteroids* ou *NEA*, en anglais). Quant aux comètes, ce sont également des blocs primitifs qui datent de l'origine du système solaire, mais qui se sont formés à plus grande distance de l'astre du jour et contiennent surtout de la glace et des matières carbonées. Des perturbations gravitationnelles au sein de leur lointain « réservoir » – appelé « nuage d'Oort » – précipitent en direction du Soleil certains de ces blocs de glace, qui peuvent donc également croiser l'orbite de la Terre.

Les collisions avec la Terre sont inévitables : la planète en porte les traces sous la forme de cratères d'impact, appelés aussi « astroblèmes », car ils n'ont pas toujours la forme d'un cratère si l'érosion est passée par là *(voir cahier couleurs, fig. VII)*. Nombre d'entre eux sont déformés, rabotés, voire ensevelis sous des sédiments plus récents. On recense aujourd'hui plus de 160 cratères d'impact autour du globe – on en découvre au moins un nouveau tous les ans –, dont les trois plus grands mesurent 300 kilomètres de diamètre (Vredefort, en Afrique du Sud), 250 kilomètres (Sudbury, dans l'Ontario) et 200 kilomètres (Chicxulub, au Mexique), ce dernier ayant été provoqué, on l'a vu, par l'impact responsable de l'extinction des dinosaures, il y a 65 millions d'années.

On calcule que la taille du cratère est en moyenne 20 fois plus grande que celle de l'objet qui l'a creusé. Ainsi, le cratère de Chicxulub (200 kilomètres) fut causé par un astéroïde d'environ 10 kilomètres de diamètre. Heureusement, il y a relativement peu de projectiles de cette taille dans le système solaire, et il ne s'en écrase un sur Terre que tous les 100 à 200 millions d'années environ.

Les projectiles de calibres inférieurs sont plus nombreux. Ainsi, les objets de 5 kilomètres de diamètre, qui creusent des cratères de 100 kilomètres et possèdent une force de frappe suffisante pour anéantir la civilisation humaine, s'écrasent sur Terre tous les 25 millions d'années en moyenne, ce qui est plus inquiétant, mais ne présente pas un risque statistique élevé à notre échelle de temps.

Les bolides dont la taille avoisine le kilomètre, encore plus nombreux, frappent la Terre 1 ou 2 fois par million d'années. La dévastation affecte surtout la région touchée, rasant au point zéro une surface grande comme la France, mais l'impact parvient aussi à soulever assez de poussière et de cendres dans l'atmosphère pour perturber durablement le climat mondial. Pour l'espèce humaine, les simulations prévoient des milliards de victimes

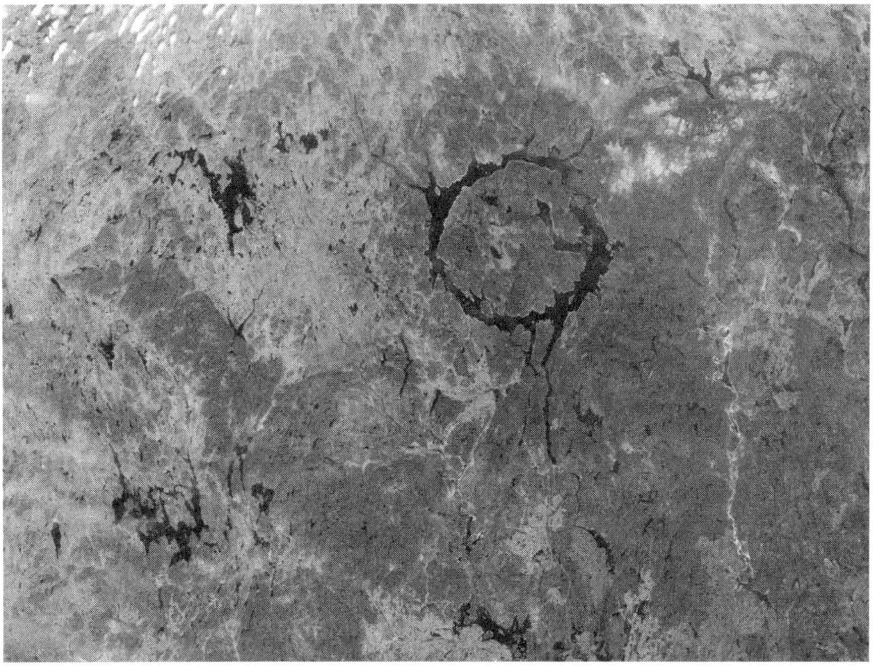

FIGURE 3.3 – Le cratère d'impact Manicouagan au Québec, photographié par le satellite *Terra* en 2001. Vieux de 214 millions d'années, il est fortement érodé, et son bassin annulaire, occupé par un lac de retenue, ne mesure plus que 70 km de diamètre (100 km à l'origine). L'astéroïde devait mesurer 5 km environ. *(NASA/GSFC/LaRC/JPL, MISR Team.)*

en cas de frappe de cette taille, parce que l'agriculture et tout le tissu social s'effondreraient, livrant l'humanité à la famine et aux épidémies.

Pour terminer notre tour d'horizon des fréquences d'impact, les objets mesurant 500 mètres se succèdent en moyenne tous les 100 000 ans, mais ils n'affectent qu'une surface grande comme la Suisse ou la Belgique. Enfin, les innombrables astéroïdes de 100 mètres de taille ont une force de frappe équivalente à la plus puissante de nos bombes thermonucléaires (60 mégatonnes équivalent TNT) et soufflent toute forme de vie dans un rayon de 50 kilomètres autour du point zéro : de quoi détruire un département. On estime que leurs impacts ont lieu sur Terre tous les 5 000 ans environ. Quant aux objets décamétriques, ils sont tellement nombreux qu'il en tombe un tous les quelques siècles. Le dernier en date a frappé la Sibérie le 30 juin 1908, explosant à 6 000 mètres d'altitude et soufflant au sol 2 000 km^2 de forêts dans la région de Toungouska. Il n'y eut que

LES FAMILLES DE GÉOCROISEURS

Les projectiles qui menacent la Terre sont principalement des astéroïdes échappés de la ceinture de petits corps qui orbitent entre Mars et Jupiter, et dont la trajectoire recoupe celle de notre planète ou pourrait le faire à l'avenir. On les appelle NEA (*Near Earth Asteroids*) ou « géocroiseurs ».

Lorsque leur orbite est en majorité extérieure à celle de la Terre mais qu'elle la recoupe au périhélie, on parle de géocroiseurs de type « Apollo », du nom du premier spécimen découvert. En 2009, on dénombre déjà plus de 3 500 objets de ce type, mais leur liste augmente de 20 % par an au fil des découvertes.

Lorsque leur orbite est entièrement extérieure à celle de la Terre, mais qu'elle s'en rapproche suffisamment pour laisser planer la possibilité qu'à l'avenir des perturbations supplémentaires la déformeront jusqu'à ce qu'il y ait croisement, on parle de géocroiseurs de type « Amor ». Le total recensé, 2 500 jusqu'à aujourd'hui, progresse de 15 % par an.

Enfin, lorsque des astéroïdes ont été parqués près du Soleil, que leur orbite est majoritairement intérieure à celle de la Terre et la recoupe au niveau de l'aphélie, on parle de géocroiseurs de type « Aten ». Plus rares et plus difficiles à voir à contre-jour, ils sont plus de 500 recensés jusqu'à présent, avec une augmentation de 10 % par an.

Une catégorie particulière de projectiles est celle des comètes, notamment les comètes à courte période qui viennent au périhélie croiser l'orbite de la Terre. Ces NEC (*Near Earth Comets*) passent le plus clair de leur temps à grande distance du Soleil, où elles sont invisibles et difficiles à recenser. Leur probabilité de collision n'est calculable que lorsqu'elles deviennent visibles, de quelques années à quelques mois seulement avant leur passage au plus près de la Terre. Seules 85 d'entre elles sont identifiées en 2009, la liste ne s'allongeant que lentement : 2 ou 3 nouvelles venues par an.

deux morts, parce que la région était déserte, et il en sera de même dans la plupart des cas à l'avenir, la probabilité qu'un tel objet frappe directement une région peuplée, comme une ville, étant minime.

Les impacts petits et grands sont toutefois une réalité indéniable, et la surveillance du ciel s'impose pour toute civilisation responsable. Si les dinosaures n'avaient aucune chance de s'en sortir, il n'en est pas de même pour l'espèce humaine, qui a les moyens de voir venir les menaces et même de les éviter en détournant à temps l'astéroïde menaçant au moyen d'une frappe de missile ou de moyens plus modérés. Certaines administrations, et notamment le Congrès américain, ont résolu de traquer et de recenser au télescope tous les astéroïdes géocroiseurs de plus

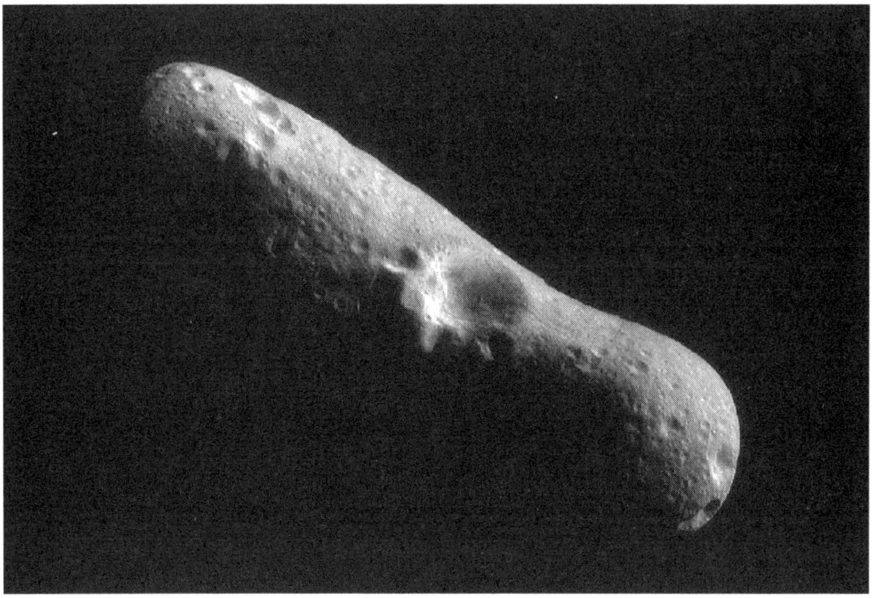

FIGURE 3.4 – L'astéroïde géocroiseur « Eros », de la famille « Amor », mesure 34 km de long sur 11 km de large. S'il ne croise pas l'orbite terrestre aujourd'hui, il fait partie des astéroïdes qui peuvent le faire d'ici à quelques millions d'années, suite aux perturbations induites par Mars et la Terre. *(NASA/JPL/JHUAPL.)*

de 150 mètres de taille, ainsi que le plus grand nombre possible d'objets plus petits, le but étant de calculer leurs trajectoires et de définir leurs probabilités d'impact à l'avenir.

Les premières observations systématiques ont commencé en 1973 sous l'impulsion du planétologue Eugene Shoemaker et de l'astronome Eleanor Helin avec les télescopes du mont Palomar. Sont ensuite entrés en lice des télescopes mieux adaptés à la tâche, avec une grande ouverture et une courte longueur focale afin d'embrasser un vaste champ du ciel. C'est le cas du programme Spacewatch à Kitt Peak (Arizona), qui a démarré en 1994, et du programme LINEAR (*Lincoln Near Earth Asteroid Research*), lancé fin 1997 au Nouveau-Mexique. Les ont rejoints en 2001 le programme NEAT (Near-Earth Asteroid Tracking) du Jet Propulsion Laboratory et en 2003 le Catalina Sky Survey, qui se taille désormais la part du lion, grâce à son réseau de télescopes en Arizona.

Les résultats sont impressionnants : de nouveaux astéroïdes géocroiseurs sont découverts toutes les nuits et ajoutés à la liste. Leur orbite est calculée, ainsi que leur probabilité d'impact avec la Terre. Toutes les données sont rassemblées au sein du programme *Sentry* (« Sentinelle ») de la NASA et accessibles sur internet, tant aux chercheurs qu'au public *(voir le site NEO, cité en bibliographie)*. Les listes sont en constante évolution : si celle des découvertes s'allonge de jour en jour, celle, plus sélective, des géocroiseurs dangereux pour la Terre perd des candidats aussi vite qu'elle en gagne. Il est courant en effet qu'une trajectoire calculée le jour de la découverte, sur la base de données trop restreintes, présente des probabilités non nulles de collision, mais qu'elle soit revue et corrigée peu après, le suspect ne faisant plus partie de la liste des objets menaçants.

Ce fut le cas par exemple de l'astéroïde Apophis (2004 MN4), un objet de 400 mètres de taille découvert le 19 juin 2004 et pour lequel fut calculée une probabilité de collision non négligeable avec la Terre – 1 chance sur 300, puis 1 chance sur 30 ! – pour le 13 avril 2029. Un objet de 400 mètres, ce n'est pas rien : on a vu qu'un impact de cette taille balaierait toute vie sur une surface grande comme la Suisse ou bien, s'il avait lieu en mer, déclencherait un gigantesque tsunami. Les statistiques nous enseignent qu'un tel impact a lieu tous les 100 000 ans environ. Aurait-on tiré le mauvais numéro pour 2029 ? Quelques jours après ces mauvaises nouvelles, toutefois, une meilleure appréciation de la trajectoire a fait retomber la pression : Apophis ne percutera pas la Terre en 2029, mais la survolera à 40 000 kilomètres de distance – ce qui sera tout de même le passage le plus rapproché d'un objet de cette taille depuis que les géocroiseurs sont surveillés.

Quant aux objets plus petits, de 100 mètres et moins, ils sont tellement nombreux qu'il en passe un tous les deux ans à pareille distance de la Terre. Ce fut le cas de l'astéroïde 2004 FH (30 mètres de taille), qui a survolé la planète à 43 000 kilomètres, le 18 mars 2004, et de l'astéroïde 2009 DD45, qui est passé à 80 000 kilomètres de notre planète le 2 mars 2009. C'est de ces petits objets fréquents qu'il faut le plus se méfier à l'échelle de notre civilisation (il y a de 10 à 20 % de chance que nous subissions un impact de ce calibre durant le siècle en cours), quoique leurs dégâts ne soient que locaux, comme celui de la Toungouska en 1908.

À l'heure de faire le bilan, la bonne nouvelle est qu'aucun astéroïde ou aucune comète de taille inquiétante n'est actuellement sur une trajectoire de collision avec la Terre. Le recensement est en bonne voie, et le nombre total de géocroiseurs de plus de 1 kilomètre est estimé à 1 200, avec près de 800 recensés en 2009, soit les deux tiers. La population de géocroiseurs de taille hectométrique, en revanche, est estimée à plusieurs centaines de milliers, et, avec un peu plus de 5 000 objets recensés en 2009, il reste du pain sur la planche.

Une petite poignée d'astéroïdes mérite une mention particulière, car ils se sont synchronisés avec la Terre, se livrant à un ballet orbital autour de nous, sans pour autant nous menacer. Il s'agit de « quasi-satellites », au premier rang desquels se place l'astéroïde Cruithne, découvert en 1986, qui mesure 5 kilomètres de diamètre. Il parcourt son orbite en une année, comme la Terre, mais sur une trajectoire elliptique et inclinée de 20 degrés par rapport à la nôtre : il semble nous suivre dans notre course autour du Soleil en papillonnant dans notre ciel (mais il faut un télescope d'au moins 300 millimètres pour apercevoir son point lumineux). Au cours de ce ballet, il accomplira une approche minimale de la Terre, mais à 12,5 millions de kilomètres tout de même, en juillet 2292. Deux ou trois autres astéroïdes plus petits se livrent au même ballet orbital, mais tous sont des satellites du Soleil et non de la Terre. Le seul satellite naturel de la Terre, c'est bien la Lune.

CHAPITRE 4

La Lune

La Lune n'est pas une planète au sens propre, puisqu'elle tourne autour de la Terre, et non directement autour du Soleil. Mais sa taille exceptionnelle en fait bien plus qu'un simple satellite. Les spécialistes ne s'y trompent pas, qui donnent au couple Terre-Lune le titre de « planète double ». Nous verrons d'ailleurs que l'origine de la Lune justifie tout à fait ce titre honorifique de planète.

La Lune, c'est aussi le monde le plus étudié après la Terre, car le plus proche, monde qu'une simple lunette d'amateur permet de découvrir dans le détail. Elle a reçu la visite d'une cinquantaine de sondes robotiques et de douze astronautes qui ont foulé son sol, installé des instruments de mesure et rapporté sur Terre pas moins de 380 kilogrammes de roches lunaires.

Grâce à ces échantillons, analysés et datés au laboratoire, la Lune est le seul monde hormis la Terre qui nous livre une chronologie précise de son histoire et nous révèle les secrets de sa prime enfance, témoignage d'autant plus précieux que celui des premiers jours de la Terre a été effacé par l'érosion et par la tectonique des plaques.

On apprend ainsi que la Lune est née d'une collision d'un planétoïde avec la Terre naissante, que la chaleur intense de ses débuts lui a valu de fondre presque entièrement – elle fut recouverte d'un océan de magma –, que son relief fut sculpté par le bombardement d'astéroïdes, et que ses bassins furent plus tard envahis par des laves. Enfin, son sol martelé de cratères nous rappelle que le bombardement cosmique, s'il a considérablement ralenti, n'en continue pas moins de nos jours. C'est en étudiant les cratères de la Lune que les géologues ont pris conscience de l'importance des impacts, estimé le nombre de projectiles qui bombardent la Terre, et réalisé les conséquences qu'ont de tels impacts sur notre biosphère.

Outre son intérêt intrinsèque, la Lune exerce une influence directe sur la Terre. La plus notoire est l'effet de marée, qui déforme la masse océanique en deux bourrelets, l'un à l'aplomb de la Lune et l'autre aux antipodes, de sorte que nos océans connaissent deux hautes mers par jour lorsque la rotation de la Terre les fait passer tour à tour par la zone sublunaire et la zone antilunaire. Les marées sont loin d'être anecdotiques : le flux et le reflux des eaux côtières établissent un rythme biquotidien de remplissage et d'assèchement des zones d'estran, propice au développement de la vie, voire à son origine même, par renouvellement et concentration de minéraux et de molécules organiques.

La présence de la Lune en orbite terrestre a également pour effet de stabiliser la rotation de la Terre, à la manière d'un volant d'inertie, de sorte que notre planète ne peut pas incliner son axe de rotation au-delà d'une valeur critique – environ 25 degrés –, sans que la force gravitationnelle de la Lune le redresse. De la sorte, notre planète n'a jamais connu de saisons trop contrastées (le contraste saisonnier étant fonction de l'inclinaison de l'axe de rotation), et cette stabilité climatique a peut-être eu un effet bénéfique sur l'évolution de la biosphère.

La Lune a donc joué un rôle de tout premier plan dans l'histoire de la Terre. Elle tient aussi une place importante dans l'histoire de la civilisation, puisque son mouvement, ses phases et ses éclipses ont fasciné les hommes et leur ont fourni de précieux jalons pour comprendre les lois de la physique, les distances astronomiques et notre place dans l'Univers.

LA LUNE EN CHIFFRES

Caractéristiques physiques

Diamètre équatorial :	3 476 km
Masse :	0,012 Terre
Densité :	3,35 (3 350 kg/m^3)
Pesanteur :	0,17 *g*
Température de surface :	– 200 à + 120 °C
Période de rotation :	27 jours 7 h 43 min
Inclinaison de l'axe :	6,7° par rapport au plan orbital 1,5° par rapport à l'écliptique
Atmosphère :	néant

Caractéristiques orbitales

Apogée :	406 000 kilomètres
Périgée :	363 000 kilomètres
Excentricité :	0,05
Période de révolution :	27 jours 7 h 43 min
Inclinaison (sur l'écliptique) :	5,1°
Inclinaison (sur l'équateur terrestre) :	de 18,3° à 28,6°

C'est aussi l'appel de la Lune qui nous a conduits à quitter le berceau terrestre et à nous lancer dans l'exploration de l'espace. Enfin, il est possible que les ressources de la Lune, notamment la richesse de son sol en hélium, apportent une solution inespérée aux besoins énergétiques de notre civilisation. Pour toutes ces raisons, la Lune mérite bien son chapitre ici.

Satellite de la Terre

La Lune mesure 3 476 kilomètres de diamètre, soit le quart du diamètre terrestre. Cela en fait la cinquième plus grosse lune du système solaire derrière Ganymède, Titan, Callisto et Io, mais celles-ci appartiennent à des planètes géantes (Jupiter et Saturne) et mesurent moins de 5 % du diamètre de leur planète. La Lune fait donc figure d'exception en offrant un « contrepoids » d'importance à la Terre.

De fait, il n'est pas tout à fait exact de dire que la Lune tourne autour de la Terre : les deux astres tournent autour d'un centre de gravité commun, certes situé à l'intérieur de la Terre, mais à 4 700 kilomètres tout de même de son centre et donc à seulement 1 700 kilomètres sous nos pieds. Un peu plus, et ce barycentre serait en dehors de la Terre.

La Lune fait le tour de notre planète sur une orbite excentrique : une ellipse allongée qui la rapproche à 363 000 kilomètres de la Terre au point le plus proche (périgée) et l'éloigne à 406 000 kilomètres au point le plus éloigné (apogée). Cette différence de plus de 10 % fait varier son diamètre apparent dans notre ciel de 29′ 23″ à 33′ 28″ d'arc – ce qui a son importance, on le verra, en temps d'éclipse.

La Lune parcourt cette orbite elliptique en 27 jours, 7 heures et 43 minutes, changeant d'aspect tout au long du chemin, car elle est éclairée différemment par le Soleil à chaque point de son orbite – phénomène responsable de ses phases. Lorsqu'elle est de l'autre côté de la Terre par rapport au Soleil, nous voyons la Lune éclairée de plein fouet : c'est la pleine lune. Quand, 2 semaines plus tard, elle passe au contraire entre la Terre et le Soleil, elle n'est visible qu'à contre-jour et la partie qui nous fait face n'est pas éclairée : c'est la nouvelle lune. Entre ces deux points, la face éclairée varie d'un mince croissant à un quartier, puis à un disque presque entier (lune gibbeuse).

On remarquera que si la Lune tourne autour de la Terre en 27 jours, 7 heures et 43 minutes (mois sidéral), l'intervalle entre deux pleines lunes est plus long (29 jours et demi : le mois synodique). En effet, durant le temps que la Lune met à faire le tour de la Terre, le couple Terre-Lune se déplace d'une trentaine de degrés d'arc autour du Soleil. Cette géomé-

FIGURE 4.1 – La pleine lune photographiée à l'observatoire de Kitt Peak, en Arizona, sur fond d'étoiles (superposition de deux images prises avec des télescopes différents). À gauche, les taches sombres de l'océan des Tempêtes et de la mer des Pluies ; en haut à droite, la triplette des mers de la Sérénité, de la Tranquillité et de la Fécondité, avec au-dessus l'arène circulaire de la mer des Crises. En bas, le brillant cratère Tycho et ses raies d'éjecta. *(T.A. Rector, I.P. Dell'Antonio/NOAO/AURA/NSF.)*

trie changeante rallonge le temps nécessaire pour que la Lune retrouve la même position angulaire par rapport au Soleil et le même éclairage.

Si la Lune tournait autour de la Terre dans le même plan que la Terre tourne autour du Soleil (l'écliptique), notre satellite passerait exactement devant l'astre du jour à chaque nouvelle lune, nous offrant une éclipse tous les mois. En réalité, l'orbite de la Lune est inclinée de 5 degrés par rapport à l'écliptique et passe donc légèrement au-dessus ou en dessous de la ligne du Soleil lors de la plupart de ses passages.

Lorsqu'elle passe pratiquement dans l'axe, cachant une partie du Soleil, on observe une éclipse partielle. Une fois sur 20 en moyenne, c'est-à-dire tous les 2 ans environ, elle passe exactement devant le Soleil, et son ombre balaye une partie de la Terre : pour ceux qui se trouvent dans ce couloir privilégié, large d'environ 200 kilomètres, on assiste alors à une éclipse totale, et seule l'atmosphère du Soleil – la couronne – dépasse du masque lunaire.

Un autre facteur intervient dans ce jeu d'ombre et de lumière : le diamètre apparent de la Lune lorsqu'elle passe devant le Soleil, qui varie de 10 % selon que la Lune est au point le plus proche ou le plus éloigné de son orbite. Dans le premier cas, le disque est suffisamment large pour masquer longtemps l'astre du jour, et la phase d'obscurité totale peut atteindre 7 minutes et 31 secondes dans le meilleur des cas. Lorsque son éloignement est moyen et sa taille plus petite, la Lune ne masque le Soleil que 2 à 3 minutes. Enfin, si elle est au point le plus distant de son orbite, et de taille apparente minimale, elle n'arrive plus à cacher le Soleil, qui déborde de tous côtés : l'éclipse est dite annulaire.

Outre les éclipses de Soleil, il y a aussi les éclipses de Lune, lorsque c'est la Terre qui s'interpose entre son satellite et l'astre du jour. Comme la Terre a un diamètre 4 fois supérieur à celui de la Lune, son ombre est bien plus large et la Lune met plus de temps à la traverser. Ainsi, à la différence des éclipses de Soleil, qui ne durent que quelques minutes, les éclipses de Lune peuvent durer près de 2 heures. On remarquera toutefois que l'obscurité n'est jamais totale sur la Lune en période d'éclipse, car de la lumière solaire parvient à contourner la Terre en étant réfractée par le mince anneau de son atmosphère : ce faible éclairage donne à la Lune éclipsée une sombre teinte rougeâtre.

Marées, face visible et face cachée

À l'œil nu, on distingue sur la Lune des taches sombres qui restent immuables. Elles ne tournent pas, ce qui ne veut pas dire que la Lune ne tourne pas sur elle-même. Au contraire, le fait que la Lune nous présente toujours le même visage signifie qu'elle tourne sur elle-même exactement dans le même temps qu'elle fait le tour de la Terre, soit en 27 jours, 7 heures et 43 minutes. C'est ce que l'on appelle une rotation synchrone, et elle est une conséquence de l'effet de marée que les deux corps exercent l'un sur l'autre.

On connaît surtout les marées dues à l'influence de la Lune sur la Terre. Elles sont dues au fait que la force de gravitation de notre planète

OBSERVER LA LUNE

La Lune offre déjà un beau spectacle à l'œil nu, notamment par le jeu de ses phases, et une paire de jumelles permet de découvrir mers et cratères. On obtient de meilleurs résultats avec une petite lunette de 60 millimètres ou un télescope de 100 millimètres, monté si possible sur un mouvement d'horlogerie pour compenser la rotation de la Terre, car sinon la Lune traverse très vite le champ de vision. Un grossissement de 30 à 50 fois permet d'embrasser le disque lunaire dans sa totalité, et à partir d'un grossissement de 100 fois, on se rapproche au point de « survoler » des régions dans le détail.
La meilleure stratégie d'exploration consiste à scruter la partie de la Lune où le Soleil se couche ou se lève (le terminateur) et où la lumière rasante jette des ombres et fait ressortir le relief. En 2 semaines, d'un mince croissant à la pleine lune, on découvre ainsi le monde sélène d'est en ouest. Le premier croissant met en vedette la mer des Crises, puis le triplé en diagonale des mers de la Fécondité, de la Tranquillité et de la Sérénité, avant qu'au premier quartier le méridien zéro ne soit illuminé avec une abondance de hautes terres et de cratères d'impact comme Alphonse, Hipparque et Ptolémée.
Du premier quartier à la pleine lune, c'est la moitié occidentale du disque lunaire qui est progressivement illuminée, avec en vedette la mer des Pluies et l'océan des Tempêtes. À la pleine lune, les ombres et le relief sont moins prononcés, et ce sont les raies claires d'éjecta autour des cratères d'impact qui ressortent le mieux, notamment autour des cratères Copernic, Kepler et Tycho. Enfin, de la pleine lune au dernier quartier et à la nouvelle lune, c'est le coucher du Soleil qui balaye progressivement la Lune d'est en ouest, projetant des ombres en sens contraire.
La Lune offre aussi des spectacles particuliers, comme les éclipses de Soleil, lorsque la nouvelle lune passe devant l'astre du jour et jette son ombre sur la Terre. Les prochaines éclipses totales auront lieu le 11 juillet 2010 (visibles depuis l'Amérique du Sud et Tahiti), le 13 novembre 2012 (Australie, Amérique du Sud, Pacifique), le 20 mars 2015 (Atlantique, Norvège, pôle Nord), le 9 mars 2016 (Asie, Pacifique), le 21 août 2017 (Amérique du Nord), le 2 juillet 2019 et le 14 décembre 2020 (Amérique du Sud).
Les prochaines éclipses de Lune, lorsque c'est la Terre qui passe devant le Soleil et jette son ombre sur son compagnon, auront lieu les 21 décembre 2010, 15 juin et 10 décembre 2011 (visibles en Europe), 15 avril et 8 octobre 2014, 4 avril 2015 (visibles en Amérique, en Asie et en Australie).

diminue proportionnellement au carré de la distance. Il s'ensuit que le côté de la Terre tourné vers la Lune est plus attiré par notre satellite que le centre de notre planète. C'est cette attraction différentielle qui bombe le côté sublunaire, tant les océans, qui se soulèvent d'un demi-mètre en pleine mer, que la croûte terrestre, qui se déforme tout autant (55 centimètres à l'équateur). Symétriquement, il se forme un autre bourrelet de l'autre côté de la Terre (point antilunaire), car l'attraction de la Lune y étant la plus faible, océan et croûte terrestre y restent « à la traîne » par rapport à l'ensemble de la planète et sont donc bombés dans l'autre sens. Comme la Terre est en rotation, elle est balayée par les deux bourrelets qui restent fixes par rapport à la Lune : nous voyons l'océan enfler 2 fois par jour – 2 marées hautes – en passant par ces points.

La marée a la faculté de ralentir la rotation de la Terre à travers plusieurs processus, notamment la friction de l'eau sur le fond marin, qui agit à la manière d'un frein à tambour. Ainsi calcule-t-on que notre période de rotation augmente de 1,6 millième de seconde par siècle, soit de 16 secondes par million d'années. À ce rythme, la durée du jour augmente d'une heure tous les 200 millions d'années environ. On trouve d'ailleurs la preuve de ce ralentissement gravée dans les anciens sédiments : en remontant dans le temps, on observe bien que la Terre tournait plus vite. Les couches de croissance des coraux, diurnes et saisonnières, qui indiquent le nombre de jours par an lors de leur formation, montrent qu'il y avait 400 jours par an il y a 350 millions d'années, et donc que la durée du jour valait à l'époque un peu moins de 22 heures.

Si la Lune génère des marées sur Terre et cause son ralentissement, on conçoit que la Terre fait de même pour la Lune, à la différence près que, comme il n'y a pas d'eau sur la Lune, ces marées ne jouent que sur les masses rocheuses de notre satellite. Mais elles sont particulièrement amples, parce que la force gravitationnelle exercée par la Terre sur la Lune est nettement plus élevée – d'un facteur 22 pour être précis. Alors que les bourrelets soulevés mesurent 50 centimètres d'amplitude dans la croûte terrestre, elles dépassent 10 mètres d'amplitude dans la croûte lunaire ! Les forces de friction dissipées dans le sous-sol de la Lune en rotation, au passage de ces ondes de marée, l'ont puissamment freinée, faisant passer sa période de quelques heures au début de son histoire à plus de 27 jours aujourd'hui, et allant jusqu'à synchroniser sa rotation avec sa révolution autour de la Terre. Présentant la même face à la Terre, la Lune a des bourrelets désormais « stationnaires » qui ne parcourent plus ses entrailles, interrompant du coup son freinage. La situation est devenue stable et pérenne. On observe d'ailleurs le même phénomène pour les lunes des planètes géantes – comme Io, Europe, Ganymède et Callisto autour de Jupiter –, qui elles aussi présentent toujours la même face à leur planète mère.

Nous sommes donc contraints de toujours voir la même face de la Lune, c'est-à-dire en principe 50 % de sa superficie. Dans la réalité, nous en voyons un peu plus, grâce à deux particularités de l'orbite lunaire.

D'une part, celle-ci est elliptique, et, selon les lois de Kepler, la vitesse de révolution de la Lune varie légèrement en cours de chemin, accélérant au périgée et ralentissant à l'apogée. Comme sa vitesse de rotation est en revanche constante, il en résulte un décalage angulaire qui nous fait voir tantôt un peu plus de son bord occidental, tantôt un peu plus de son bord oriental : c'est ce qu'on appelle la « libration ». D'autre part, comme le plan de l'orbite lunaire est incliné de plusieurs degrés par rapport à l'équateur terrestre, la Lune monte et descend tour à tour par rapport à la ligne de visée d'un observateur, nous montrant tour à tour un peu plus de son pôle Sud et un peu plus de son pôle Nord. Les deux effets combinés font qu'au cours du mois nous voyons jusqu'à 59 % de la surface totale de la Lune, plutôt que 50 %.

Le reste (41 %) nous est demeuré caché depuis la nuit des temps, jusqu'à ce que des sondes spatiales contournent notre satellite pour le photographier, exploit réussi pour la première fois par la sonde soviétique *Luna 3*, le 6 octobre 1959. On s'est alors aperçu que cette face cachée est très différente de la face visible, en ce qu'elle possède beaucoup moins de champs de lave. Alors que ces plaines de basalte – les fameuses « mers » – occupent 31 % de la face visible, elles ne constituent que 2 % de la face cachée.

Un dernier phénomène découle de l'interaction complexe entre la Terre et la Lune : notre satellite s'éloigne de nous au rythme de plusieurs centimètres par an. Cette étrange dérive est due elle aussi aux marées et au bourrelet soulevé par la Lune dans nos océans et dans la croûte terrestre. Ce bourrelet n'est pas exactement à l'aplomb de la Lune, parce que la rotation de la Terre a tendance à l'emporter vers l'est. Du coup, le bourrelet se trouve « en avance » de 3 degrés par rapport à l'axe Terre-Lune. Ce n'est pas du goût de la Lune, qui tire sur ce bourrelet pour tenter de le ramener dans l'axe, force de rappel qui contribue d'ailleurs au ralentissement de la rotation terrestre. Mais réciproquement, le bourrelet tire la Lune vers l'avant et lui procure donc une accélération. Or, en dynamique orbitale, accélérer un satellite revient à agrandir son orbite : la Lune s'éloigne donc de la Terre.

Le phénomène est observable. Les astronautes Apollo ont déposé sur la Lune des miroirs laser, tout comme l'ont fait les Soviétiques sur le toit de leurs sondes robotiques *Lunokhod 1* et *2*, qui permettent de mesurer la distance Terre-Lune au centimètre près. Les observatoires terrestres, notamment en France et au Texas, tirent périodiquement des faisceaux laser vers la Lune et en reçoivent les échos. On sait ainsi que la Lune s'éloigne de la Terre au rythme de 3,8 centimètres/an, soit d'environ 3 mètres au cours d'une vie humaine.

Les cratères de la Lune

La proximité de la Lune a rendu possible son étude avec une simple lunette astronomique. Galilée fut le premier, en 1609, à signaler les cratères dont elle est constellée, découverte qui s'est poursuivie avec la mise en service de télescopes de plus en plus performants. Les cratères ont continué d'apparaître à toutes les échelles, d'autant plus nombreux qu'ils sont plus petits. On estime ainsi que la Lune compte au moins 300 000 cratères de plus d'un kilomètre de taille sur la seule face visible.

Leur forme varie du bol simple pour les plus petits à la soucoupe évasée pour les formations de plus d'une dizaine de kilomètres de taille, au centre desquelles s'élève un renflement central : piton isolé, groupe de collines, voire anneau central à partir de cratères de 175 kilomètres de diamètre. Quant aux remparts périphériques de ces cratères complexes, ils sont découpés en terrasses multiples, engendrées par les glissements de terrain.

L'origine des cratères lunaires resta longtemps controversée – certains y voyant des volcans –, jusqu'à ce que l'ingénieur Ralph Baldwin, dans les année 1950, dresse un diagramme les comparant aux cratères de la Terre. Il démontra que le rapport de leur diamètre à leur profondeur s'apparente à celui de cratères d'impact comme le Meteor Crater de l'Arizona, plutôt qu'à celui de caldeiras volcaniques. Les cratères de la Lune témoignent ainsi du bombardement d'astéroïdes et de comètes qui a sévi dans le système solaire, témoignage beaucoup mieux préservé que sur Terre, où les cicatrices d'impact sont rapidement effacées par l'érosion.

Les cratères d'impact permettent d'établir une chronologie relative des surfaces planétaires : les régions les plus anciennes sont celles qui ont cumulé le plus grand nombre d'impacts. Ainsi voit-on que les hautes terres de la Lune sont saturées de cratères empiétant les uns sur les autres, alors que les sombres mers de basalte sont beaucoup moins poinçonnées par les impacts et donc nettement plus jeunes.

Pour transformer cette échelle relative du temps en échelle absolue, avec des âges exprimés en millions d'années, il convient de ramasser sur la Lune des échantillons en provenance de terrains qui affichent des populations différentes de cratères, et de les dater au laboratoire. On reporte alors les résultats sur un diagramme, sous la forme d'une courbe qui relie l'âge du terrain au nombre de cratères. Cette fonction une fois établie, il suffit alors de compter les cratères d'un terrain inconnu et de se reporter au diagramme pour estimer son âge.

Ce bond en avant dans la connaissance de la Lune et de son histoire fut possible grâce aux missions Apollo. Entre juillet 1969 et décembre 1972,

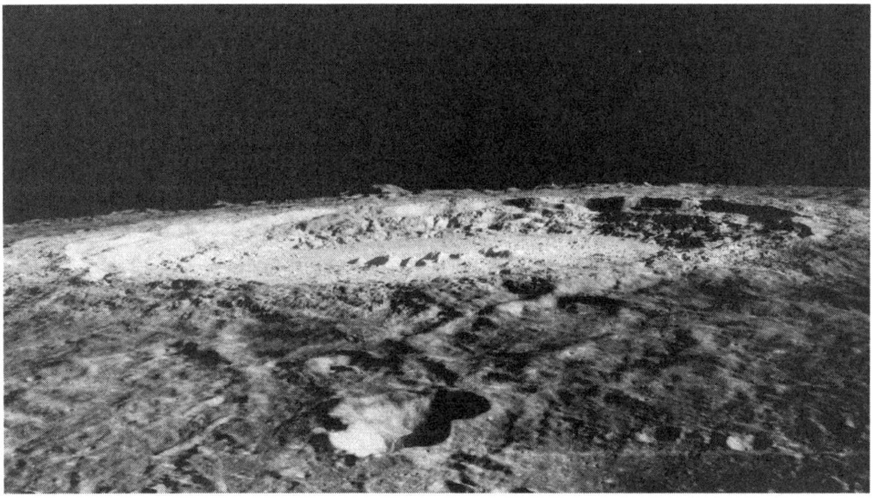

FIGURE 4.2 – Le cratère Copernic (10° N, 20° O), photographié par la sonde *Lunar Orbiter* dans l'océan des Tempêtes, mesure 93 km de diamètre, et son âge est estimé à 810 millions d'années (par datation de ses ejecta échantillonnés sur le site d'*Apollo 12*). On note au centre un chapelet de collines (piton central) et en périphérie des terrasses d'effondrement.
(NASA/JPL/USGS.)

six expéditions « commando » ont débarqué sur notre satellite. Elles ont permis à douze astronautes rompus aux secrets de la géologie de passer au total 2 semaines sur la Lune, d'y installer des instruments de mesure, d'y parcourir 100 kilomètres en automobile, et d'en rapporter 382 kilogrammes de roche et de sol lunaires. *Apollo 11* s'est posée dans la mer de la Tranquillité, *Apollo 12* dans l'océan des Tempêtes, *Apollo 14* dans les collines Fra Mauro, *Apollo 15* au pied des Apennins lunaires en bordure d'un chenal de lave (le sillon Hadley), *Apollo 16* dans les hautes terres près du cratère Descartes, et *Apollo 17* en marge de la mer de la Sérénité (vallée de Taurus-Littrow).

Les mers de lave, comme la mer de la Tranquillité et l'océan des Tempêtes, occupent de grands bassins d'impact, nettement plus vastes que les cratères. Ces bassins ont été creusés très tôt dans l'histoire de la Lune par de gros astéroïdes. Ainsi, le bassin qui abrite la mer de la Sérénité (bassin Serenitatis) mesure 920 kilomètres de diamètre – sa superficie dépasse celle de la France –, et le bassin de la mer des Pluies (bassin Imbrium) atteint 1 160 kilomètres. Le record appartient à un bassin centré près du pôle Sud, découvert en 1990 par la sonde *Galileo* : le bassin pôle Sud-Aitken, qui mesure 2 240 kilomètres de large et atteint 13 000 mètres de profondeur. Son plancher n'est pas recouvert de champs de lave, comme le sont la majorité des bassins d'impact de la face visible. Du reste, d'autres bassins ont été identifiés sur la face cachée, qui ne montrent pas non plus de champs de lave. La formation des bassins n'a donc pas été systématiquement suivie de grands épanchements volcaniques.

En revanche, tous les bassins montrent des remparts, soulevés des profondeurs de la croûte lunaire par les ondes de choc, et d'épaisses couches de roches fracassées, éjectées à des milliers de kilomètres alentour. Véritables puddings de fragments variés, cimentés ensemble par la chaleur de la déflagration, ces brèches d'impact recouvrent des surfaces considérables : les hautes terres de la Lune en sont intégralement recouvertes.

La datation des brèches dont les astronautes ont pu rapporter des échantillons permet d'estimer l'âge des grands impacts qui ont creusé les bassins. Sur le site d'*Apollo 15*, les astronautes ont récolté des brèches datées de 3,85 milliards d'années, ce qui est donc l'âge du bassin Imbrium. Les échantillons collectés par ceux d'*Apollo 17* ont permis de faire remonter à 3,89 milliards d'années la création du bassin Serenitatis. Le plus jeune semble être le bassin Orientale, dont l'âge est estimé à 3,80 milliards d'années.

Les grands bassins de la Lune se sont donc tous formés au cours d'une première époque tumultueuse de l'histoire de notre satellite, entre sa création, il y a 4,55 milliards d'années, et l'arrêt des hostilités, il y a 3,8 milliards d'années. Depuis cette époque, les impacts météoritiques ont fortement décru en fréquence et en taille. Parmi les derniers impacts notables, citons celui qui fut responsable du beau cratère Copernic (93 kilomètres de diamètre), dont les brèches rapportées par les astronautes d'*Apollo 12* accusent 810 millions d'années, et celui qui fut à l'origine du cratère Tycho (85 kilomètres de diamètre), daté de 108 millions d'années seulement. Le cratère Giordano Bruno (22 kilomètres de diamètre) est sans doute plus jeune encore.

Du reste, si les impacts importants sont désormais rares (sur la Lune, mais aussi sur la Terre, heureusement pour nous), ceux qui sont de petit calibre restent détectables par les sismomètres que les astronautes ont laissés sur la Lune : 1 743 « frappes » furent enregistrées en l'espace de 8 ans. On peut même voir au télescope des flashs lumineux dans la partie nocturne de la Lune lorsqu'elle croise des poussières de comètes, à l'époque où l'on observe sur Terre des pluies d'étoiles filantes – comme les Perséides en août et les Léonides en novembre.

La naissance de la Lune

Dater les bassins et les champs de lave de la Lune était l'un des principaux objectifs des missions Apollo. Mais la question la plus passionnante touchait à l'origine même de notre satellite. D'où est venue la Lune ? Comment est né le couple improbable qu'elle forme avec la Terre ? Trois théories étaient en lice avant la conquête spatiale, que les échantillons rapportés par les astronautes devaient confirmer ou infirmer.

Selon la théorie la moins probable, proposée en 1878 par George Darwin (fils de Charles), à sa naissance la Terre tournait tellement vite sur elle-même que la force centrifuge aurait étiré une excroissance au niveau de l'équateur, qui se serait détachée pour former la Lune. Le problème, c'est que cette dernière parcourt une orbite qui n'est pas dans le plan de l'équateur terrestre : elle en est décalée d'une vingtaine de degrés. En outre, sa révolution aurait dû être plus rapide, tout comme la rotation de la Terre, dans le cas d'un tel déchirement. En tout cas, pour que la théorie de Darwin reste en lice, il fallait que les échantillons rapportés par les astronautes indiquent une composition identique à celle du manteau terrestre, dont la Lune serait issue.

La deuxième théorie avançait que la Terre et la Lune étaient nées séparément, mais côte à côte, à partir des mêmes blocs constituants. Difficile toutefois d'expliquer par ce procédé l'étrange inclinaison de l'orbite lunaire, et le fait que la Lune soit beaucoup moins dense que la Terre et manque apparemment de fer. Pour que cette théorie des planètes jumelles soit validée, il importait que les échantillons lunaires montrent une fidèle ressemblance avec les roches terrestres.

Selon la troisième théorie, la Lune se serait formée autre part dans le système solaire et se serait fait capturer par le champ de gravité de la Terre en croisant son orbite. L'opération n'est pas facile et nécessite souvent une troisième planète faisant office de « berger » pour faciliter la capture. Bien qu'improbable, cette théorie serait confortée si les éléments chimiques des roches lunaires – notamment leurs variétés d'isotopes – affichaient des proportions différentes de celles qui sont mesurées sur Terre.

L'analyse des roches rapportées par les astronautes jeta un pavé dans la mare de toutes ces belles théories. Certaines caractéristiques chimiques de la Lune sont similaires à celles de la Terre, d'autres sont fondamentalement différentes. Les atomes d'oxygène montrent une composition isotopique identique sur les deux astres, ce qui favorise les deux premières théories et torpille la troisième. Mais la Lune manque foncièrement d'éléments légers et volatils (qui fondent et se vaporisent facilement), comme le potassium, le sodium, et surtout l'hydrogène : pas de trace d'eau dans les minéraux sélènes. En contrepartie, la Lune contient un surplus de métaux réfractaires (qui résistent aux hautes températures), tel le titane. De telles différences avec la matière terrestre favorisent la troisième théorie et malmènent les deux premières. C'est dire qu'au final aucune des théories ne tient la route.

On imagine la perplexité des chercheurs devant un tel casse-tête lunaire. C'est en se penchant sur l'origine tumultueuse du système solaire qu'ils ont finalement mis le doigt sur une quatrième hypothèse, particulièrement audacieuse. D'après les modèles, ainsi que le témoignage des météorites, on sait que la construction des planètes s'est déroulée en plusieurs grandes étapes. D'abord a lieu la condensation de cristaux de glace et de particules minérales au sein d'un nuage – vite devenu un disque – qui tourbillonne autour du Soleil en gestation. Ces particules s'agglutinent en poussières de plus en plus grosses au hasard des rencontres, leur masse croissante attirant par gravitation la matière alentour jusqu'à devenir des objets dont la taille varie de plusieurs dizaines à plusieurs centaines de kilomètres. Enfin, les simulations sur ordinateur montrent que ces objets se rassemblent par collisions successives en une trentaine de « planétoïdes » de plusieurs milliers de kilomètres de diamètre.

Avancé par le chercheur soviétique Victor Safronov, ce chiffre d'une trentaine de corps, plutôt que la dizaine de planètes actuelles, attira l'attention des astronomes américains William K. Hartmann et Donald R. Davis au début des années 1970, alors que se terminait le programme Apollo. Ils comprirent que pour passer d'une trentaine de corps à une dizaine, le dernier acte de la genèse des planètes devait nécessairement impliquer des collisions colossales entre les candidats restants. En affinant leurs calculs, Hartmann et Davis proposèrent en 1974 que le couple Terre-Lune serait né d'une collision « imparfaite » entre deux tels objets : une proto-Terre et un second corps plus petit, de la taille de Mars. Les deux corps n'auraient pas complètement fusionné, laissant échapper un nuage de débris autour de la Terre en devenir, débris qui se seraient rassemblés pour former la Lune.

Développée depuis par d'autres chercheurs, notamment Alfred Cameron, William Ward et Willy Benz (alors à l'université Harvard), l'hypothèse de la collision géante permet d'expliquer la plupart des mystères du couple Terre-Lune. Il faut pour cela reconstituer le scénario en détail, ce qui est possible aujourd'hui grâce à des simulations sur ordinateur de plus en plus poussées.

Le projectile, familièrement appelé l'« impacteur » (ou Theia, mère de Séléné dans la mythologie), a percuté la Terre à une vitesse relative comprise entre une dizaine et une vingtaine de km/s, labourant sa cible comme un boulet pour ressortir de l'autre côté de la planète, emporté par son élan mais considérablement ralenti. Les deux mondes sont alors partiellement fondus, déformés par le cataclysme et reliés entre eux par une gerbe de matière éparpillée. L'impacteur s'éloigne de plusieurs dizaines de milliers de kilomètres, avant d'être rappelé par la force de gravitation du couple et de retomber vers sa victime pour la frapper une seconde fois.

Lors de cette nouvelle collision, l'impacteur n'a plus la force de s'échapper et s'agglutine à la proto-Terre pour former un corps double, initialement en forme de cacahuète, jusqu'à ce que l'écrasement gravitationnel les presse en une sphère incandescente, leurs deux noyaux de fer fusionnant pour n'en former qu'un seul. Ainsi naît la Terre.

Autour de la scène de l'accident, un nuage de débris vaporisés, issus des manteaux minéraux des deux protagonistes, se condense en un anneau de particules, contenant 10 000 fois plus de matière que les anneaux de Saturne ! C'est dans cette piste de débris que va se former la Lune en un temps record – les simulations suggèrent moins de 10 ans. Parler d'un effet « boule de neige » serait déplacé : la matière de l'anneau devait atteindre 4 000 °C par endroits !

Ce scénario violent et particulièrement chaud explique les caractéristiques étonnantes de la Lune. D'un point de vue chimique, il justifie la similitude isotopique entre les atomes de la Lune et ceux de la Terre, puisqu'ils se sont mélangés lors de la collision. La carence de la Lune en éléments volatils est due au fait que les hautes températures ont trié son nuage de matière en orbite terrestre et contraint les substances les plus légères à s'évaporer dans l'espace. Enfin, l'absence d'un gros noyau de fer au centre de la Lune s'explique par le fait que les deux mondes en collision ont fusionné leurs noyaux au centre de la Terre, ne laissant à la Lune que des miettes.

D'un point de vue physique, l'énergie cinétique de la collision explique les vitesses angulaires importantes que garde aujourd'hui le couple Terre-Lune. Même l'étrange inclinaison de l'orbite lunaire par rapport à l'écliptique et à l'équateur terrestre trouve une explication : le disque de débris a interagi par un effet de résonance avec la Lune qui s'y formait, au point d'amplifier fortement l'inclinaison et l'excentricité de son orbite.

Formée, d'après les calculs, à seulement 20 000 kilomètres de la Terre – le vingtième de sa distance actuelle –, la Lune naissante a été affectée par de violentes marées qui ont eu comme effet de la propulser sur une orbite de plus en plus grande autour de la Terre, son éloignement se trouvant décuplé pour dépasser 200 000 kilomètres en quelques centaines de millions d'années seulement.

Un océan de magma

Le scénario d'une collision à haute température explique également un phénomène constaté par les géologues dans les roches lunaires : la composition chimique de ces dernières suggère qu'au début de son histoire la Lune était tout entière recouverte d'un profond océan de magma. Le pot aux roses fut découvert en notant dans les laves de la Lune une singulière carence en europium, un élément chimique de la famille des terres rares, mal accepté dans les cristaux minéraux à cause de sa taille et de sa charge ionique encombrantes. Pour cette raison, l'europium a tendance à être expulsé des minéraux dès qu'ils se mettent à fondre, et à se retrouver dans les premières gouttelettes de magma. On s'attend donc à trouver de l'europium dans les laves qui surgissent en surface. Or, les basaltes rapportés par les astronautes manquent singulièrement d'europium, ce qui indique que le manteau lui-même, dont ils sont issus, n'en contient pas.

Seconde pièce du puzzle : lorsque les géologues ont analysé les roches en provenance des hautes terres de la Lune – sa croûte primitive –, ils y ont retrouvé tout l'europium manquant, logé dans une foule de cristaux de feldspath (un minéral alumineux et léger, qui est bien l'un des seuls à tolérer l'europium).

Rassemblant les deux pièces du puzzle, les géologues imaginent qu'une purge massive, tôt dans l'histoire de la Lune, a fait grimper tout l'europium du manteau vers cette croûte primitive en surface. Cela n'est possible que si toute la Lune était fondue sur des centaines de kilomètres de profondeur. Dans cet « océan de magma », qui s'est lentement refroidi en précipitant des cristaux, les minéraux les plus lourds ont chuté vers le fond et les cristaux les plus légers – comme le feldspath à europium – se sont rassemblés en surface pour y former une « écume minérale » épaisse de plusieurs dizaines de kilomètres.

Inutile de chercher bien loin la chaleur qui a créé cet océan de magma en premier lieu : la Lune a connu une genèse à haute température, et sa température de surface est longtemps restée élevée, en raison des corps rocheux qui ont continué à s'y écraser.

Après sa naissance catastrophique, la Lune a donc abrité un océan de magma pendant une bonne centaine de millions d'années, le temps que le bain minéral se décante et cristallise en couches de compositions différentes. Cette stratification fut elle-même assez mouvementée, car les aléas de la minéralogie ont parfois disposé des couches denses au-dessus de couches moins denses. Les roches rapportées par les astronautes montrent qu'il s'est produit de véritables retournements dans le manteau pâteux de la Lune, comme ceux que l'on voit dans les lampes à lave – des poches descendant, alors que d'autres montent pour les remplacer. Il en a résulté un manteau complexe et hétérogène, semblable à un gâteau marbré.

Les choses se sont alors calmées, si ce n'est le bombardement encore intense d'astéroïdes et de comètes qui ont continué à labourer la croûte, à creuser des bassins et à répandre des couvertures de roches fracassées sur toute la Lune. Les derniers grands impacts ont frappé, il y a 3,85 et 3,80 milliards d'années, pour former les bassins Imbrium et Orientale. Puis la Lune a pu souffler un peu. Mais le répit fut de courte durée. À peine solidifiée, la Lune s'est mise à chauffer de nouveau, cette fois de l'intérieur, à cause des atomes radioactifs qu'elle contenait : uranium, thorium et potassium. Incapable d'évacuer la chaleur au même rythme, d'autant que ses couches de brèches en surface constituaient une efficace couverture isolante, la Lune a vu sa température interne grimper. Des poches se sont mises à fondre dans le manteau, et des panaches de magma se sont mis à monter à travers la croûte, avec des destins divers.

Là où la croûte était trop épaisse, notamment sur la face cachée, le magma n'a pas réussi à atteindre la surface et s'est solidifié dans le sous-sol. Là où la croûte était mince et les fractures nombreuses, le magma a réussi à percer et à jaillir à la surface. Ce fut le cas dans les bassins de la face visible, bassins d'impact qui avaient creusé et fracturé une croûte déjà mince. Émergeant des failles périphériques qui encerclent les bassins, le magma s'est répandu en champs de basalte volumineux et fluides, empilant couche sur couche et faisant ployer le substrat sous leur poids.

L'âge d'or de ces éruptions volcaniques, à en croire les échantillons rapportés et datés sur Terre, a duré un demi-milliard d'années : de 3,7 milliards d'années (basaltes de la mer de la Tranquillité et de la vallée de Taurus-Littrow, échantillonnés par *Apollo 11* et *Apollo 17*) à 3,2 milliards d'années (océan des Tempêtes, *Apollo 12*). Il y eut bien sûr des éruptions plus anciennes, et quelques-unes plus récentes, mais l'essentiel du volcanisme lunaire – responsable des mers sombres qui ornent la face visible – s'est déroulé à cette époque.

Les atomes radioactifs se faisant moins nombreux au fil des désintégrations, la Lune a fini par baisser de régime. D'après le décompte des cratères d'impact sur les champs de lave les plus jeunes d'aspect, on soupçonne que quelques rares éruptions ont épisodiquement surgi dans l'océan des Tempêtes et la mer des Pluies, il y a moins de 2 milliards d'années. Puis la Lune s'est figée à tout jamais, seulement perturbée de temps en temps par un impact d'astéroïde ou une bouffée de gaz remontant des profondeurs par des fractures. Quelques phénomènes lumineux ont ainsi été signalés par les astronomes, notamment dans les cratères

L'INTÉRIEUR DE LA LUNE

La densité globale de la Lune (3 350 kg/m^3) permet de déduire qu'elle possède un petit noyau de fer et de nickel de 350 kilomètres de rayon, soit 20 % du rayon total de la Lune. C'est un noyau beaucoup plus petit en proportion que celui de la Terre (lequel occupe 50 % de son rayon), ce qui est l'une des preuves que la Terre et la Lune sont nées d'une collision entre deux protoplanètes, au cours de laquelle la grande majorité du fer a été absorbée par la plus grosse des deux, en l'occurrence la Terre.

L'étude de la rotation de la Lune montre qu'une partie de son noyau est liquide. Les modèles suggèrent qu'à l'image du noyau terrestre la partie centrale est solide (sur 160 kilomètres de rayon), et qu'au-dessus la baisse de pression permet au noyau externe de fer et de nickel d'être fondu de 160 à 350 kilomètres du centre.

Aujourd'hui, ce noyau externe de fer liquide n'est pas brassé de façon suffisamment vigoureuse pour entretenir un champ magnétique important, mais dans un lointain passé il en était autrement, à en croire une roche de 4,2 milliards d'années rapportée par les astronautes d'*Apollo 17*, qui possède un champ magnétique fossile. À l'époque, la force du champ ne valait toutefois que le cinquantième du champ magnétique terrestre, soit 1 ou 2 microteslas seulement.

Au-dessus du noyau, le manteau minéral de la Lune est partiellement fondu de 350 à 600 kilomètres du centre, à en croire l'analyse des séismes lunaires dont les ondes ralentissent à ce niveau. Le reste du manteau est solide ensuite jusqu'à proximité de la surface, où les 50 derniers kilomètres constituent la croûte riche en silicium et en aluminium, qui est légèrement plus épaisse sous la face cachée que sous la face visible.

Alphonse et Aristarque, qui pourraient avoir une origine gazeuse. Les vaisseaux orbitaux ont également révélé du radon (un gaz radioactif facile à détecter) au-dessus des cratères Aristarque et Grimaldi. Enfin, *Apollo 15* a photographié une petite caldeira dans le lac de la Félicité, dont la surface « fraîche » et colorée évoque des émanations gazeuses et des précipités minéraux qui auraient surgi il y a moins de 2 millions d'années, c'est-à-dire hier.

Très anciennes, mais peu affectées par une érosion négligeable, les mers de lave de la Lune ont des dimensions comparables aux grandes provinces basaltiques de la Terre, comme les trapps du Deccan, en Inde : 436 000 km^2 pour la mer de la Tranquillité (ce qui est comparable à la superficie de la France), et pas moins de 1,7 million de km^2 pour l'océan des Tempêtes. Les laves s'empilent sur plusieurs centaines de mètres d'épaisseur en moyenne, voire sur 1 000 mètres. Le record appartient à la

FIGURE I. Mercure en fausses couleurs, faisant apparaître le grand bassin d'impact *Caloris* en jaune.
(*NASA/Johns Hopkins University/Arizona State University/Carnegie Institution of Washington.*)

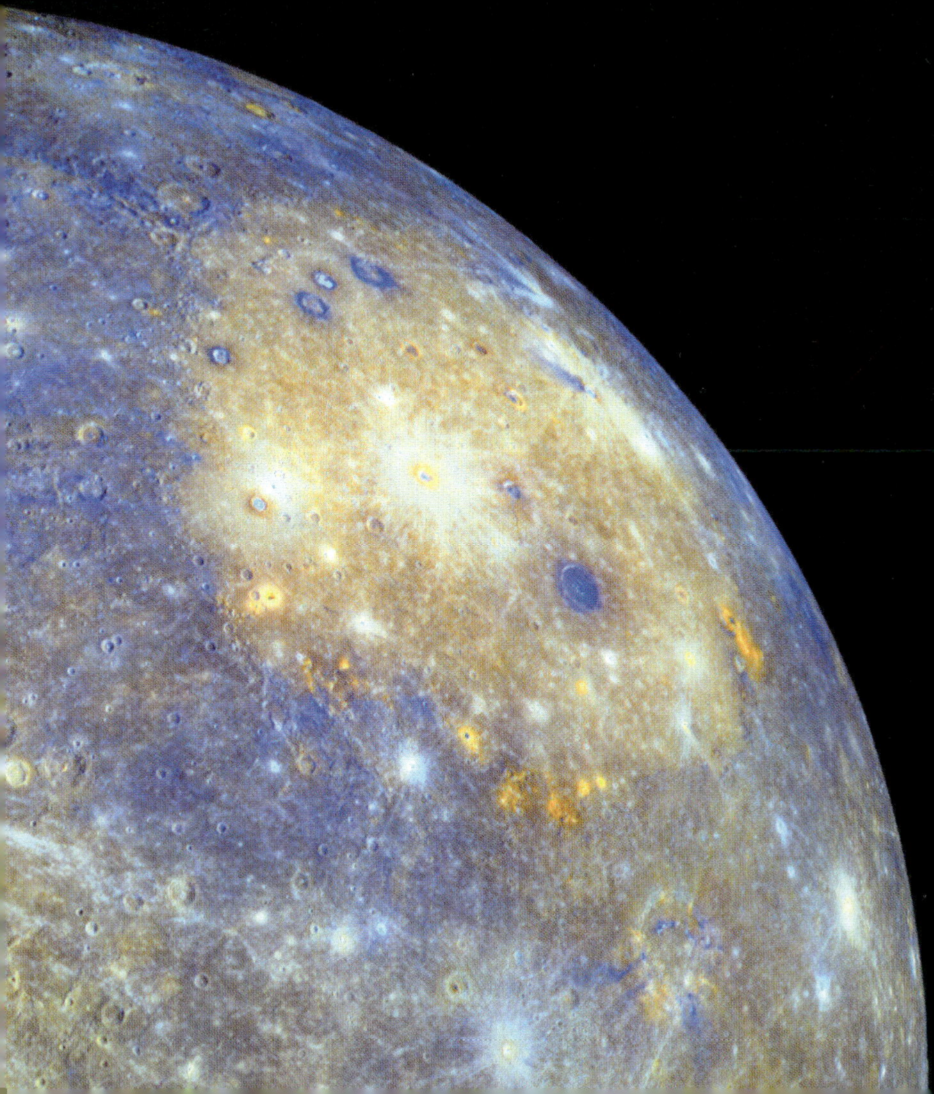

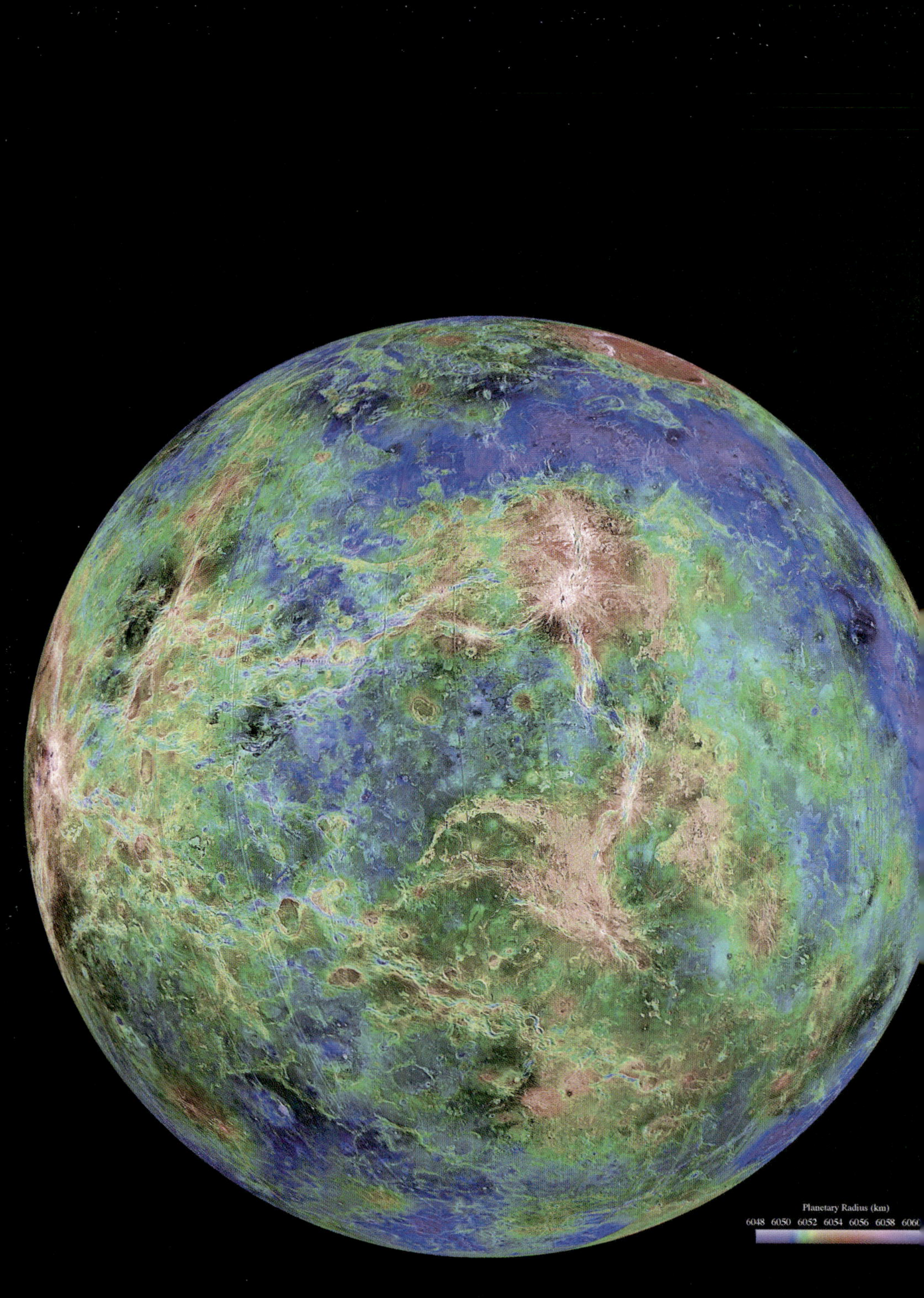

FIGURE II. La topographie de Vénus, dévoilée au radar par la sonde *Magellan*. En bleu, les basses plaines ; en vert, les altitudes moyennes ; en rose, les régions élevées. Cet hémisphère comprend essentiellement les massifs volcaniques « roses » de Beta Regio (haut) et Phoebe Regio (centre). (*NASA/JPL.*)

FIGURE III. Vénus au radar (sonde *Magellan*) : le brillant bouclier du volcan Sapas Mons (au centre), large de 400 km, avec ses coulées de lave au premier plan. (*NASA/JPL*.)

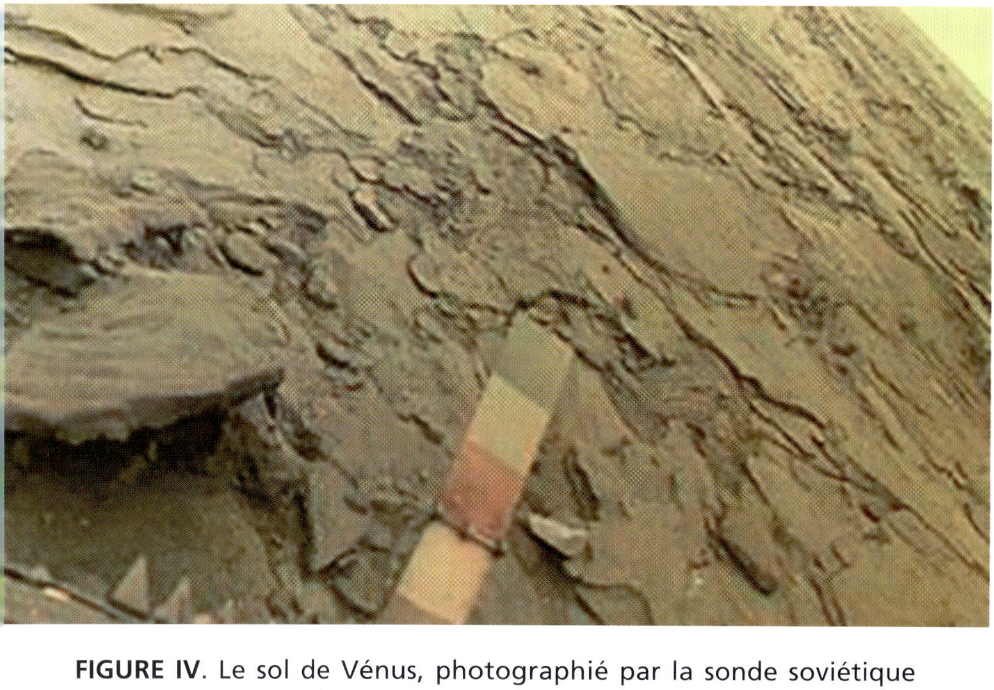

FIGURE IV. Le sol de Vénus, photographié par la sonde soviétique *Venera 14* en 1982. (Académie des sciences de l'URSS.)

FIGURE V. Mosaïque de la Terre obtenue par sélection des meilleures images du satellite *Terra* en 2002. (*NASA/GSFC.*)

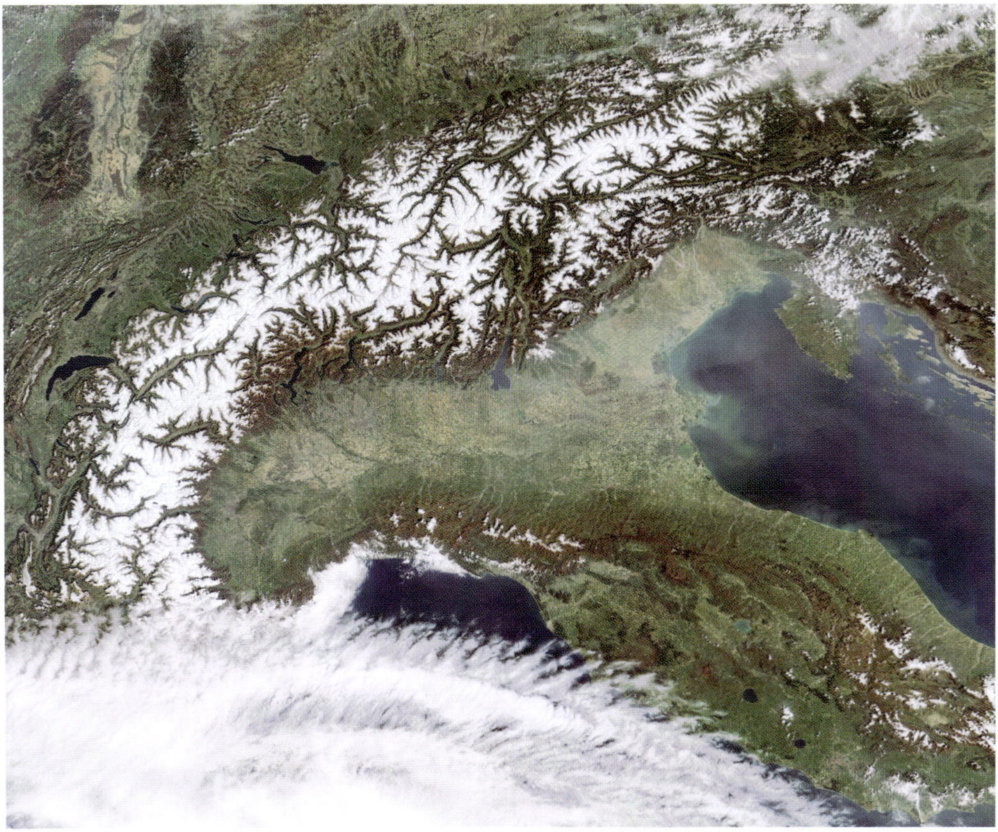

FIGURE VI. Les Alpes et le nord de l'Italie, photographiés par le satellite européen *Envisat* le 10 avril 2007. En haut à gauche, le rift de l'Alsace, encadré par les taches sombres des Vosges et de la Forêt-Noire. (*ESA.*)

FIGURE VII. Le cratère d'impact Kara Kul dans le Tadjikistan (chaîne du Pamir), au bassin occupé par un lac. La structure de ce cratère large de 45 km fut découverte par le satellite *Landsat* en 2001. Image ISS. (*NASA/Google.*)

FIGURE VIII. L'éruption du volcan Klyuchevskaya en octobre 1994, au Kamtchatka, photographiée par la Navette spatiale. Le panache de cendres s'élève à 18 000 m d'altitude. (*NASA/JSC.*)

FIGURE IX. La Lune au-dessus de l'atmosphère terrestre, photographiée par les astronautes de la Station spatiale internationale. (*NASA/JSC.*)

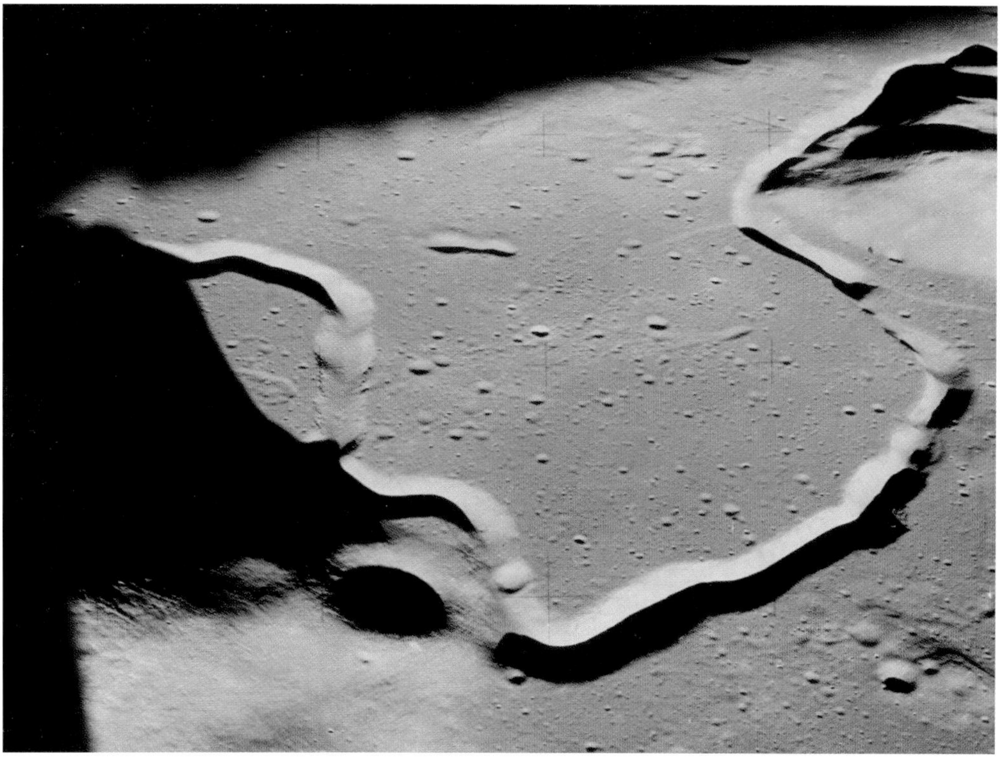

FIGURE X. Le chenal de lave Hadley, site d'alunissage d'*Apollo 15*. Ce sillon contourne un cratère d'impact et la base des monts Hadley (à droite). (*NASA.*)

FIGURE XI. L'astronaute David Scott sur le rebord du chenal de lave Hadley, large de 1 500 m et profond de 300 m, au cours de la mission *Apollo 15*. (*NASA.*)

FIGURE XII. La vallée de Taurus-Littrow explorée par les astronautes d'*Apollo 17*. (*NASA.*)

FIGURE XIII. L'astronaute Harrison Schmitt prélève des échantillons sur un bloc éboulé du versant des monts Taurus, lors de la mission *Apollo 17*. (*NASA.*)

mer des Pluies, dont les laves sont entassées sur 7 000 à 8 000 mètres au centre du bassin.

D'un point de vue minéralogique, les basaltes de la Lune sont globalement comparables à ceux de la Terre – formés de pyroxène, de feldspath et d'olivine –, mais dans le détail ils montrent quelques caractères originaux. Tout d'abord, ces basaltes manquent singulièrement d'éléments volatils comme le sodium (0,4 %), le potassium (0,01 %) et *a fortiori* l'eau (0 %), évincés de la Lune lors de sa chaude genèse. En contrepartie, les basaltes lunaires contiennent une quantité importante de matériaux réfractaires que les hautes températures n'ont pas vaporisés lors de la création de la Lune. C'est ainsi que les basaltes d'*Apollo 11* et d'*Apollo 17* contiennent jusqu'à 10 % de titane sous la forme d'oxyde (ilménite). C'est l'un des rares minerais potentiels de notre satellite, mais son exploitation est pour l'instant difficile, sinon impossible à envisager.

Les ressources de la Lune

Bien que la Lune soit un monde minéral, ce n'est pas pour autant un monde de minerais. Les minerais sont des concentrations économiquement intéressantes – notamment de métaux – que l'on peut extraire du sol ou du sous-sol. Or rien n'est économique sur la Lune, et de surcroît on n'y trouve pratiquement pas de concentrations notables d'éléments, car tout y est dispersé.

La richesse de la Terre en minerais tient à une qualité spécifique à notre planète : son cycle de l'eau. En circulant en boucle des hauteurs vers les bassins, l'eau liquide lessive le sous-sol et en dissout les éléments les plus solubles pour les précipiter en sels dans les estuaires ou les salines. D'autres minéraux sont roulés au fond des torrents et triés en fonction de leur densité, les plus lourds (comme l'or ou l'oxyde d'étain) s'accumulant dans les zones calmes pour former des « placers ». Les eaux chaudes qui circulent en sous-sol autour des poches de magma opèrent de la même manière pour emporter des métaux en solution et les déposer en zones concentriques, comme dans le cas des gisements de cuivre et d'argent.

L'absence totale d'eau liquide à la surface et dans le sous-sol de la Lune condamne d'entrée le potentiel économique de notre satellite. Le fait que certains métaux, comme le magnésium et le titane, existent en proportions notables dans le basalte lunaire n'est d'aucune utilité. Ils sont enfermés dans des formes minérales très stables – silicates et oxydes – et leur extraction demanderait un apport énergétique (électrique ou thermique) considérable. Du reste, même si l'on découvrait un minerai exploitable sur la Lune, il serait insensé de le rapporter sur Terre, son prix de transport étant de l'ordre du million d'euros par kilogramme à l'heure actuelle. Il y a toutefois deux exceptions : le fer pour un usage local, et l'hélium-3, que l'on peut envisager de rapporter sur Terre, car son usage peut se révéler précieux et économiquement rentable (malgré le coût du transport) dans de futures centrales à fusion nucléaire.

Sur la Lune, le fer le plus intéressant n'est pas concentré sous forme de minerais, comme sur la Terre, mais disséminé sous forme microscopique dans la poussière lunaire : il représente les deux tiers en masse de sa fraction la plus fine. Un aimant suffit à le ramasser ! Or, ces cristaux microscopiques de fer ont la faculté d'absorber fortement les ondes radio centimétriques, de sorte qu'un four à micro-ondes peut les porter à 1 750 °C en 10 secondes. Les perspectives sont prometteuses, astronautes ou usines robotisées pouvant transformer à peu de frais ces particules

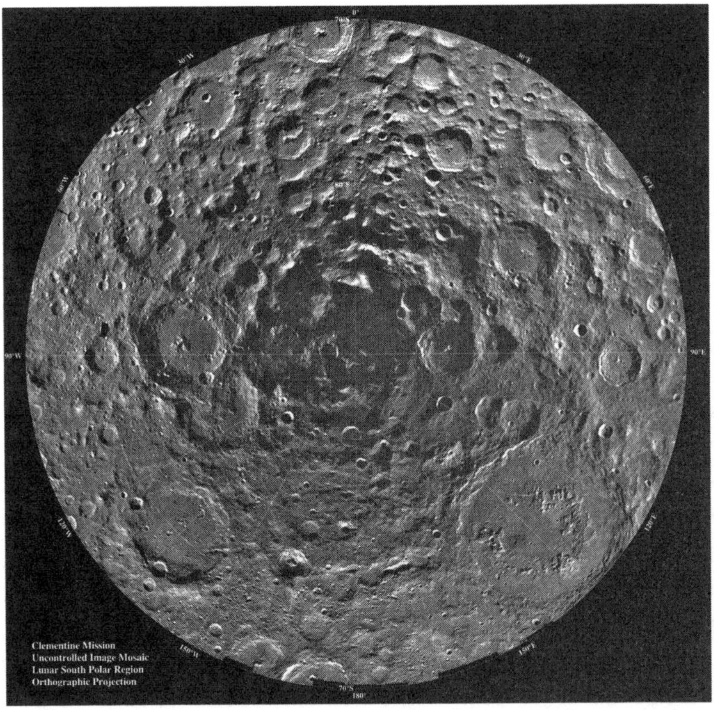

FIGURE 4.3 – Mosaïque du pôle Sud de la Lune, assemblée à partir de quelque 1 500 images recueillies par la sonde américaine *Clementine* en 1994. La région est constellée de cratères d'impact : ceux qui sont proches du pôle sont plongés dans l'ombre de façon quasi permanente.
(NASA/JPL/USGS.)

de fer en un revêtement métallique pour les plates-formes d'alunissage, routes ou autre rails qui rayonneront à partir de la base.

La seconde richesse de la poussière lunaire est l'accumulation de particules légères – hydrogène et hélium – que le vent solaire y a apportées depuis des milliards d'années. Or il se trouve qu'un isotope rare de l'hélium – l'hélium-3, qui possède deux protons et un seul neutron – est un combustible idéal pour les réactions de fusion nucléaire et les centrales électriques de demain. Cet hélium-3 est pratiquement introuvable sur Terre, car le vent solaire qui le transporte est arrêté par notre bouclier magnétique. Les échantillons de sol lunaire rapportés par les astronautes en contiennent 0,01 ppm (part par million), soit un millionième de pourcent. Autrement dit, il faudrait ratisser sur 2 mètres d'épaisseur une surface de 100 km^2 – la surface de Paris intra-muros – pour obtenir 1 tonne d'hélium-3.

Un tel effort est toutefois envisageable dans la mesure où 1 tonne d'hélium-3 fournirait par fusion nucléaire (avec du deutérium, facilement disponible sur Terre) près de 20 000 mégawatts/an d'énergie électrique. À ce jeu, 100 tonnes d'hélium-3 subviendraient à la consommation d'électricité annuelle du monde entier. Et comme les réserves totales en hélium-3 du sol lunaire dépassent sans doute le million de tonnes, il y a là, à condition de maîtriser la fusion nucléaire, de quoi alimenter notre civilisation en électricité pendant 10 000 ans.

Même si elle était réalisable d'un point de vue technique, une telle exploitation du sol lunaire est-elle envisageable d'un point de vue économique ? Au coût actuel de l'énergie, la tonne d'hélium-3 vaudrait plus de 2 milliards d'euros, ce qui est sans doute du même ordre de grandeur que les coûts d'extraction sur la Lune et d'acheminement vers la Terre. On ne peut pas dire que l'hélium-3 de la Lune soit une bonne affaire, mais à l'heure où les autres sources d'énergie s'épuisent sur Terre, son extraction reste une option attirante, bien qu'éminemment complexe.

À l'assaut du pôle Sud

Le ratissage et le traitement du sol lunaire interviendront peut-être plus tôt qu'on n'ose l'imaginer, pour une tout autre raison. Nombre de chercheurs ont en effet bon espoir que certains cratères près des pôles de la Lune recèlent de la glace d'eau. Elle y aurait été apportée par l'écrasement de comètes riches en éléments volatils. Les gaz soufflés autour de la Lune se seraient congelés dans l'ombre ultra-froide qui règne en permanence au fond de ces cratères polaires.

La Lune se distingue en effet par un axe de rotation pratiquement perpendiculaire (à 1,5 degré près) aux rayons du Soleil – résultat d'une combinaison heureuse de l'inclinaison de cet axe par rapport à son plan orbital autour de la Terre et de l'inclinaison de ce plan orbital par rapport à l'écliptique. Le résultat est que la Lune ne connaît pas de saisons et ne pointe jamais ses pôles vers l'astre du jour. Aux pôles, le Soleil rase l'horizon et le moindre relief suffit à jeter une ombre sur le terrain. En l'absence d'atmosphère diffusante, cette ombre est d'une noirceur absolue, et la température y plonge à –220 °C. Au cours du mois lunaire, le Soleil fait le tour de l'horizon polaire et finit par contourner tout relief, sauf si celui-ci est circulaire, tel le rempart d'un cratère : le fond de certains d'entre eux – notamment celui du cratère Shackleton, au pôle Sud – n'aurait pas vu la lumière depuis des milliards d'années.

La thèse que de tels cratères ont piégé dans leur ombre glaciale des molécules d'eau fut évoquée dès 1960 par le planétologue Harrison Brown, mais elle dut attendre 1994 pour qu'une première expérience tente d'en apporter la confirmation. Cette année-là, la petite sonde américaine *Clementine* s'est satellisée en orbite polaire autour de la Lune, et les chercheurs ont utilisé son émetteur radio pour viser le pôle Sud et analyser les échos reçus. La nature de la réflexion – notamment sa polarisation – a révélé un sol particulier dans les cratères ombragés, aux propriétés proches de celle de la glace. Les chercheurs se sont fondés sur l'intensité et la géométrie de l'écho pour calculer une concentration moyenne de glace de l'ordre de 1,5 %.

Une reconnaissance beaucoup plus poussée des pôles fut accomplie par la sonde américaine *Lunar Prospector*, qui œuvra autour de la Lune en 1998-1999. Le satellite était muni d'un spectromètre à neutrons, dont la fonction était de recueillir les particules émises par le sol lunaire en réponse au bombardement incessant des rayons cosmiques. Les neutrons émis sont influencés par la composition du sol et notamment par sa teneur en hydrogène, qui a le don de les ralentir. Or, les régions polaires montrent un taux d'hydrogène 2 fois supérieur à ce qui est observé ailleurs sur la Lune. Serait-ce l'hydrogène contenu dans des molécules d'eau, ce qui confirmerait la présence de glace ?

Un doute subsiste. De puissants radiotélescopes, comme celui d'Arecibo à Porto Rico, sont parvenus à viser les pôles lorsque l'orbite de la Lune, fortement inclinée par rapport à l'équateur terrestre, nous révèle les « dessous » et les « dessus » de notre satellite. Or, les échos radar renvoyés par les cratères dans l'ombre et par d'autres en pleine lumière ont des propriétés identiques, ce qui affaiblit considérablement l'hypothèse de la glace. Les radioastronomes y voient plutôt la signature d'un terrain accidenté, couvert d'éjecta.

Le mieux serait bien sûr d'aller voir sur place. C'est d'autant plus crucial que les Américains misent gros sur les hypothétiques réserves de glace, puisqu'ils ont décidé la reprise des vols pilotés vers la Lune à l'horizon 2020 et ont jeté leur dévolu sur le cratère Shackleton du pôle Sud pour établir une base habitée permanente. Ce cratère, large de 17 kilomètres, offre en effet un double avantage : son plancher est plongé dans l'obscurité – avec le potentiel de glace exploitable qui s'ensuit –, alors que les remparts du cratère sont illuminés en quasi-permanence par le Soleil, ce qui promet une production presque ininterrompue d'électricité photovoltaïque pour la base. En outre, parce que les rayons du Soleil sont rasants au pôle, la température est modérée pour les astronautes et leurs infrastructures : – 50 °C, au lieu des oscillations entre le jour et la nuit de + 120 °C à – 175 °C qui règnent à l'équateur. Pour toutes ces raisons, Shackleton serait l'emplacement idéal.

Objectif Lune

Au terme d'une concertation tous azimuts, l'administration américaine a décidé en janvier 2004 de repartir à la conquête de la Lune avec l'ambition d'y poser des astronautes dès 2019 et d'y construire une base permanente. D'un côté, la NASA s'est lancée dans la construction de nouveaux lanceurs et vaisseaux pilotés pour atteindre cet objectif : le programme Constellation *(voir encadré p. 102)*. De l'autre, une armada de sondes automatiques va préparer le terrain en cartographiant la Lune depuis orbite avec une précision inégalée, et en se posant à la surface pour implanter sismomètres et thermocouples afin d'explorer la structure interne de notre satellite.

La satellisation autour de la Lune en 2004 de la sonde européenne *Smart 1* a constitué le coup d'envoi de cette nouvelle génération d'engins. Mais c'est en 2007-2009 que le gros de la troupe est arrivé avec pas moins de cinq sondes : *Chang'e* (Chine) et *Selene-Kaguya* (Japon) en 2007, *Chandrayaan 1* (Inde) en 2008, et la paire américaine *LRO* (*Lunar Reconnaissance Orbiter*) et *LCROSS* (*Lunar Crater Observation and Sensing Satellite*) en 2009.

Outre la reconnaissance globale de la Lune, cette nouvelle génération de sondes s'intéresse tout particulièrement aux pôles et au cratère Shackleton. Ainsi, la sonde japonaise *Kaguya* a recueilli début 2008 une image étonnante du fond du cratère, pourtant dans l'ombre, avec sa caméra ultra-sensible qui tire parti des reflets de lumière jetés par la crête en surplomb. Le plancher de Shackleton apparaît très bosselé – ce qui explique peut-être les étranges échos radar hâtivement attribués à de la glace.

DES ASTRONAUTES SUR LA LUNE EN 2019

Afin de reprendre l'exploration humaine de la Lune à partir de 2019, la NASA a mis en chantier de nouvelles fusées pour remplacer l'historique *Saturn V* et la vieillissante Navette spatiale, et de nouveaux vaisseaux pilotés pour assurer le vol Terre-Lune et l'alunissage (programme Constellation).
Deux lanceurs sont en chantier : un lanceur *Ares I* pour la montée des astronautes en orbite terrestre à bord de la capsule *Orion* – l'accent étant mis sur la simplicité et la sécurité – et un lanceur lourd *Ares V* pour l'envoi en orbite terrestre du « cargo » complémentaire : l'étage propulsif Terre-Lune et le module lunaire.
Le vaisseau *Orion* de l'équipage est une version améliorée et plus volumineuse de la cabine *Apollo*, qui peut loger quatre astronautes au lieu de trois, avec de plus amples réserves d'eau et de propergol pour des vols de longue durée. Comme au temps d'Apollo, il ne sert que pour le transfert Terre-Lune et reste en orbite lunaire à attendre le retour des astronautes, en régime automatique car les quatre astronautes le désertent pour se poser sur la Lune au moyen du module lunaire, baptisé *Altaïr*.
Avec des réserves d'eau et de vivres accrues, le module lunaire permettra aux astronautes de séjourner 2 semaines sur la Lune, plutôt que 3 jours au temps d'Apollo. D'autre part, des modules d'habitation se poseront en régime automatique afin de créer une véritable base où les astronautes pourront assurer une présence permanente, avec des relèves tous les 6 mois.
Les tests d'*Orion* et de sa tour de sauvetage ont commencé au banc d'essai en 2008, et le premier essai en vol de la fusée *Ares I* (premier étage seulement) en 2009, le premier vol piloté en orbite terrestre étant attendu à l'horizon 2015. Le premier alunissage de quatre astronautes est prévu pour sa part en décembre 2019, en principe dans le cratère polaire Shackleton. Mais face aux difficultés budgétaires et techniques, le calendrier risque de glisser.

On en saura plus grâce au fleuron de la nouvelle armada lunaire, le vaisseau américain *LRO*, qui emporte non seulement une caméra à très haute résolution (50 centimètres) pour cartographier les futurs sites d'alunissage dans les zones éclairées, mais aussi un radar pour sonder les zones d'ombre avec une résolution horizontale d'une vingtaine de mètres et une pénétration des ondes jusqu'à 2 mètres de profondeur à la recherche des fameuses traces de glace. Pour l'aider dans sa tâche, le satellite emporte en outre un spectromètre à neutrons pour identifier l'hydrogène du sol. Et si tout cela ne suffisait pas, un spectrographe ultraviolet d'une résolution kilométrique se contentera de la lumière des étoiles pour détecter les photons réfléchis par cette glace hypothétique.

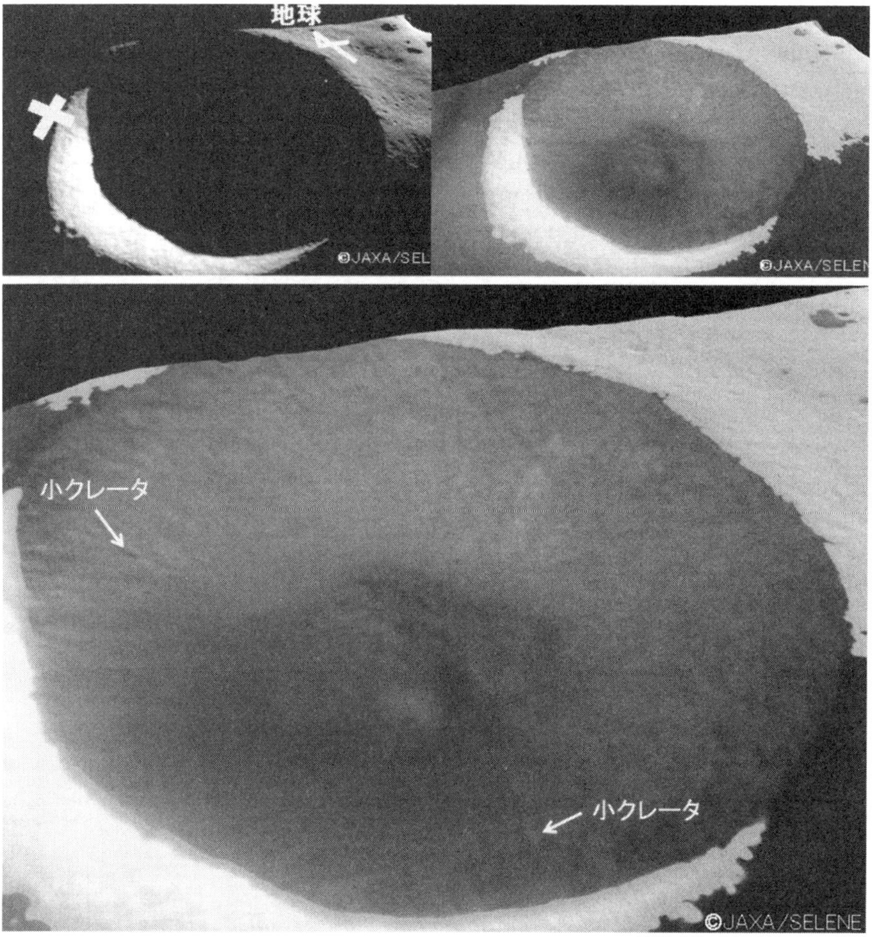

FIGURE 4.4 – Le cratère Shackleton au pôle Sud de la Lune (le pôle est marqué d'une croix), photographié par la caméra de terrain de la sonde japonaise *Kaguya* en 2008. Le fond du cratère est éternellement plongé dans l'ombre, mais en augmentant la sensibilité de la caméra, la lumière réfléchie par le haut du versant est suffisante pour découvrir la morphologie du plancher du cratère et notamment plusieurs mamelons.
(JAXA/SELENE.)

Après cette reconnaissance orbitale, l'idéal serait bien sûr de poser une sonde dans un cratère polaire pour chercher la glace *in situ*. En préambule, la NASA a commencé par y écraser des engins, afin d'étudier à distance les nuages de débris soulevés. C'est ainsi qu'en fin de mission la sonde *Lunar Prospector* s'est écrasée en 1999 dans le cratère Mawson, non loin du cratère Shackleton, mais sans résultat, la sonde étant trop légère pour que son impact soulève suffisamment de matière. Les Américains attendent mieux d'un étage de fusée de 2 tonnes, celui-là même qui aura servi à propulser la nouvelle sonde *LRO* en orbite lunaire. Avant l'impact, l'étage larguera une plate-forme de caméras et de spectromètres, baptisée *LCROSS*, qui le suivra afin d'analyser le nuage de débris soulevé au point zéro. Les instruments ont pour mission de détecter toute trace de vapeur d'eau, s'il y a bien de la glace au point d'impact.

Après ces pilonnages barbares viendra le tour des missions plus civilisées : les alunissages en douceur. La Chine est sur les rangs avec une tentative d'alunissage à partir de 2012, et les Américains projettent pour leur part de poser de petites plates-formes géophysiques aux deux pôles en 2013-2014. La fin de la décennie devrait voir les opérations se multiplier – les Américains testant déjà sur Terre un robot automobile muni d'une foreuse –, car l'échéance de la première mission pilotée se rapproche. À partir de 2019, si rien ne vient retarder le programme Constellation, l'homme marchera de nouveau sur la Lune pour ouvrir un nouveau chapitre de son exploration.

CHAPITRE 5

Mars

MARS OCCUPE UNE PLACE SPÉCIALE dans le cœur des astronomes et du public. C'est la seule planète du système solaire à prétendre pouvoir un jour recevoir une colonie humaine. Mercure est trop chaud, trop petit et exposé au vide, Vénus est écrasée par une atmosphère infernale à 480 °C, et les planètes lointaines – Jupiter et consorts – sont des boules de gaz sans surface solide. Pas étonnant dans ces conditions que Mars ait très tôt retenu l'attention des chercheurs, d'autant que cette planète est relativement proche. Lorsqu'elle croise au large de la Terre, à moins de 60 millions de kilomètres, elle offre au télescope une foule de détails et se trouve à portée de fusée.

Au fil des observations et des missions spatiales, Mars a révélé des calottes de glace, une fine atmosphère de gaz carbonique et des paysages à couper le souffle : des volcans géants de 15 000 à 23 000 mètres de hauteur, des rifts béants plongeant à 10 000 mètres vers de profonds bassins, et de larges vallées qui ont canalisé des inondations catastrophiques d'eau liquide, au débit 1 000 fois supérieur à celui de l'Amazone. Malgré sa petite taille, Mars est la planète des extrêmes.

Aujourd'hui, c'est une planète extrêmement sèche, malgré les milliards de tonnes de glace entassés aux pôles. C'est là tout le paradoxe : Mars a le potentiel d'être une planète accueillante pour la vie, si seulement son eau voulait bien fondre. Pour cela, il faut satisfaire à deux conditions : augmenter la température, mais également augmenter la pression. Se contenter de chauffer la glace dans la fine atmosphère actuelle n'aboutirait qu'à la transformer en vapeur. En revanche, dans une atmosphère plus dense et à plus forte pression, cette vapeur d'eau pourrait se condenser en eau liquide.

Les géologues ont toutes les raisons de croire que ces conditions ont été réunies plusieurs fois dans l'histoire de Mars, et que, durant de tels épisodes d'eau liquide, la vie a pu éclore sur la planète rouge. Peut-être même cette hypothétique vie martienne se cache-t-elle aujourd'hui dans des nappes phréatiques circulant à plusieurs kilomètres sous la surface du sol – un Graal que les chercheurs n'ont pas fini de poursuivre.

Cette quête de la vie sur Mars transparaît en filigrane dans tous les projets d'exploration la concernant. Elle a hanté les premières campagnes d'observation au télescope, et elle continue de dicter la stratégie d'exploration des sondes à l'heure actuelle. Après l'analyse par la sonde *Phoenix* des glaces polaires en 2008, la recherche d'une vie martienne figure au programme des prochaines sondes qui se poseront sur la planète rouge : les robots automobiles *Mars Surface Laboratory* (MSL) de la NASA en 2011, et surtout *ExoMars* de l'ESA (Agence spéciale européenne) en 2018.

Au-delà d'un retour automatique sur Terre d'échantillons martiens, entrevu à l'horizon 2020, il sera alors temps de songer à un débarquement d'astronautes sur Mars pour une exploration intensive de la planète. C'est le but avoué des vols spatiaux pilotés, après une répétition générale sur la Lune. Autrefois sujet de science-fiction, la colonisation de la planète rouge est aujourd'hui l'objet d'études avancées. Ce serait l'aboutissement logique d'une longue fascination qui remonte aux premiers jours de la civilisation humaine.

MARS EN CHIFFRES

Caractéristiques physiques

Diamètre (moyen) :	6 780 km
Masse :	0,11 Terre
Densité :	3,93 (3 930 kg/m^3)
Pesanteur :	0,38 *g*
Température de surface :	– 143 °C à +27 °C (température moyenne : – 63 °C)
Période de rotation (sidérale) :	24 h 37 min 22 s
Inclinaison de l'axe :	25,2°
Atmosphère :	CO_2 : 95,3 % ; N_2 : 2,7 % ; Ar : 1,6 % ; CO : 0,07% ; H_2O : 0,03 % (variable)

Caractéristiques orbitales

Aphélie :	249,2 millions de kilomètres
Périhélie :	206,6 millions de kilomètres
Excentricité :	0,09
Période de révolution :	687 jours (1,88 an)
Inclinaison (sur l'écliptique) :	1,85°
Nombre de lunes :	2

La planète rouge

Mars est l'une des cinq planètes visibles à l'œil nu dans notre ciel nocturne. Il se distingue de ses congénères par sa couleur orangée qui évoque le feu et le sang, et lui a valu d'être associé au dieu de la Guerre : Nirgal pour les Babyloniens, Ares pour les Grecs, Mars pour les Romains. Son mouvement à travers le zodiaque est d'ailleurs inquiétant, l'astre ayant coutume de ralentir sa course sur fond d'étoiles, puis de rebrousser chemin sur la voûte céleste l'espace de plusieurs semaines, avant de repartir dans le bon sens – autre manifestation d'un dieu guerrier, car ce parcours hésitant rappelle le sort incertain des batailles.

Cette arabesque dessinée dans le ciel est un effet de perspective : lorsque la Terre sur son orbite intérieure et plus rapide dépasse Mars « à la corde », la parallaxe nous fait voir la planète changer de position sur l'arrière-fond des étoiles. C'est d'ailleurs ce phénomène qui mit la puce à l'oreille du philosophe Aristarque de Samos (310-230 avant Jésus-Christ) et le persuada, 17 siècles avant Copernic, que la Terre, Mars et les autres planètes tournaient autour du Soleil, et non que le Soleil et les planètes tournaient autour de la Terre.

L'étude du mouvement de Mars permit aussi à Johannes Kepler (1571-1630) de percer le secret des orbites planétaires et de comprendre qu'elles n'étaient pas des cercles, mais des ellipses. Mars est en effet l'une des planètes du système solaire dont l'orbite se démarque le plus d'un cercle. Si sa distance moyenne au Soleil est de 228 millions de kilomètres, elle s'en rapproche à 207 millions au périhélie et s'en éloigne à 249 millions à l'aphélie – orbite elliptique qu'elle boucle en 687 jours, durée de l'année martienne.

Les époques pendant lesquelles la Terre dépasse Mars et où l'éloignement est minimal s'appellent des oppositions ; elles ont lieu tous les 2 ans et 2 mois. Même lors des oppositions les plus favorables, Mars reste toutefois minuscule dans l'oculaire des télescopes : une vingtaine de secondes d'arc, soit la taille apparente d'une pièce de 1 euro vue à 200 mètres de distance. La planète ne mesure en effet que 6 780 kilomètres de diamètre, soit la moitié du diamètre terrestre. Sa superficie ne vaut donc que le quart de celle de la Terre, et son volume guère plus du huitième du volume terrestre.

Ces dimensions modestes ont d'importantes conséquences. En premier lieu, la pesanteur sur Mars se limite à 0,38 *g* : c'est dire qu'un astronaute en scaphandre pesant 100 kg sur Terre ne pèsera que 38 kg sur Mars. D'autre part, les gaz de l'atmosphère martienne ne sont que lâchement retenus par cette faible pesanteur et ont tendance à s'évader dans l'espace. Il en résulte une pression au sol très réduite, que les sondes ont mesurée à 6 hectopascals en moyenne, soit moins du centième de la pression atmosphérique terrestre. Aussi ténue soit-elle, l'atmosphère de Mars n'en présente pas moins une dynamique remarquable, avec vents et nuages.

La composition de cette atmosphère, d'abord entrevue au télescope par spectroscopie, puis mesurée au sol par les sondes, est dominée par le dioxyde de carbone à hauteur de 95 %. On trouve aussi un peu d'azote (2,7 %), d'argon (1,6 %), ainsi que d'infimes traces d'oxygène, de monoxyde de carbone et de vapeur d'eau. Celle-ci ne représente que 10 à 100 micromètres d'eau précipitable, c'est-à-dire que si l'on purgeait l'atmosphère martienne de toute son eau, on n'obtiendrait au sol qu'une mince pellicule liquide d'une fraction de millimètre d'épaisseur. C'est tout de même suffisant pour que cette eau atmosphérique se concentre par endroits en fins cristaux de glace – formant des nuages semblables à nos cirrus terrestres – et pour qu'une brume givrée flotte à l'aube au fond des canyons.

Cette atmosphère n'est pas chaude. En raison de sa plus grande distance au Soleil, Mars reçoit une insolation moitié moindre que celle de la Terre. En outre, la finesse de son atmosphère limite l'effet de serre que peuvent fournir ses gaz. En moyenne, la température au sol oscille autour de –60 °C et tombe la nuit à –80 °C. Au pôle Sud, durant l'hiver, elle plonge même à –130 °C. Elle n'atteint des valeurs positives que l'été, dans l'hémisphère Sud et en début d'après-midi, un record de +27 °C ayant même été déduit des mesures infrarouges des sondes *Viking* à la fin des années 1970. Mais c'est exceptionnel. Mars est une planète fondamentalement gelée, bien qu'elle ait pu connaître un passé plus clément lorsque son atmosphère était plus épaisse.

Mars tourne sur lui-même en 24 heures et 37 minutes (jour sidéral), ce qui équivaut à une journée de 24 heures et 39 minutes lorsque l'on tient compte de son mouvement autour du Soleil (jour solaire). La similitude avec la durée du jour terrestre est remarquable, mais il ne s'agit que d'une coïncidence – qui facilitera l'adaptation des futurs astronautes, du moins pour ce qui est de leur cycle circadien. Un séjour sur la Lune, avec ses 14 jours de lumière et ses 14 jours de nuit, est beaucoup plus dépaysant.

Cette rotation martienne se fait sur un axe incliné à 25 degrés par rapport à la perpendiculaire au plan de son orbite, valeur également très proche de l'obliquité terrestre (23° 27′). Comme la Terre, Mars connaît donc des saisons, à cette différence près que, en raison de son parcours 2 fois plus long autour du Soleil, les saisons martiennes sont aussi 2 fois plus longues – 6 mois par saison en moyenne.

Il existe toutefois une intéressante asymétrie dans les saisons martiennes, parce que l'orbite de Mars est fortement elliptique, comme on l'a

OBSERVER MARS

Lorsque Mars est en opposition avec la Terre (du même côté du Soleil que nous et à distance minimale), elle est facilement repérable à l'œil nu : c'est un brillant astre orangé dont la magnitude peut atteindre – 2,9 (trois fois l'éclat de Sirius) et le diamètre apparent, 25 secondes d'arc. Les oppositions se répètent tous les 26 mois : un astronome amateur peut observer Mars dans de bonnes conditions durant les 3 ou 4 mois qui précèdent et qui suivent chaque opposition. Les prochaines oppositions auront lieu en janvier 2010, en mars 2012, en avril 2014, en mai 2016, en juillet 2018 et en octobre 2020, ces deux dernières étant les plus favorables, avec des distances minimales de 57,6 et 62 millions de kilomètres.

Si une paire de jumelles suffit pour percevoir le disque, il faut au moins une lunette de 60 millimètres d'ouverture pour y distinguer quelques premiers détails, comme le point blanc de la calotte polaire australe, la tache sombre et triangulaire de Syrtis Major, et la tache plus claire d'Hellas – bassin fréquemment rempli par des brumes. Un filtre coloré est recommandé pour accentuer les contrastes : rouge pour faire ressortir le sol, bleu pour les régions polaires et les nuages, orange pour les tempêtes de poussière. De telles tempêtes sont fréquentes au début de l'été austral, notamment dans le bassin d'Hellas, et peuvent atteindre des dimensions régionales, comme celles de 2001 et 2005, ou même envelopper la planète entière durant plusieurs semaines, comme en 1956 et en 1971.

De façon saisonnière, on peut aussi suivre la sublimation au printemps de la couche de givre carbonique autour du pôle, le paysage devenant plus foncé (un filtre vert est recommandé). Des nuages blancs de cristaux de glace peuvent également apparaître autour des reliefs, notamment au-dessus des dômes volcaniques de Tharsis et d'Elysium.

vu, et qu'au cours de l'année la distance de la planète au Soleil varie de 20 % et l'insolation de 40 % (l'insolation est inversement proportionnelle au carré de la distance). À l'époque actuelle, c'est l'hémisphère Sud de la planète rouge qui est tourné vers le Soleil lors du passage au plus près de l'astre du jour, ce qui rend l'été austral particulièrement chaud. En contrepartie, ce même hémisphère Sud connaît son hiver au point le plus éloigné de l'orbite, ce qui le rend particulièrement froid. L'hémisphère boréal, pour sa part, profite actuellement de saisons plus douces et moins contrastées.

Il faut ajouter à cela un paramètre supplémentaire. Les lois de Kepler nous enseignent qu'une planète circule d'autant plus vite sur son orbite qu'elle est plus proche du Soleil. Pour Mars, cette vitesse oscille ainsi entre 26,5 km/s au périhélie et 22 km/s à l'aphélie. La durée des saisons s'en ressent : celles qui sont centrées sur le périhélie sont les plus courtes – c'est-à-dire l'été austral et l'hiver boréal – et celles qui sont centrées sur l'aphélie sont les plus longues. Cela creuse les contrastes. Dans l'hémisphère austral, l'été est chaud mais bref (158 jours), alors que l'hiver est non seulement froid mais long de surcroît (183 jours). Dans l'hémisphère boréal, l'effet est au contraire temporisant : les étés sont moins chauds mais plus longs, et les hivers à la fois moins froids et plus courts.

Déjà notable à l'heure actuelle, cette asymétrie des saisons devient encore plus prononcée lorsque l'axe de rotation martienne s'incline au-delà de 25 degrés : nous le verrons lorsque nous évoquerons l'histoire du climat martien.

Paysages volcaniques

Mars est la planète des fantasmes, un monde aux paysages grandioses et insolites qu'ont bâti au fil des ans les auteurs et cinéastes de science-fiction. Ses taches tremblotantes, discernables au télescope mais qui livrent peu de détails, laissent en effet libre cours à l'imagination. À la fin du XIXe siècle, les astronomes Giovanni Schiaparelli en Italie et Percival Lowell aux États-Unis ont cru ainsi discerner des lignes droites à la surface de Mars, donnant naissance à la théorie des canaux – structures artificielles creusées par une civilisation en péril, menacée par la sécheresse. Ainsi est né le mythe des Martiens, ce qui a donné de merveilleux romans comme *La Guerre des mondes* de H. G. Wells, ainsi que l'entrée en scène des soucoupes volantes et des petits hommes verts dans l'imaginaire collectif.

Quelle ne fut pas la déception des chercheurs lorsque les premières sondes à survoler la planète rouge – *Mariner 4* en 1965, puis *Mariner 6* et *7* en 1969 – renvoyèrent des images noir et blanc d'un terrain cratérisé, semblable aux paysages lunaires ! Seuls quelques pourcents de la surface martienne furent photographiés lors de ces brefs survols – moins de 200 images au total – et, par malchance, ce furent les zones les plus monotones.

Il fallut attendre 1971 et *Mariner 9*, premier observatoire à se satelliser autour de Mars, pour que la planète rouge dévoile à travers près de 7 500 photographies son véritable visage, bien plus varié et spectaculaire que ne le laissaient deviner les premières sondes. Et cinq ans plus tard, en 1976, les sondes *Viking* ont complété la découverte de Mars avec plus de 50 000 images chacune, dont plusieurs milliers en couleurs et d'une résolution souvent inférieure à 100 mètres.

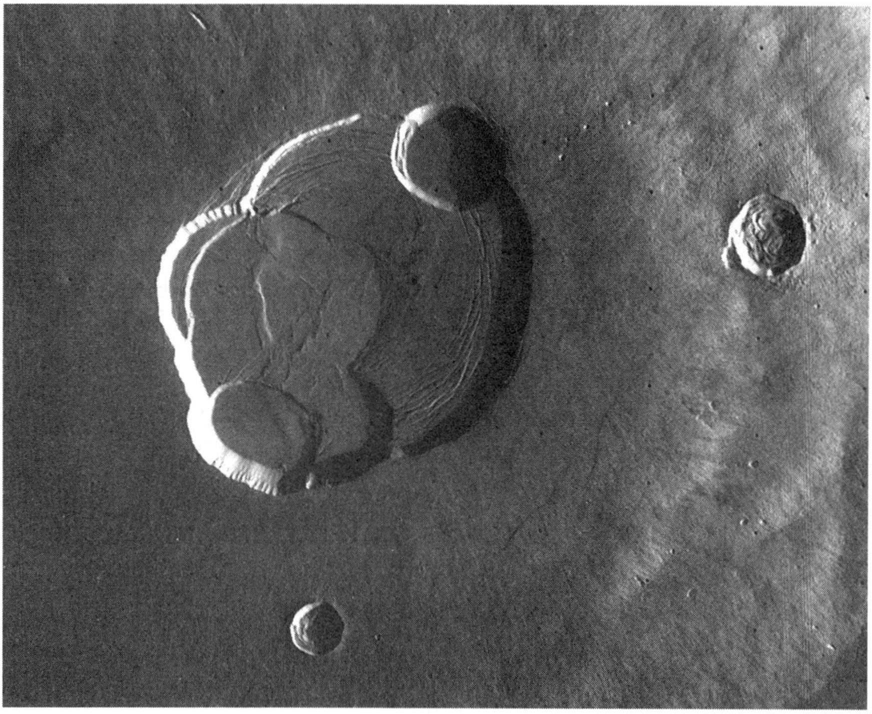

FIGURE 5.1 – La caldeira sommitale du volcan Olympus Mons, à 22 000 m d'altitude, mesure 85 km de diamètre. Elle est découpée en plusieurs niveaux qui témoignent de phases distinctes d'effondrement de la chambre magmatique : les laves les plus jeunes ont moins de 100 millions d'années. Les flancs bosselés du volcan portent aussi deux cratères d'impact.
(NASA/JPL.)

Les résultats furent surprenants et révélèrent que Mars a un double visage. Sa moitié centrée sur l'hémisphère Sud offre effectivement un aspect lunaire, avec une multitude de cratères d'impact ; cette moitié a peu évolué depuis les premiers jours du système solaire. On y trouve deux grands bassins d'impact, Argyre et Hellas, qui rappellent ceux de la Lune. Hellas mesure 2 300 kilomètres de diamètre, ce qui en fait le plus grand bassin d'impact du système solaire, et plonge jusqu'à 7 000 mètres de profondeur sous le niveau zéro de la planète – niveau moyen défini comme étant celui de la figure géométrique de Mars à grande échelle, en l'absence de relief régional et local.

Dans le détail, ces anciens terrains cratérisés montrent une différence sensible avec ceux de la Lune. Le relief est émoussé, comme s'il avait subi une certaine érosion. On y note même des réseaux de petits chenaux, dont l'arborescence évoque des réseaux hydrographiques, comme s'il avait plu sur Mars dans un lointain passé.

Cette moitié primitive de Mars, centrée sur l'hémisphère Sud, déborde dans l'hémisphère Nord au niveau du méridien zéro, dans la région d'Arabia Terra. Elle tranche avec l'autre moitié (40 % de la planète en fait) qui occupe le reste de l'hémisphère Nord : un terrain plus bas et plus jeune, noyé par les laves et soutenant par endroits de spectaculaires reliefs. C'est ainsi que se dressent sur Mars des volcans gigantesques, de loin les plus volumineux du système solaire, puisque le plus grand d'entre eux – Olympus Mons – mesure 22 000 mètres de hauteur pour 600 kilomètres de large. Transposé sur Terre, il recouvrirait plus de la moitié de la France. L'étude de la géologie régionale suggère que le volcan a commencé à se construire il y a plus d'un milliard d'années. Au sommet du bouclier en pente douce est perchée une vaste caldeira *(voir fig. 5.1 et cahier couleurs, fig. XVI)* où des lacs de lave ont dû séjourner dans un passé plus récent : le décompte des petits cratères d'impact sur son plancher indique un âge de 100 millions d'années à peine. Plus jeunes encore, certaines coulées de lave sur les flancs du monstre se sont apparemment mises en place il y a moins de 10 millions d'années. En d'autres termes, si Olympus Mons a débuté sa croissance il y a fort longtemps, il n'est pas éteint pour autant et rien n'empêche de nouvelles éruptions de s'y déclarer à l'avenir.

D'autres édifices géants se dressent au sud-est d'Olympus Mons, sur un bombement volcanique qui a pour nom Tharsis. Trois d'entre eux forment un alignement qui coupe l'équateur en diagonale : Ascraeus, Pavonis et Arsia Montes[1] *(voir cahier couleurs, fig. XV)*. Ils mesurent pour leur part autour de 17 000 mètres d'altitude et présentent aussi de vastes caldeiras sommitales : celle d'Arsia mesure 100 kilomètres de diamètre. Autour de ces grands édifices, d'autres plus anciens ne pointent plus que leurs sommets à travers les vastes champs de lave qui les ont encerclés.

À quelques milliers de kilomètres de là se dresse une seconde province volcanique : le plateau d'Elysium. Bien que plus modeste, ce bombement régional possède trois beaux édifices, avec pour point culminant Elysium Mons, qui atteint 14 000 mètres d'altitude. Là aussi, alors que la genèse de ces monstres remonte à plusieurs milliards d'années, les caldeiras sommitales ont des planchers relativement épargnés par les impacts et n'accusent

1. Sur Mars, les reliefs ont des noms latins. *Mons* signifie « mont » et se décline en *montes* au pluriel. Les édifices surbaissés, en forme de soucoupe de lave, sont appelés *paterae* (*patera* au singulier), et les édifices pentus *tholi* (*tholus* au singulier).

que quelques centaines de millions d'années. En marge du bombement d'Elysium, dans les plaines de Cerberus, on trouve les coulées les plus jeunes : comme les dernières coulées d'Olympus Mons, elles auraient moins de 10 millions d'années.

On rencontre d'autres grands volcans sur Mars, anciens et solitaires. Dans l'hémisphère Nord, c'est Alba Patera qui remporte la palme de la plus grande superficie. Son vaste bouclier de lave s'étend sur près de 1 500 kilomètres de large : il recouvrirait la France et l'Allemagne réunies. Le débit des éruptions et la fluidité des laves furent tels que l'édifice gagna en largeur plutôt qu'en hauteur : il n'atteint que 6 000 mètres d'altitude. Sur l'équateur, Apollinaris Patera présente un joli bouclier sillonné de chenaux. Dans l'hémisphère Sud, ce sont aussi de telles structures en marguerite – une caldeira centrale entourée de chenaux rayonnants – que dessinent de vieux volcans comme Tyrrhena Patera et Hadriaca Patera.

Au total, ce sont une vingtaine de volcans géants qui ornent la planète Mars. En revanche, il y a peu de volcans plus petits. C'est l'inverse de la distribution des volcans sur Terre, qui compte des milliers de petits édifices sur ses continents, et plusieurs millions au fond de ses bassins océaniques, avec fort peu de grands volcans. Le Mauna Kea (îles Hawaï) détient le record terrestre, avec un relief de 10 200 mètres au-dessus du fond marin, mais un volume qui ne vaut que le trentième de celui de l'Olympus Mons (80 000 km^3 contre 2,4 millions de km^3).

Autre particularité de la géographie martienne : à l'exception de deux triplés – Ascraeus, Pavonis et Arsia Montes d'une part, Elysium Mons, Albor et Hecates Tholi d'autre part –, on n'observe pas sur Mars de chaînes de volcans alignés, à l'instar des îles Hawaï, de l'archipel du Japon, de la chaîne des Andes ou de l'arc des Antilles sur Terre.

Une tectonique avortée

Le volcanisme de Mars répond à une logique différente du volcanisme terrestre. Chez nous la chaleur venue du manteau amincit l'écorce rigide, appelée « lithosphère », qui le recouvre : 100 kilomètres d'épaisseur environ pour la lithosphère continentale, et beaucoup moins pour la lithosphère océanique, qui mesure moins de 10 kilomètres d'épaisseur près des dorsales. Cette minceur fait que la lithosphère terrestre se fracture facilement et que ses pans deviennent mobiles, entraînés à la surface comme des radeaux par les courants de convection du manteau sous-jacent : c'est la tectonique des plaques. Nombre de nos volcans se bâtissent le long de frontières entre ces plaques, d'où leur disposition linéaire en arcs et en chaînes. Dans le cas de Mars, son flux thermique plus modeste fait que sa coquille rigide dépasse partout 100 kilomètres d'épaisseur ; elle ne se déchire pas facilement et reste stationnaire. Cela explique la modestie de nos édifices et le gigantisme des volcans martiens.

Sur la Terre, les volcans n'ont pas le temps d'atteindre de grosses tailles, quand bien même un panache de magma en provenance du manteau fonctionnerait des centaines de millions d'années durant. En effet, puisque les plaques tectoniques dérivent en surface, les volcans qui se bâtissent sur leur dos dérivent également. Comme ils se déplacent à la vitesse de plusieurs centimètres par an, il ne leur faut que 1 ou 2 millions d'années pour sortir du rayon d'action du panache qui les alimente. Déconnecté de sa plomberie, un volcan terrestre n'est donc actif que 1 ou 2 millions d'années tout au plus, avant de s'éteindre et de céder la place à un nouvel édifice. Ce mécanisme limite sur Terre la taille des volcans individuels et favorise au contraire leur multiplication.

Mars fonctionne selon la logique inverse. Au-dessus d'un point chaud dans le manteau, la montée du magma conduit à un entassement de laves au même endroit, entassement qui ne cesse que lorsque la source se tarit. Apparemment, deux points chauds ont été actifs sur Mars – leur petit nombre étant dicté par la taille modeste de la planète rouge – et ont donné naissance aux deux provinces volcaniques Tharsis et Elysium.

Si cette fixité du volcanisme martien est de mise aujourd'hui, en a-t-il toujours été ainsi ? On peut se demander si dans un lointain passé, lorsque

LES LAVES DE MARS

D'après les images prises depuis orbite, la morphologie des coulées de lave martiennes évoque une grande fluidité, comparable à celle du basalte terrestre ou de magmas apparentés, riches en fer et en magnésium. La photographie et l'analyse au sol de blocs de lave, notamment sur le site de Gusev, exploré par le rover *Spirit*, ont confirmé leur appartenance à la famille des basaltes, et plus précisément à la sous-classe des basaltes à olivine. D'autres laves sur le site du chenal Ares (sonde *Pathfinder*) semblent un peu plus siliceuses, ce qui les placerait dans la catégorie des basaltes andésitiques. Enfin, les chercheurs disposent de plusieurs dizaines de météorites provenant de Mars et dont la majorité est composée de laves (les shergottites, du nom de la première, tombée à Shergotty, en Inde) : là aussi, ce sont des basaltes. Les chimistes noteront qu'ils sont particulièrement pauvres en sodium et en potassium.
En dehors de cette catégorie de basaltes, il n'y aucun indice que des roches plus acides et plus riches en alcalins (andésites, dacites, trachytes, phonolites, rhyolites) existent sur Mars.

Mars était plus chaud (son stock d'atomes radioactifs étant initialement plus élevé), la minceur résultante de la lithosphère et la convection plus vigoureuse de son manteau n'ont pas suscité un début de tectonique des plaques. Plusieurs indices vont dans ce sens. La sonde *Mars Global Surveyor* a détecté dans l'hémisphère Sud la trace d'un champ magnétique ancien, « gelé » dans la roche, laquelle exhibe un motif de bandes parallèles, semblable à celui de nos bassins océaniques. Chez nous, les laves se magnétisent en émergeant des rifts : elles enregistrent le champ magnétique ambiant dans leurs minéraux ferreux. Comme l'intensité et la polarité du champ varient au cours du temps, la croûte océanique qui se déroule comme un tapis roulant de part et d'autre des rifts enregistre ces changements sous la forme de bandes parallèles, à la façon d'un code-barres géant. Les vieux terrains de Mars doivent peut-être leurs empreintes magnétiques au même phénomène.

En outre, à cheval sur l'équateur, l'alignement des trois volcans géants de Tharsis – Ascraeus, Pavonis et Arsia Montes – évoque l'emplacement d'une ancienne zone de rift ou de suture entre deux plaques.

C'est aussi un début de tectonique des plaques qu'évoque Valles Marineris, immense déchirure de la croûte martienne qui longe l'équateur sur 4 500 kilomètres, soit près du quart de la circonférence martienne *(voir cahier couleurs, fig.* XV*)*. Semblable à la vallée du grand rift africain sur Terre, elle se scinde en plusieurs branches et atteint par endroits plus de 10 000 mètres de profondeur. Ses falaises stratifiées montrent que le plateau ainsi éventré est composé d'innombrables couches de lave, localement masquées par de gigantesques glissements de terrain. Sur le plancher des bassins trônent ici et là de vastes plateaux truffés de gypse et d'autres sulfates, comme si les bassins avaient jadis abrité des plans d'eau. Valles Marineris débouche d'ailleurs vers l'est sur une région basse et chaotique, parcourue d'immenses chenaux. C'est là un autre visage de la planète Mars, et non des moindres, qui porte les stigmates d'un riche passé hydrologique.

Les chenaux de la planète Mars

On a vu que les hautes terres de l'hémisphère Sud abritent de petites vallées asséchées qui dessinent des réseaux hydrographiques et témoignent d'épisodes de pluie et de ruissellement sur Mars dans un lointain passé. Leur appréciation a d'ailleurs évolué à mesure que les images sont devenues plus précises.

Au temps des premières photographies, le petit nombre d'affluents dans chaque réseau faisait dire qu'il n'avait pas beaucoup plu sur Mars, certains planétologues avançant même qu'il n'avait pas plu du tout et que l'eau avait coulé dans le sous-sol, sapant et creusant les vallées par en dessous. Mais les images à haute résolution de la sonde *Mars Global Surveyor*, qui a œuvré de 1997 à 2006, ont changé la donne en faisant apparaître une multitude de fins affluents invisibles jusqu'alors. Par exemple, un réseau qui montrait 44 branches sur les anciennes images s'en voit attribuer 667 aujourd'hui. La complexité des réseaux saute désormais aux yeux, les spécialistes parlant pour certains d'entre eux d'un niveau d'intégration d'ordre 6 : c'est le nombre de niveaux différents d'affluents qui se jettent les uns dans les autres. Non seulement il a plu jadis sur Mars, mais il a plu de façon répétée. Il faut donc croire que l'atmosphère était plus dense et plus chaude, il y a 4 milliards d'années, pour permettre la formation de gros nuages et le déclenchement de précipitations soutenues.

Ces petites vallées anciennes sont une chose, mais la surprise vient surtout de gigantesques chenaux, plus récents, qui balafrent le visage de Mars et relèvent d'un tout autre mécanisme. D'une longueur comprise entre plusieurs centaines et plusieurs milliers de kilomètres et larges de plusieurs dizaines de kilomètres, ces chenaux géants défient l'imagination. La plupart prennent leur source dans les hauts plateaux et descendent vers les basses terres de l'hémisphère Nord, où ils débouchent sur de grandes plaines d'inondation. Ils ont pour nom Ares Vallis et Tiu Vallis[1], qui émergent du chaos de Valles Marineris pour couler vers les bassins du Nord, Kasei Vallis émergeant du plateau volcanique de Tharsis pour rejoindre ces mêmes bassins, ou encore Ma'adim Vallis qui coupe à travers les vieux terrains cratérisés de l'hémisphère Sud pour déboucher à l'équateur.

Leurs lits asséchés, aujourd'hui envahis de sable et de poussière, montrent les stigmates d'un écoulement catastrophique. Ils se divisent en branches qui contournent des îlots en forme de gouttes géantes, proue arrondie en amont et queue effilée en aval, que les flots tumultueux ont sculpté lorsqu'ils ont rencontré un obstacle impossible à briser, tel le rempart d'un cratère d'impact. Certaines de ces îles mesurent plus de 100 kilomètres de large ! Ailleurs, on remarque ici et là une saute de dénivelé, barrant le lit d'un chenal sur toute sa largeur, vestige de cataractes en regard desquelles les chutes du Niagara et de l'Iguaçu font figure d'aimables clapotis.

On calcule en effet des débits prodigieux pour ces chenaux martiens : plusieurs millions de mètres cubes par seconde en moyenne, et jusqu'à

1. La tradition veut que les grands chenaux de la planète rouge (*valles* au pluriel, *vallis* au singulier) soient nommés d'après les noms de Mars dans différentes langues (Ares en grec, Tiu en saxon, Kasei en japonais, Ma'adim en hébreu).

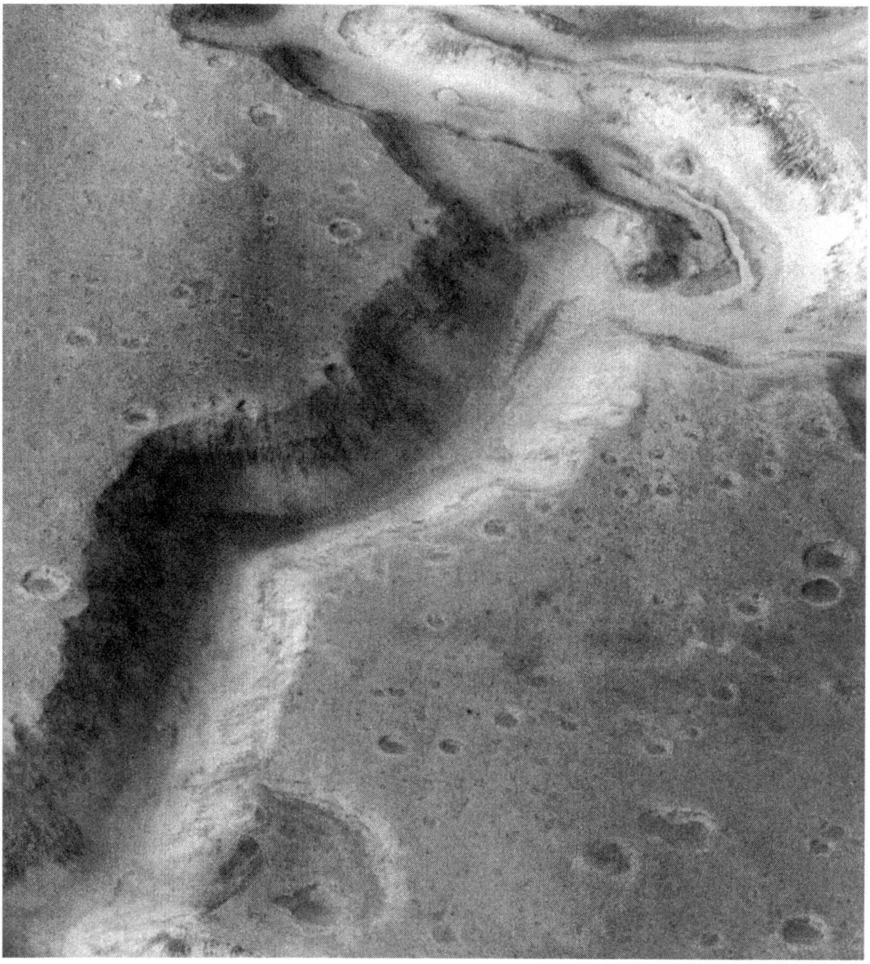

FIGURE 5.2 – Le chenal d'inondation Nanedi Vallis tranchant les hauts plateaux de Xanthe Terra, photographié par la sonde *Mars Global Surveyor*. Le chenal principal mesure 2,5 km de large. Le plancher de son virage, en haut à droite, est incisé par une vallée plus petite, large de 200 m, qui représente un écoulement tardif de plus petit débit. *(NASA/JPL/MSSS.)*

1 milliard de mètres cubes par seconde pour les cas les plus extrêmes que sont Ares Vallis et Kasei Vallis. Les chenaux martiens les plus modestes ont donc connu un débit 1 000 fois supérieur à celui du Rhône, et les phénomènes Ares et Kasei un débit 1 000 fois supérieur à celui de l'Amazone (qui détient le record terrestre, avec 300 000 m^3/s). De fait, les gigantesques volumes d'eau qui ont circulé au fond d'Ares et de Kasei Valles

sont plus facilement comparables à nos courants océaniques qu'à nos fleuves terrestres. Imaginez le détroit de Gibraltar avec ses 30 kilomètres de large et ses 300 mètres de profondeur : le débit des eaux atlantiques qui pénètrent en Méditerranée atteint 60 millions de m^3/s, mais reste encore 10 à 20 fois inférieur au flot qui a circulé dans les plus grands chenaux martiens. Même le Gulf Stream, avec son débit de 140 millions de m^3/s, soutient difficilement la comparaison.

Il y a pourtant un endroit sur Terre qui a subi une inondation comparable aux phénomènes martiens. C'est le géologue américain Jay Bretz qui l'a découvert en 1923, en parcourant les terrains chaotiques des Scablands – littéralement « terrains des cicatrices » – dans le nord-ouest des États-Unis. Le plateau basaltique y est labouré par de larges sillons, des bancs de gravier de taille kilométrique, et des blocs de roche gros comme des camions roulés jusqu'à l'océan Pacifique. L'hypothèse d'une inondation géante, avancée par Bretz, fut accueillie à l'époque avec froideur et même hostilité, car elle faisait appel au catastrophisme plutôt qu'aux processus graduels et ordonnés de la géologie traditionnelle. C'est en découvrant les images de Mars, un demi-siècle plus tard, que les géologues se rendirent compte que Bretz avait raison.

Les Scablands du Nord-Ouest américain ont été creusés par la rupture d'un barrage de glace, il y a 30 000 ans, rupture qui vidangea en quelques jours le plan d'eau accumulé derrière le glacier, d'un volume 20 fois supérieur au lac Léman. Un mur d'eau de plus de 500 mètres de hauteur se rua à la vitesse de 150 km/h dans les vallées, sautant les collines comme de simples dos-d'âne, arrachant les strates de sédiments et labourant le socle rocheux de profonds sillons. Après cette première décharge, le glacier avança pour refermer le barrage en amont et remplir le lac jusqu'à la rupture suivante : on dénombre plus d'une cinquantaine d'inondations successives dans les Scablands en l'espace de 10 000 ans.

On reconnaît aujourd'hui sur Terre d'autres exemples d'inondations catastrophiques, notamment au pied des montagnes de l'Altaï, en Sibérie, et en Islande, où des éruptions volcaniques sous-glaciaires ont libéré d'immenses quantités d'eau de fonte. Sur Mars, on propose des scénarios similaires pour expliquer les chenaux géants. Lors du premier milliard d'années de l'histoire martienne, de grands lacs se sont accumulés dans ces réservoirs naturels que sont les cratères d'impact, soit par précipitations, soit par écoulements souterrains. Épisodiquement, le rempart d'un cratère a cédé sous la pression de son lac et les flots se sont engouffrés dans la brèche. On en a un magnifique exemple avec le cratère Aram, de 300 kilomètres de diamètre, dont le plancher porte les vestiges d'un ancien lac : son rempart est percé d'une vaste brèche (quelque 10 kilomètres de large et 80 de long) qui donne directement dans le cours d'Ares Vallis.

De nombreuses régions dont émanent les chenaux ont un aspect chaotique : elles consistent en immenses blocs de terrain affaissés, séparés par de larges fossés. On imagine que ces régions abritaient des réserves de glace dans le sous-sol et que leur fonte, causée par une remontée de magma par exemple, a fait s'effondrer le toit du système, d'immenses pans de roche s'écroulant dans la nappe d'eau sous-jacente. L'eau sous pression a jailli par les fissures, sans doute en trombes spectaculaires qui ont grimpé haut dans le ciel de Mars avant de retomber pour creuser les chenaux.

Ces inondations catastrophiques ont-elles été des phénomènes isolés, ou bien se sont-elles répétées souvent dans l'histoire de Mars ? En combien de temps un chenal géant se creuse-t-il ? En estimant la quantité de sédiments dégagés de la zone source, et en combinant les chiffres avec l'estimation du débit, le planétologue Michael Carr pense qu'un chenal comme Ares Vallis s'est creusé en quelques semaines seulement. Dans d'autres cas, comme celui de Ma'adim Vallis, qui draine un volume plus grand à travers un chenal plus étroit, l'écoulement a probablement duré plusieurs mois.

Par ailleurs, une fois que le lit principal a été creusé, le chenal reprend du service chaque fois qu'une nouvelle débâcle a lieu en amont, souvent avec un débit moindre, de sorte que l'activité intermittente a pu s'étaler sur des millions d'années. La preuve de ces épisodes répétés est inscrite dans la multiplicité des terrasses à flanc de chenal et des « chenaux dans les chenaux » au fond des lits, qui témoignent de cycles distincts de sédimentation et d'érosion. Le plus bel exemple nous vient de Nanedi Vallis, un petit chenal de l'hémisphère Sud qui serpente à travers les hauts plateaux *(voir fig. 5.2)*. Dans l'un de ses méandres, la caméra de la sonde *Mars Global Surveyor* a photographié une superbe terrasse de sédiments, quelques centaines de mètres en dessous de la surface du plateau, qui surplombe de plusieurs centaines de mètres le fond du chenal : c'est un niveau intermédiaire atteint par l'érosion avant que l'inondation suivante ne reprenne le travail de sape. Mais il y a mieux : le fond du chenal, large de 2 kilomètres, est creusé à son tour par un petit « caniveau » de 200 mètres de large qui serpente dans son lit. Nanedi Vallis a ainsi connu au moins trois phases d'activité.

Durant quelle période de l'histoire martienne ces chenaux ont-ils opéré ? Alors que les réseaux hydrographiques de petites rivières et d'affluents concernent la première ère de l'histoire martienne, que l'on appelle le Noachien (de −4,5 à −4 milliards d'années), les chenaux d'inondation relèvent plutôt de la deuxième ère, nommée Hespérien (de – 4 à – 3,5 milliards d'années). Mais il y a des écoulements plus tardifs.

À l'instar du volcanisme – surtout ancien mais qui a connu des reprises d'activité jusqu'à tout récemment –, l'hydrologie martienne affiche les mêmes tendances, ce qui n'est pas surprenant lorsqu'on sait que les remontées magmatiques sont sans doute responsables de la fonte des glaces souterraines et des inondations. En datant les terrains par décompte des cratères, Gerard Neukum, de l'université de Berlin, note ainsi des reprises d'activité – tant volcanique qu'hydraulique – périodiques ; elles concernent les époques suivantes : de 1,7 à 1,3 milliard d'années, de 900 à 400 millions d'années, et même tout récemment, au cours des 30 derniers millions d'années.

Ce dernier chiffre est étonnant. Il concerne la région de Cerberus Fossae, au sud-est du plateau volcanique d'Elysium. De longues fissures parallèles déchirent les plaines de lave, et des chenaux émergent en aval, dont les dimensions suggèrent un débit de 5 à 10 fois supérieur à celui de l'Amazone. Le scénario proposé est que les fractures volcaniques ont permis à de l'eau sous pression de remonter depuis 2 ou 3 kilomètres de profondeur pour jaillir en fontaines de près de 300 mètres – la hauteur de la tour Eiffel – et de creuser les chenaux qui ont pour nom Athabasca Vallis (en amont) et Marte Vallis (en aval). D'après le décompte des cratères dans son lit, les dernières inondations qui ont dévalé Athabasca sont âgées de moins de 10 millions d'années. Autant dire que les inondations peuvent reprendre à l'avenir et que Mars est une planète encore bien active.

Les mers de Mars

La plupart des grands chenaux de la planète rouge débouchent dans les bassins de l'hémisphère Nord, au fond tellement plat que les géologues les plus audacieux avancent qu'il peut s'agir d'un ancien fond marin. Émise par Vic Baker et Tim Parker (université de l'Arizona) au début des années 1990, « cette idée un peu folle », comme ils le reconnaissaient eux-mêmes à l'époque, repose sur deux constats. Outre le fait que les vastes plaines du Nord (connues sous leur nom latin de Vastitas Borealis) sont aussi plates que les plaines abyssales de nos océans terrestres, elles sont bordées ici et là de marques linéaires que les tenants de l'hypothèse océane interprètent comme celles d'anciens rivages. Tim Parker identifie ainsi deux niveaux concentriques, qu'il baptise « Contact 1 » pour la ceinture extérieure et « Contact 2 » pour la ceinture intérieure.

Comme toute hypothèse qui se respecte, celle d'un océan boréal donne lieu à un certain nombre de prévisions qui permettent de la valider ou de l'infirmer. Les lignes de rivage présumées doivent afficher la même altitude *grosso modo* – une ligne équipotentielle – tout autour du bassin ; leurs photographies au téléobjectif doivent montrer des cordons de galets ou autres formations caractéristiques d'un front de mer ; et le volume de l'océan supposé doit correspondre aux réserves d'eau disponibles sur la planète rouge.

Les premiers résultats ne sont pas encourageants. Les images prises par la sonde orbitale *Mars Global Surveyor*, à partir de 1997, ne révèlent aucun indice convaincant le long des hypothétiques lignes de rivage, et les mesures d'altitude avec son altimètre laser montrent de gros écarts le long du contact extérieur. En revanche, le contact intérieur serpente autour des bassins à une altitude quasi constante – 3 760 mètres sous le niveau zéro planétaire – avec des variations qui n'atteignent que quelques centaines de mètres tout autour d'un périmètre de plusieurs milliers de kilomètres (avec deux exceptions notables, là où des massifs volcaniques plus récents ont fortement soulevé la région traversée). Plusieurs centaines de mètres peuvent paraître rédhibitoires à première vue, mais pour des rivages vieux de 3 à 4 milliards d'années, c'est une variation minime que l'on peut imputer aux mouvements tectoniques qui ont déformé le terrain depuis sa création. Sur Terre, on a l'exemple récent des rivages scandinaves : à la fin de la dernière période glaciaire, la fonte des glaciers a délesté la péninsule d'un tel poids qu'elle s'est soulevée de 800 mètres, portant ses anciennes lignes de rivage à cette altitude, cela en 13 000 ans à peine.

L'absence de traces évidentes d'une grève marine est tout aussi excusable le long des contacts en question. Sur Terre, la formation de cordons de galets, estran rocheux et autres falaises, est due à la puissance des vagues et à l'amplitude des marées. Sur Mars, il n'y a pas de grosse lune et le Soleil est plus lointain, donc les marées sont plus faibles. Elles le sont d'autant plus dans un océan boréal, car les marées sont inversement proportionnelles à la latitude du lieu (plus précisément au cosinus de la latitude). Ainsi, les marées de l'hypothétique océan boréal de Mars auraient une amplitude de 1 centimètre seulement en pleine mer. Même dans un golfe où jouerait un effet de résonance, on ne saurait atteindre sur les rives martiennes des marées dépassant une vingtaine de centimètres de battement vertical, contre une quinzaine de mètres sur Terre au Mont-Saint-Michel ou dans la baie de Fundy.

Même constat de faiblesse concernant les vagues martiennes, pour une autre raison. Les vagues d'un plan d'eau sont causées par la friction du vent à sa surface. Des études menées en soufflerie montrent que ce couplage air-eau devient inefficace – et les vagues considérablement amoindries – lorsque la pression atmosphérique est inférieure à 400 hectopascals. Or, il y a fort à parier qu'à l'époque de l'hypothétique océan la pression de l'atmosphère martienne était inférieure à ce seuil. Même dans le cas contraire, les vagues qui se seraient dressées dans l'océan martien n'auraient possédé que 38 % de l'énergie de vagues équivalentes sur Terre, car la force d'une vague est proportionnelle à son poids et donc à la pesanteur (qui ne vaut que 0,38 *g* sur Mars).

Un troisième facteur justifie l'absence de grève marquée le long d'un océan martien. Si le climat était peu ou prou similaire au climat actuel, l'océan boréal aurait rapidement gelé et sa banquise aurait isolé la mer de l'atmosphère, empêchant la formation de vagues. On le voit sur Terre, où les lignes de rivage arctiques et antarctiques se limitent à de subtils cordons de galets de quelques mètres de large et quelques centimètres de hauteur.

Alors, que peut-on espérer voir sur les images martiennes ? Si la mer était gelée, le raclement de la glace sur le fond peut créer de plates terrasses littorales : c'est peut-être la nature des contacts que les géologues distinguent sur les photographies. Si la mer était libre de glace et salée, son évaporation pourrait déposer des couches de sel, surtout dans les zones littorales où des « marais salants » seraient approvisionnés par des hausses et des baisses épisodiques du niveau marin. Reste bien sûr à espérer que ces indices ténus n'aient pas été recouverts par des sédiments ultérieurs et notamment par la poussière apportée par le vent depuis 3 milliards d'années.

De fait, ce sont plutôt les indices à grande échelle – débit des chenaux, volume et platitude des bassins – qui plaident en faveur d'un ancien océan martien. L'eau qui a débouché des chenaux a bien dû stagner quelque part. Si tous les chenaux ont fonctionné de concert, le volume d'eau acheminé correspond bien à la contenance des bassins de l'hémisphère Nord, c'est-à-dire plusieurs dizaines de millions de kilomètres cubes. Plus précisément, si l'on remplit les bassins du Nord jusqu'à la ligne de rivage supposée – le fameux « Contact 2 » –, on obtient une mer de 15 millions de kilomètres cubes, centrée sur le pôle Nord et descendant jusqu'au tropique (25 degrés de latitude nord) dans les bassins de Chryse, Elysium et Amazonis. Cette mer aurait une profondeur moyenne de 500 mètres et une profondeur maximale de 1 500 mètres au centre du bassin Utopia.

Toutefois, il est décevant que les sédiments eux-mêmes ne sautent pas aux yeux. Les spectromètres infrarouges des sondes orbitales comme *Mars Express* et *Mars Odyssey* ne relèvent pas la présence de carbonates, de sulfates ou d'argiles dans les bassins du Nord (sauf du gypse, qui a sans doute une autre origine, près de la calotte polaire). C'est explicable dans la mesure où de la poussière a pu recouvrir les sédiments en 3 milliards d'années pour obscurcir le tableau. Il est même probable que des champs de lave ont recouvert cet ancien fond marin durant ce long intervalle de temps, tout en préservant son extrême platitude.

Si un océan a bien occupé les bassins de l'hémisphère Nord, qu'est-il devenu ? Il aurait commencé par s'évaporer, surtout s'il était tiède, à raison de plusieurs millimètres par jour, les courants de convection empêchant la formation trop rapide d'une couche de glace en surface. Le niveau marin aurait ainsi baissé d'une dizaine de mètres en 5 ou 6 ans. Puis le refroidissement des eaux aurait fini par créer une banquise en surface, arrêtant le processus d'évaporation. L'océan aurait alors progressivement gelé sur toute son épaisseur, à la fois depuis la surface et depuis le plancher, froid lui aussi. D'après les calculs, le gel complet de la masse océanique aurait pris plusieurs milliers d'années.

Enfin, cette glace aurait elle-même sublimé dans la fine atmosphère martienne, au rythme d'une fraction de millimètre par an. C'est dire qu'il aurait fallu plus d'un million d'années pour que l'océan de glace se volatilise complètement, voire bien plus si une couche de poussière en surface l'avait isolé. Un mètre de poussière aurait même suffi à préserver l'océan gelé pendant des milliards d'années, c'est-à-dire jusqu'à l'époque actuelle. Peut-être ses couches de glace reposent-elles aujourd'hui sous plusieurs centaines de mètres de lave et de sédiments accumulés, mais force est de reconnaître que les radars des sondes *Mars Express* et *Mars Reconnaissance Orbiter* ne les ont pas détectées pour l'instant. Affaire à suivre…

Opportunity et le grand lac salé

En évoquant l'hypothèse d'un océan boréal, les chercheurs sont restés prudents. Ils ont adopté l'hypothèse basse – son niveau se serait limité au « Contact 2 » de Tim Parker –, mais il est possible que l'eau soit montée plus haut, inondant des régions périphériques comme le bassin d'Isidis et entourant le massif volcanique d'Elysium pour en faire une île. Un tel océan « élargi » aurait pu alimenter en eau salée des marais littoraux au cours de ses débordements, favorisant le dépôt de couches de sel. Là aussi, des laves et des sédiments plus récents dissimuleraient ces anciens marais salants, de sorte qu'il faudrait compter sur la chance pour que des parcelles soient aujourd'hui exposées au grand jour par le travail de l'érosion.

Or, c'est un tel scénario qui semble s'être déroulé dans les plaines de Terra Meridiani, au centre géographique de Mars (0° N, 0° E), un peu au sud de l'hypothétique océan boréal et à quelques centaines de kilomètres à l'est du grand chenal d'Ares Vallis. La sonde *Mars Global Surveyor* y a détecté depuis son orbite la signature d'un minéral intéressant – l'hématite grise – dont on sait qu'il se forme principalement en présence d'eau liquide. C'est donc tout logiquement que Terra Meridiani fut sélectionné comme site d'atterrissage de l'un des deux robots automobiles MER (*Mars Exploration Rover*) lancés vers la planète rouge en 2003, dont le principal objectif était justement d'analyser la surface martienne avec caméra, microscope et spectromètres, pour tenter de dévoiler le passé « aquatique » de la planète rouge. L'engin destiné à Terra Meridiani fut baptisé *Opportunity*, alors que son jumeau *Spirit* se vit assigner le grand cratère d'impact Gusev, qui semble avoir abrité un lac dans un lointain passé *(voir encadré ci-dessous).*

La mission d'*Opportunity* à Terra Meridiani est couronnée de succès. Non seulement la manœuvre d'atterrissage le 25 janvier 2004, par une

SPIRIT ET LE CRATÈRE GUSEV

En charge, comme son jumeau *Opportunity,* de rechercher des traces d'eau liquide sur Mars, le robot automobile *Spirit* s'est posé le 2 janvier 2004 dans le cratère d'impact Gusev (14,5° S, 175,5° E), en bordure des hautes terres cratérisées de l'hémisphère Sud. Large de 175 kilomètres, l'arène de Gusev a son rempart méridional percé par un chenal d'écoulement (Maa'dim Vallis), et des formations sédimentaires en forme de delta suggèrent que le bassin d'impact fut autrefois occupé par un lac. Pour des raisons de sécurité, toutefois, les ingénieurs de la NASA ont choisi un point d'atterrissage d'aspect plus plat, situé plus près du centre du bassin.

Spirit a commencé par n'y trouver que des laves volcaniques qui auraient recouvert toute trace de sédiments lacustres. Il a donc mis le cap sur des collines distantes de 2 kilomètres, pointant leurs strates au-dessus des laves. Lors de l'ascension délicate de ces Columbia Hills, il a identifié des couches de cendres volcaniques, apparemment déposées par des éruptions explosives riches en eau, et lardées de sulfates et autres sels, y compris des hydroxydes. Une fois la pente sud des collines redescendue, le robot a même décelé des traînées de sol constituées presque exclusivement de silice, qui témoignent de fumerolles ou d'une ancienne activité hydrothermale sur le site.

À défaut de sédiments lacustres, *Spirit* a donc trouvé dans le cratère Gusev plusieurs indices de l'interaction d'une nappe phréatique avec le magma – un magma qui est peut-être associé au grand volcan Apollinaris Patera, situé à plusieurs centaines de kilomètres au nord du cratère.

latitude de 2° S et une longitude de 354° E, se déroule parfaitement, mais le « colis » capitonné dans ses airbags roule à travers la plaine jusqu'à terminer sa course dans le bol d'un petit cratère d'impact d'une quinzaine de mètres de diamètre. Lorsque le robot ouvre les yeux – une paire de caméras panoramiques juchées au bout d'un mât dépliable –, c'est pour découvrir des strates de teinte claire émergeant des parois du cratère. L'engin n'a que quelques mètres à faire pour renifler les roches avec ses deux spectromètres et déterminer qu'il s'agit principalement de sulfates : des sels qui se forment lors de l'évaporation d'un plan d'eau. Certaines de ces strates montrent de subtiles ondulations qui suggèrent que les sédiments se sont formés dans une eau peu profonde, brassée par un léger courant. Quant à l'hématite grise repérée depuis orbite, elle est identifiée sous la forme de petites billes de 2 à 3 millimètres de diamètre, que les géologues appellent concrétions et qui se forment au sein d'un sédiment gorgé d'eau par un processus de lente cristallisation.

Ainsi, en deux mois d'analyse du site, la preuve est apportée par le robot que Terra Meridiani a effectivement abrité de l'eau liquide. *Opportunity* ne s'en tient pas là : il émerge de son petit cratère et fait route à travers la plaine vers un grand cratère plus à l'est, baptisé Endurance, qui permet de découvrir plus profondément les strates du site. Dans cette arène grande comme un stade olympique – large de 130 mètres et profonde d'une vingtaine de mètres –, le robot révèle une succession spectaculaire de strates qu'il analyse une par une en descendant la pente *(voir cahier couleurs, fig.* XIX*)*. Il ne ressort du cratère que le 11 décembre 2004, après 6 mois de travail méticuleux, au terme desquels les géologues peuvent dresser l'histoire de Terra Meridiani.

Apparemment, la région entière, sur une surface grande comme la mer Caspienne (300 000 km^2), a abrité un lac d'eau salée qui a lissé le terrain et déposé des couches de sel en s'évaporant. Le vent a ensuite repris les grains de sel et les particules de boue basaltique séchée au soleil, pour les rouler à travers la plaine et les ériger en dunes. De temps en temps, de l'eau a refait son apparition, surgissant du sous-sol depuis une nappe phréatique en profondeur, percolant à travers les sédiments jusqu'à la surface et inondant les creux entre les dunes pour constituer un réseau de flaques peu profondes, à l'image des sebkhas dans nos déserts terrestres. Les faibles courants qui ont circulé dans ces plans d'eau ont sculpté les rides et autres stratifications croisées qui marquent les sédiments du haut de la pile.

Tout cela s'est passé il y a plus de 3 milliards d'années, avant que les conditions climatiques sur Mars ne se détériorent et n'interdisent la présence d'eau liquide, libre et non gelée, à la surface. Si de l'eau a coulé

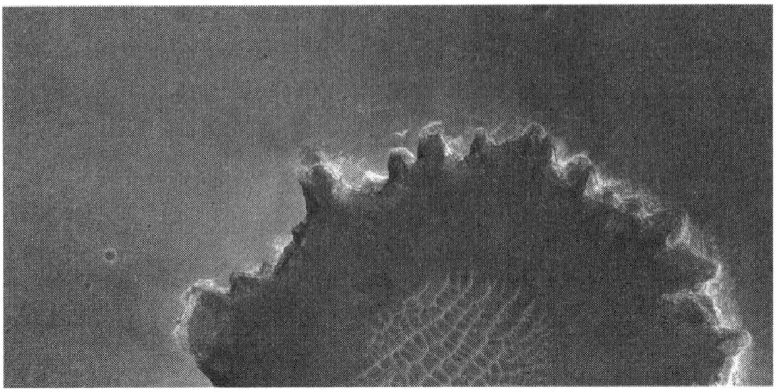

FIGURES 5.3 ET 5.4 – Photo du haut : le cratère Victoria, large de 800 m, photographié par la sonde orbitale *Mars Reconnaissance Orbiter (MRO)* en juin 2007. Autour du cratère, un mince trait blanc en dents de scie trahit le cheminement du robot automobile *Opportunity*. Le fond du cratère est quadrillé par un champ de dunes. *(NASA/JPL-Caltech/University of Arizona.)* Photo du bas : le rebord du cratère, avec au premier plan le promontoire Saint Vincent, haut de 12 m, vu depuis le robot *Opportunity* au sol. Le litage croisé révèle une origine dunaire, et la bande claire supérieure est le niveau atteint par une ancienne nappe phréatique. *(NASA/JPL-Caltech/Cornell University.)*

depuis dans les grands chenaux martiens – et même tout récemment dans Athabasca et Marte Valles –, ce fut occasionnel. L'ère des grands plans d'eau s'évaporant au soleil n'a duré qu'un temps, au cours du premier tiers de l'histoire martienne.

Mais la question revient sur le tapis : où est passée toute cette eau ? Pour l'océan boréal, on suppose qu'il en reste dans les sédiments du sous-sol, mais on n'en a pas la preuve. Pour le lac salé de Terra Meridiani – lac qui aurait pu d'ailleurs être un golfe méridional de l'océan boréal –, les géologues ont accès aux sédiments en surface, qui ont livré quelques indices. C'est ainsi que les spectromètres d'*Opportunity* ont identifié des minéraux qui contiennent de l'eau dans leur structure cristalline, comme la jarosite (un sulfate hydraté de fer et de potassium), la kiesérite (un sulfate hydraté de magnésium) et la goethite (un hydroxyde de fer). Ainsi, les sédiments de Terra Meridiani pourraient contenir entre 5 et 10 % d'eau. En spéculant que ces sédiments lacustres sont empilés sur plusieurs centaines de mètres d'épaisseur au total – ce que semblent indiquer les photographies orbitales –, la région pourrait contenir une couche d'eau virtuelle de plusieurs mètres d'épaisseur.

Le rover *Opportunity* poursuit l'enquête. Après sa visite du cratère Endurance, il a mis le cap au sud vers un cratère plus grand encore – Victoria, large de 800 mètres –, qu'il a exploré de septembre 2006 à septembre 2008. Il y a étudié une strate claire, quelques mètres sous son rebord, qui marque le sommet de l'ancienne nappe phréatique. Avec de l'énergie à revendre, *Opportunity* et son équipe de contrôle sur Terre ont ensuite pris pour cible le grand cratère Endeavour au sud-est, qui mesure pas moins de 22 kilomètres de large et promet de révéler des strates plus profondes encore et de remonter plus loin dans le temps. Sur le chemin, même s'il n'atteint jamais le cratère, *Opportunity* aura aussi l'occasion d'étudier un terrain de plus en plus jeune, en raison de l'inclinaison légère de la pile sédimentaire vers le sud (appelée « pendage »), que l'érosion en surface tronque et dévoile en « pelures d'oignon » successives. Ainsi, la vaillante petite sonde continuera d'élargir nos connaissances, autant verticalement qu'horizontalement, sur ce que fut jadis le grand marais salant de Terra Meridiani.

L'attrait des pôles

Si une fraction de l'eau qui a circulé sur Mars se cache dans les sédiments, la majeure partie s'est évaporée. Mais il ne faut pas la chercher bien loin. Les grands réservoirs d'eau sur Mars, ce sont les calottes polaires.

D'une blancheur étincelante, les calottes sont visibles depuis la Terre dans les plus modestes télescopes. C'est William Herschel – découvreur de la planète Uranus – qui suggéra dès les années 1790 qu'il s'agissait là de vastes étendues de glace d'eau. Au temps des premières sondes spatiales, à cause des basses températures de Mars et de la dominance du dioxyde de carbone dans son atmosphère, on parla aussi de glace carbonique.

On sait aujourd'hui que c'est bien de la glace d'eau qui constitue l'essentiel des calottes martiennes. La calotte boréale, en particulier, est trop « chaude » pour que de la glace carbonique y reste congelée en permanence : elle se serait depuis longtemps dissipée dans l'atmosphère. Et en effet, c'est bien de la vapeur d'eau, et non du gaz carbonique, qui émane de cette calotte durant l'été.

Il y a quand même de la glace carbonique sur les calottes de Mars, mais elle ne forme qu'une couche superficielle. Sur la calotte boréale, elle se dépose l'hiver sur 1 ou 2 mètres d'épaisseur, avant de se sublimer au printemps. Sur la calotte australe, plus froide, elle atteint même 8 mètres d'épaisseur et résiste aux saisons. De fait, cette couverture apparente explique pourquoi on a longtemps cru la calotte australe principalement constituée de glace carbonique. Les photographies en gros plan de *Mars Global Surveyor* ont levé le doute en montrant le givre carbonique austral perforé de trous, dévoilant la glace d'eau sous-jacente, tout comme l'ont confirmé les mesures infrarouges des sondes *Mars Odyssey* (NASA) et *Mars Express* (ESA).

Aujourd'hui, on sait avec certitude non seulement que les calottes martiennes sont principalement faites de glace d'eau, mais aussi que leurs dimensions sont impressionnantes. Elles mesurent chacune plus de 1 000 kilomètres de diamètre – 2 fois la surface de la France –, et leur épaisseur atteint 2 700 mètres au pôle Nord et 3 100 mètres au pôle Sud, valeurs comparables à celles des grands inlandsis terrestres comme celui du Groenland. Le volume de la calotte boréale vaut ainsi entre 1,2 et 1,6 million de kilomètres cubes, et celui de la calotte australe pourrait valoir le double, car elle est un peu plus épaisse et nettement plus étendue, bien que cachée par la poussière.

On en déduit les réserves d'eau disponibles à la surface de Mars en tenant compte des poussières que la glace renferme – proportion de particules solides qui ne saurait dépasser quelques pourcents, selon les mesures radar obtenues par la sonde *Mars Express*. Ainsi, si les calottes venaient à fondre entièrement, un océan de 35 mètres de profondeur recouvrirait la planète entière, en faisant abstraction du relief. En tenant compte du relief existant, cette eau se rassemblerait dans le grand bassin circumpolaire de l'hémisphère Nord, ainsi que dans les grands bassins de l'hémisphère Sud que sont Argyre et Hellas.

Volume des calottes, volume des bassins, débit calculé des chenaux : tout concorde pour affirmer que la planète rouge abrite des millions de kilomètres cubes d'eau. En outre, les calottes polaires nous renseignent sur les changements climatiques qui régissent ce cycle de l'eau martienne, tout comme les glaces de l'Antarctique et du Groenland sur Terre nous racontent notre propre histoire climatique. Si nous ne pouvons pas encore forer les calottes de Mars pour en analyser les multiples couches, nous pouvons photographier ces couches au téléobjectif depuis l'orbite martienne, notamment en bordure des falaises, où les images révèlent une succession de bandes contrastées.

Les calottes de Mars sont en effet finement stratifiées, les changements de teinte correspondant à un taux variable de poussière *(voir cahier couleurs, fig. XVIII).* On peut déceler sur les images des couches de quelques dizaines de centimètres d'épaisseur seulement, car à partir du moment où elles sont inclinées – de 2 à 3 degrés par rapport à l'horizontale –, elles sont décapées en biseau par l'érosion sous la forme de terrasses larges de plusieurs dizaines à plusieurs centaines de mètres. Nul doute que des robots ou des équipages au sol identifieraient des couches plus fines encore, correspondant à chaque année du cycle climatique martien.

Certaines des couches de poussière qui les caractérisent sont peut-être des cendres volcaniques déposées par de récentes éruptions, mais la plupart enregistrent simplement le régime des vents, qui apportent des quantités variables de poussière aux pôles durant l'hiver, ainsi que le régime de sublimation des calottes durant l'été, lorsque la glace se volatilise et concentre la poussière en couches résiduelles.

Sarah Milkovitch et James Head, de l'université Brown, ont analysé la succession de ces strates glacées dans la calotte boréale et y ont identifié des périodicités remarquables, notamment dans les 300 mètres supérieurs, où le même motif de bandes sombres et claires se répète tous les 30 mètres. En dessous de ce « code-barres » répété à l'identique une dizaine de fois, une tranche sombre d'une centaine de mètres d'épaisseur ne montre aucune stratification apparente, puis l'alternance de bandes sombres et de bandes claires reprend sur les 200 mètres suivants, avec de nouveau une nette périodicité. Plus profondément encore, le « code-barres » est plus arbitraire, sans livrer de nette périodicité dans l'agencement des couches. L'analyse n'a pu être poursuivie au-delà, mais c'est déjà plus du quart de la séquence polaire qui est ainsi dévoilé.

Comment interpréter ces périodicités ? Sur Terre, on sait, depuis les travaux inspirés du mathématicien français Joseph Adhémar (en 1842) et du Serbe Milutin Milankovitch (entre les deux dernières guerres), que le climat des derniers millions d'années est fortement influencé par des cycles astronomiques : la variation périodique de l'inclinaison de l'axe des pôles (obliquité), le lent cône que cet axe décrit dans l'espace (précession des équinoxes), et la variation de l'excentricité de l'orbite terrestre, qui oscille entre un cercle parfait et une ellipse marquée. La conjugaison de ces facteurs fait varier l'insolation des pôles et nous vaut une alternance de périodes glaciaires et de périodes interglaciaires selon un cycle d'environ 100 000 ans.

Dans le cas de Mars, on note de même une variation périodique de l'excentricité orbitale, de l'obliquité et de la précession de l'axe de rotation, selon des cycles valant respectivement de 95 000 à 99 000 ans, 120 000 ans et 51 000 ans. En outre, l'amplitude de ces cycles varie aussi sur des périodes encore plus longues, sous l'effet de résonances. La modélisation sur ordinateur permet de calculer les valeurs qu'ont prises tous ces paramètres au cours du temps : on peut ainsi remonter dans le passé sur près de 10 millions d'années avec un certain degré de confiance, et calculer l'insolation résultante sur les pôles et son influence sur le climat.

C'est un jeu dans lequel les chercheurs français excellent, à commencer par Jacques Laskar, de l'Institut de mécanique céleste et de calcul des éphémérides (CNRS), et François Forget, de l'Institut Pierre-Simon-Laplace (université Paris-VI), en équipe avec leurs confrères français et américains. Il ressort de leurs études que Mars connaît actuellement un climat tempéré, que l'on pourrait qualifier d'interglaciaire, avec des glaces qui se cantonnent sagement aux hautes latitudes, et ce depuis 300 000 à 400 000 ans environ. En effet, l'obliquité de l'axe de rotation est restée confinée durant cette période entre 22 et 26 degrés (elle vaut aujourd'hui 25,2 degrés), et le Soleil ne monte pas plus haut que cette valeur angulaire dans le ciel polaire durant l'été, sublimant un peu de glace en vapeur d'eau – petite fraction qui circule dans l'atmosphère. Aujourd'hui, ce transfert de vapeur d'eau se fait du pôle Sud vers le pôle Nord, et l'on calcule, d'après l'épaisseur des couches de glace, qu'elle s'y dépose au rythme d'un demi-millimètre par an.

Changements climatiques sur Mars

En remontant dans le temps, on rencontre des régimes climatiques bien différents. C'est ce qu'indique notamment la couche de glace sombre et poussiéreuse, de 300 à 400 mètres sous la surface de la calotte boréale, qui date de plus de 400 000 ans. Les simulations par ordinateur montrent qu'à cette époque l'axe de rotation de la planète atteignait fréquemment des obliquités comprises entre 30 et 35 degrés, les pôles recevant alors 300 watts/m^2 d'insolation estivale, contre 200 aujourd'hui. Chaque été, la calotte concernée se sublimait donc vigoureusement, mais la vapeur d'eau ne parvenait plus à rejoindre le pôle opposé, car elle survolait en chemin de basses latitudes moins chauffées par le soleil, qui constituaient un piège : de fins cristaux de glace précipitaient au sol du cercle polaire (60 degrés) jusqu'aux tropiques (30 degrés). Ceinturée de deux bandes blanches aux latitudes moyennes, la planète rouge était alors en pleine période « glaciaire ».

Il ne s'agit pas d'une simple vue de l'esprit : des preuves au sol confirment ce scénario. D'une part, la couche sombre de la calotte boréale, entre 300 et 400 mètres de profondeur, montre bien que de la glace a disparu du Pôle durant cette période, laissant derrière elle la poussière qu'elle contenait. D'autre part, les géologues avaient depuis longtemps attiré l'attention sur l'aspect curieusement lisse des latitudes moyennes de Mars, comme si elles étaient nappées par un manteau de fines particules. Ils en ont aujourd'hui l'explication : il s'agit du résidu de cette période glaciaire, lorsque plusieurs mètres de glace et de poussière recouvraient le terrain. Depuis le retour à des conditions plus ensoleillées, il y a 400 000 ans, la glace se vaporise pour retourner aux pôles. Elle laisse derrière elle une matrice de poussière, semblable à du loess consolidé, épaisse d'une dizaine de mètres. L'érosion éolienne l'attaque et la déblaye progressivement, dans une zone comprise entre 30 et 50 degrés de latitude.

Plus près des pôles, entre 50 et 60 degrés, la glace ne s'est pas encore volatilisée. Les mesures recueillies par le spectromètre à neutrons de la sonde *Mars Odyssey* montrent que le sol en est saturé, à hauteur de 70 %, voire plus. Ce n'est pas rien : si on liquéfiait ce pergélisol, on pourrait recouvrir toute la planète d'une couche d'eau d'un demi-mètre de profondeur.

La récente période glaciaire, il y a un peu plus de 400 000 ans, explique également un mystère qui a fait couler beaucoup d'encre depuis sa découverte en 2000 par les planétologues Mike Malin et Ken Edgett sur des images de *Mars Global Surveyor* : des ravines étonnamment jeunes, sillonnant les pentes du relief martien entre 30 et 70 degrés de latitude, comme si de l'eau avait coulé dans un passé récent. La faible pression martienne ne permettant pas l'existence d'eau liquide à l'air libre, on peinait à expliquer ces curieuses ravines. Elles prennent naissance en haut des pentes, face au nord ou au sud, et leur forme évoque un sablier : une zone amont évasée en une alcôve large de plusieurs centaines de mètres (la région source), la ravine proprement dite qui court sur 1 ou 2 kilomètres, et une partie en aval évasée en un cône alluvial.

Le premier à trouver la solution au mystère fut le planétologue français Pascal Lee. En 2001, lui et ses collaborateurs soulignèrent la ressemblance des ravines martiennes avec celles de l'île de Devon, dans le Grand Nord canadien. À Devon, elles se forment lorsqu'une plaque de neige se loge en haut d'un versant et fond en été, l'eau coulant sous la carapace de neige. Les Français Costard, Forget, Mangold et Peulvast ont fait la même remarque en 2002, en examinant les ravines de la côte est du Groenland, tout comme l'Américain William Hartmann, avec celles d'Islande.

PHOENIX

Au début des années 2000, la sonde orbitale *Mars Odyssey* de la NASA a repéré une quantité importante de glace d'eau dans le sol des régions polaires, en périphérie des calottes elles-mêmes. Une mission de confirmation et d'analyse de ce sol glacé fut mise sur pied. Baptisée *Phoenix*, une sonde munie d'un bras robotisé et de laboratoires physico-chimiques s'est posée le 25 mai 2008 dans les plaines boréales de Mars (Vastitas Borealis) sur un sol plat, craquelé en polygones de plusieurs mètres de large, séparés par des fentes de dessiccation – morphologie caractéristique d'un pergélisol riche en glace.

Sur le site d'atterrissage (68,22° N, 234,25° E), *Phoenix* a opéré de la fin du printemps jusqu'à la fin de l'été boréal, avant de rendre l'âme le 10 novembre 2008 (insuffisance d'énergie solaire). Au cours de sa mission, la sonde a rempli tous ses objectifs, recueilli quelque 30 000 images, creusé une douzaine de tranchées profondes d'une quinzaine de centimètres avec son bras robotisé, et analysé une dizaine d'échantillons de sol par pyrolyse et spectrométrie de masse, et par dissolution et analyse ionique en éprouvette.

Une couche de glace a effectivement été confirmée sous la surface à partir d'une profondeur comprise entre 5 et 10 centimètres – et même mise à nu sous la sonde, grâce au souffle des réacteurs lors de l'atterrissage –, recouverte d'un sol sec et granuleux. La couche glacée est riche en matière minérale, les analyses chimiques ayant en particulier révélé des carbonates et des perchlorates dont la genèse implique la présence d'eau liquide. Cette glace ne peut pas fondre aujourd'hui, à cause des trop basses températures actuelles (température maximale du sol : – 13 °C).

À la fin de l'été, un lidar (laser atmosphérique) a révélé des chutes de neige au-dessus du site, vers 4 000 mètres d'altitude, les cristaux se sublimant avant d'atteindre le sol. Brouillards givrants la nuit et givre au petit matin furent également observés.

Par rapport aux autres sites explorés sur Mars par les sondes précédentes, le site arctique de *Phoenix* affiche les meilleures conditions de « bio habitabilité » par des micro-organismes, bien qu'aucun indice de vie n'ait été détecté – la sonde n'ayant pas été équipée, du reste, pour traiter cette question complexe demandant des moyens beaucoup plus importants.

Après un nouvel examen des images martiennes, l'Américain Phil Christensen découvre des ravines émergeant clairement de couches de glace encore en place sur le haut de certains versants, et qui semblent dater de la dernière période glaciaire. L'insolation ayant augmenté depuis, le sol sombre sous la glace joue le rôle de panneau solaire, et la chaleur cumulée attaque le dessous de la carapace glacée. La vapeur d'eau qui se dégage « sous cloche » engendre une pression suffisante pour autoriser, temporairement et localement, l'apparition d'eau liquide. L'eau peut donc couler sous sa couverture de glace, et même à l'air libre, car sa vaporisation dans la fine atmosphère martienne n'est pas instantanée. Bien sûr, ce phénomène ne peut se dérouler qu'au cœur de l'été, une cinquantaine de jours par an. Christensen a calculé que, à ce rythme, une dizaine de mètres cubes fondent chaque année à chaque emplacement d'une plaque de glace, et qu'il faut 5 000 ans environ pour qu'elle disparaisse complètement, laissant une petite ravine en guise de souvenir.

Le processus est encore actif aujourd'hui, à en croire les traces d'un nouvel écoulement repéré dans Terra Sirenum sur les images d'un cratère prises à 4 ans d'intervalle, en 2001 et en 2005. Malgré les conditions en apparence rédhibitoires, un soupçon d'eau semble encore couler sur Mars aujourd'hui.

Précipitations neigeuses et fonte des glaces aux latitudes tempérées sont une chose. Mais la situation peut devenir plus radicale encore lorsque l'obliquité de l'axe de rotation martien dépasse 45 degrés et que l'insolation estivale des pôles grimpe à 350 watts/m^2, injectant encore plus de vapeur d'eau dans l'atmosphère. C'est ce qui s'est apparemment passé, il y a plus de 5 millions d'années, et les choses deviennent alors bien étranges. En faisant tourner leurs ordinateurs pour simuler le comportement de l'atmosphère martienne dans de telles conditions, les spécialistes montrent que, cette fois, ce sont les régions équatoriales qui manquent de soleil et reçoivent des chutes de neige ! Plus précisément, de forts vents d'ouest font converger les nuages sur le dôme volcanique de Tharsis, où les précipitations neigeuses atteignent de 2 à 3 centimètres/an, et jusqu'à une quinzaine de centimètres lorsque des ondes stationnaires s'installent autour de certains volcans. À ce rythme, des glaciers de plusieurs centaines de mètres d'épaisseur se formeraient sur leurs flancs en quelques milliers d'années seulement.

Ce scénario déroutant est conforté par de curieuses formations détectées sur le versant occidental d'Arsia, de Pavonis et d'Ascraeus : il s'agirait des glaciers en question, enterrés sous une couche de poussière isolante. Ils montrent une morphologie typique d'écoulement, avec des lobes terminaux et des lignes de moraines. Sur Arsia Mons, le glacier supposé mesure pas moins de 180 000 km^2 – le tiers de la France –, et les géologues estiment que l'épaisseur de la glace y atteint plusieurs centaines de mètres.

Ces périodes de renversement climatique, lorsque la glace quitte les pôles pour gagner l'équateur, sont loin d'être exceptionnelles. Au contraire, d'après les calculs de Jacques Laskar, ce sont les obliquités autour de 45 degrés qui ont été les plus fréquentes au cours de l'histoire martienne. En fait, c'est la période actuelle, avec les glaces sagement cantonnées aux pôles, qui ferait figure d'exception !

Avec Mars, nous ne sommes donc pas au bout de nos surprises, et la planète rouge a encore beaucoup à nous apprendre. Comme le souligne Vic Baker, « en disposant de deux planètes pour étudier le problème des changements climatiques, nous avons une meilleure chance de le résoudre qu'en limitant nos recherches uniquement à la Terre ».

La vie sur Mars, au passé

Étroitement associée au problème des climats martiens et à l'existence présente ou passée d'eau liquide, la question d'une vie sur Mars se pose bien évidemment.

La quête d'une vie extraterrestre est l'une des motivations fondamentales de l'exploration planétaire, car l'origine, l'unicité ou la pluralité de la vie sont parmi les questions les plus importantes de la biologie et de la philosophie. Or, Mars se pose en jalon fondamental de ce questionnement, parce que la planète rouge est assez proche de la Terre pour être explorée, et parce que les conditions nécessaires à la vie telle que nous la connaissons – présence de matière organique, existence d'eau liquide – y sont réunies *a priori*. Mais la définition même de la vie est ambiguë parce qu'elle est fondée sur l'unique cas que nous connaissons – la vie terrestre ; cependant, on peut la caractériser comme étant un système fermé, autoreproducteur et mutant (capable de changement), maintenant une organisation interne et accomplissant des échanges d'énergie et de matière avec le milieu extérieur. Ce dernier point est important, car c'est grâce à ces échanges que l'on peut détecter la présence de vie.

La recherche d'une vie martienne comporte deux volets : celle d'une vie présente – active aujourd'hui –, et celle d'une vie passée, inactive mais décelable sous forme fossile. Ce sont deux quêtes séparées, qui demandent des approches et des instruments différents. Aujourd'hui, ni l'une ni l'autre n'ont fourni de réponse concluante, malgré quelques indices encourageants, et l'on peut déjà dire que s'il y a de la vie sur Mars, elle est fort discrète.

Pour ce qui est de la quête d'une vie passée, fossile, les chercheurs disposent pour l'instant de deux stratégies d'exploration : la photographie par des sondes, y compris avec des microscopes embarqués, et l'analyse d'échantillons martiens à bord des sondes ou dans les laboratoires terrestres.

Sur place, les sondes ont des moyens photographiques limités, et il faudrait qu'elles rencontrent des structures fossiles de grandes dimensions pour les reconnaître, à l'image des stromatolithes terrestres – colonies de cyanobactéries qui sécrètent des films organiques où se collent des particules minérales, et dont les strates bâtissent des monticules mamelonnés de taille métrique. On ne perd pas espoir d'en trouver sur Mars dans des zones favorables, tels d'anciens plans d'eau au débouché de sources hydrothermales. En revanche, la détection de fossiles individuels plus petits – de la taille de nos bactéries – nécessite des microscopes performants, d'une résolution inférieure au micromètre. Ceux qui furent embarqués sur les rovers *Spirit* et *Opportunity* et sur la sonde *Phoenix* sont insuffisants (résolution limitée au millimètre), mais ceux que doivent embarquer *Mars Surface Laboratory* (2011) et *ExoMars* (2018) s'approchent des performances requises. Encore faut-il atterrir au bon endroit et examiner le bon échantillon.

L'idéal reste l'analyse d'échantillons martiens dans les laboratoires terrestres, avec toute la panoplie d'instruments nécessaires. La saisie et le retour d'échantillons sur Terre au moyen d'une sonde automatique sont pressentis pour les années 2020, mais le butin sera nécessairement limité : sans doute moins d'un kilogramme. Heureusement, nous jouissons en parallèle d'une livraison gratuite d'échantillons, et cela depuis des milliards d'années : l'éjection de roches martiennes par les impacts d'astéroïdes et de comètes sur la planète rouge, et leur chute sur Terre sous forme de météorites.

L'existence de météorites martiennes n'est reconnue que depuis les années 1980, alors que la première fut ramassée en France en 1815 : la météorite de Chassigny. Longtemps, elles furent prises pour des fragments d'astéroïdes – l'origine de l'immense majorité des météorites –, jusqu'à ce que des chercheurs éclairés comme Chuck Wood et Larry Nyquist, de la NASA, leur attribuent une origine martienne sur la base de plusieurs constats. En premier lieu, leur âge est relativement jeune – 1,3 milliard d'années pour la météorite de Chassigny, 170 millions d'années seulement pour d'autres –, ce qui prouve qu'elles sont nées sur une planète géologiquement active, alors que les astéroïdes et leurs météorites associées se sont tous formés il y a 4,5 milliards d'années. En deuxième lieu, elles partagent des caractéristiques chimiques différentes de celles des météorites ordinaires et des roches terrestres et lunaires, notamment un taux d'oxydation bien particulier et un rapport isotopique tout aussi particulier de leurs atomes d'oxygène. Enfin, certaines météorites contiennent de minuscules bulles de gaz emprisonnées dans leur texture minérale, bulles qui trahissent l'environnement dans lequel elles sont nées. Or la composition de ce gaz, et notamment les rapports isotopiques de ses constituants (azote, néon, argon, xénon, hélium, krypton), est identique à celle de l'atmosphère martienne, telle qu'elle fut analysée par les sondes *Viking* : une telle preuve est aussi fiable qu'une empreinte digitale.

Parmi les quelque 30 000 météorites ramassées sur Terre jusqu'à l'année 2009, une quarantaine proviennent de Mars *(voir encadré ci-dessous)*, apparemment à la suite de quatre ou cinq impacts à des moments

LES MÉTÉORITES MARTIENNES

Parmi les milliers de météorites ramassées sur Terre, une quarantaine sont des fragments de la planète Mars, éjectés dans l'espace par des impacts et tombées sur Terre. La plupart ont été recueillies plusieurs milliers d'années après leur chute (la durée de leur séjour sur Terre est mesurable), alors que d'autres sont tombées récemment devant témoins, comme celles de Chassigny en France (1815), Shergotty en Inde (1865), Nakhla en Égypte (1911) et Zagami au Nigeria (1962).

Ces météorites martiennes sont toutes des roches volcaniques. Les plus jeunes, appelées shergottites car leur spécimen type est la météorite de Shergotty, sont des basaltes datés de 175 à 575 millions d'années seulement, ce qui prouve que le volcanisme sur Mars a duré jusqu'à fort récemment, et dure peut-être encore de nos jours. Elles constituent les deux tiers de notre collection martienne.

La famille des nakhlites et des chassignites (datées de 1,3 milliard d'années) est composée de roches cristallisées au fond de poches de magma, où les minéraux se sont accumulés en couches distinctes. Ainsi, les chassignites sont formées principalement d'olivine et les nakhlites de clinopyroxène. Enfin, la météorite ALH 84001 (datée de 4,5 milliards d'années) est constituée d'orthopyroxène. Elle abrite dans ses fractures des cristaux de carbonate, dont l'origine biologique a été avancée, mais reste controversée.

On n'a pas trouvé pour l'instant de roches sédimentaires en provenance de Mars dans notre collection de météorites. Peut-être ne survivent-elles pas au « lancement » violent depuis la planète rouge et à la rentrée tout aussi violente dans l'atmosphère terrestre, ou bien leur aspect quelconque n'attire-t-il pas l'attention des chasseurs de météorites…

et en des lieux différents de la planète rouge. Ce sont toutes des roches magmatiques, dures et cristallines, car ce sont les mieux à même de survivre à la violence d'une éjection planétaire sans être complètement pulvérisées par le choc ; mais il n'est pas exclu que des roches sédimentaires aient également fait le voyage et attendent d'être reconnues sur notre sol.

Des roches magmatiques venues de dizaines ou de centaines de mètres sous la surface de Mars ne sont pas nécessairement les meilleurs échantillons où rechercher une activité microbienne. Toutefois, on a trouvé sur Terre des bactéries vivant dans des basaltes forés à plus de 2 000 mètres de profondeur : tous les espoirs sont donc permis. De fait, certaines des météorites magmatiques de Mars contiennent des minéraux particuliers dans leurs fractures – carbonates, sels et argiles –, qui attestent qu'un peu d'eau y a circulé. L'une des météorites en question, trouvée en Antarctique et matriculée ALH 84001, possède 1 % de carbonate sous la forme de sphérules millimétriques dont l'étude a défrayé la chronique.

En étudiant les sphérules qui ont précipité à partir d'un fluide carbonaté riche en fer et en magnésium, une équipe de chercheurs dirigée par David McKay et Everett Gibson de la NASA, a identifié au microscope électronique de curieux « bâtonnets » mesurant quelques dixièmes de micromètre de taille et ressemblant à s'y méprendre à des bactéries fossilisées *(voir fig. 5.6)*. En outre, l'équipe a identifié dans ces mêmes sphérules des cristaux de magnétite – un oxyde de fer –, dont la taille, la forme et la pureté chimique rappellent ceux que sécrètent sur Terre un groupe de bactéries dites magnétotactiques : les cristaux leur servent à se stabiliser dans le liquide qu'elles occupent, sous l'influence du champ magnétique terrestre. Enfin, les sphérules de carbonate contiennent des traces de molécules organiques lourdes, analysées au spectromètre de masse, qui pourraient résulter de la décomposition de bactéries.

Dans un article audacieux publié en 1996, David McKay et son équipe passent en revue ce faisceau d'indices et concluent qu'ils représentent la signature possible d'une forme de vie primitive martienne, fossilisée, dans ces carbonates datés de 4 milliards d'années. À cette époque, qui est celle de l'apparition de la vie sur Terre, les conditions sur Mars étaient peut-être plus favorables à la genèse de la vie, grâce à la présence d'océans dans les bassins et de nappes phréatiques dans le sous-sol.

L'hypothèse et les indices avancés par l'équipe de David McKay furent passés au crible par les spécialistes, dont l'avis a fait couler beaucoup d'encre[1]. Il en ressort que la grande majorité des chercheurs n'adhère pas à la thèse de fossiles martiens et propose d'autres expli-

1. Voir Charles Frankel, *La Vie sur Mars*, Seuil, 1999.

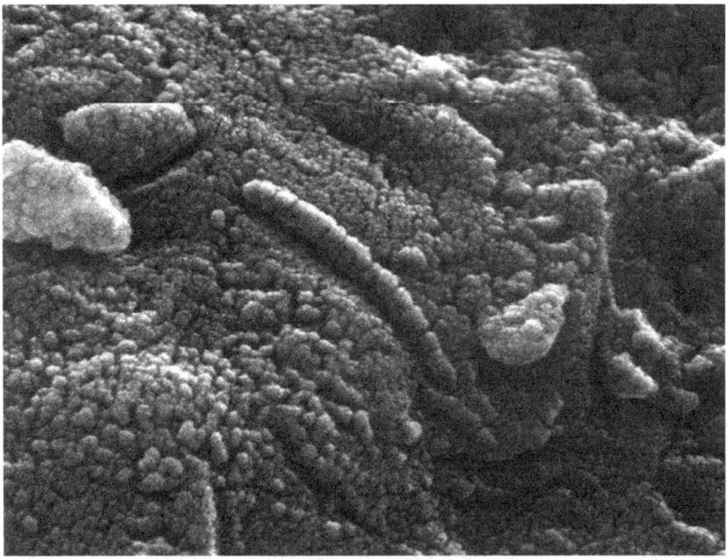

FIGURES 5.5 ET 5.6 – Photo du haut : la météorite martienne ALH 84001 (8 cm de large sur cette image). Elle a été expulsée de Mars il y a 16 millions d'années pour tomber en Antarctique il y a 13 000 ans. Photo du bas : la météorite contient des cristaux de carbonate dont le grossissement au microscope électronique révèle des bâtonnets – tel l'« asticot » au centre, qui mesure 0,7 micromètre de long –, interprétés par certains chercheurs comme étant des fossiles de bactéries martiennes.
(NASA/JSC.)

cations, à savoir que les cristaux de magnétite en question peuvent se former de façon inorganique, et que les molécules organiques, tout comme les microfossiles – s'il s'agit bien de fossiles, plutôt que d'un simple émiettement minéral qui leur ressemblerait –, seraient une contamination par des microbes terrestres infiltrés dans la roche durant les quelque 13 000 ans qu'elle a passés en Antarctique, avant d'être ramassée. Le débat n'est pas clos, et l'équipe de David McKay campe sur ses positions. Comme quoi il est difficile de trancher la question d'une vie extraterrestre, même avec des moyens sophistiqués.

Le problème d'une éventuelle contamination par des micro-organismes terrestres est crucial. Lorsqu'on envoie une sonde sur Mars pour y rechercher une vie indigène, il faut qu'elle soit rigoureusement stérilisée au préalable, afin que ne soit pas détectée sur place une vie terrestre qu'elle aurait elle-même apportée. Il faut d'ailleurs s'interroger sur la contamination interplanétaire au sens large. Comme les planètes échangent de la matière par météorites interposées – et cet échange fut particulièrement intense au cours des premières centaines de millions d'années du système solaire –, les formes de vie primitives ont pu voyager d'une planète à l'autre à l'état vivant. Des expériences ont montré que des bactéries sont capables de survivre à l'accélération, au vide spatial et aux rayons cosmiques du voyage. Si une roche terrestre porteuse de bactéries tombe dans un océan martien, ne peut-elle y inséminer la vie ? L'inverse est encore plus déroutant : la vie aurait-elle pu éclore d'abord sur Mars, puis coloniser la Terre ? Serions-nous en fait des Martiens ? La question ne manque pas de piquant.

La vie sur Mars, au présent

La découverte de traces de vie fossile sur Mars, ancienne et microscopique, ferait certes sensation, mais on peine à imaginer l'impact, tant scientifique que médiatique, que causerait la découverte d'une vie actuelle sur la planète rouge.

Les conditions actuelles au sol – extrême sécheresse, grand froid, faible pression, flux redoutable d'ultraviolet par manque d'une couche d'ozone – ne plaident pas en faveur d'une vie exposée en surface. Certains chercheurs restent toutefois optimistes quant à la possibilité qu'elle puisse prospérer, ou du moins végéter, sous une couverture protectrice de quelques centimètres de sol, ou dans des nappes phréatiques à plusieurs centaines de mètres de profondeur, là où la température et la pression sont plus élevées.

La recherche d'une vie active en surface fut l'objectif des sondes *Viking* de la NASA, qui se sont posées sur Mars en juillet et en septembre 1976 dans les plaines boréales de Chryse et d'Utopia. Un bras articulé leur a permis de creuser le sol sur plusieurs centimètres et de livrer des échantillons à quatre instruments embarqués : trois détecteurs de vie, et un spectromètre de masse chargé d'analyser les molécules organiques du sol. Les résultats furent déroutants.

Les trois détecteurs de vie fonctionnaient sur le principe des échanges gazeux qu'une forme de vie ne manquerait pas d'entretenir avec son environnement. Un détecteur de photosynthèse (expérience *pyrolitic release*) exposait un échantillon de sol à de la lumière et à du gaz carbonique, puis après plusieurs jours d'incubation était chauffé à haute température pour en extraire tout composé organique qui s'y serait fixé. Dans cette expérience, du carbone fut effectivement absorbé par le sol, mais une contre-expérience sur du sol préalablement stérilisé (par chauffage) donna un résultat similaire. Aussi pouvait-on difficilement conclure que la réaction chimique observée était l'œuvre d'un organisme vivant.

Dans une deuxième expérience (*gas exchange*), un échantillon de sol martien fut trempé dans un liquide riche en matière organique, afin de voir si celle-ci était « digérée » par le sol, avec émanation de déchets gazeux. De l'oxygène fut émis par le sol, mais une simple réaction chimique, et pas nécessairement un processus biologique, pouvait en être responsable.

Enfin, dans la troisième expérience (*labeled release*), un échantillon de sol était légèrement imbibé d'un liquide organique et l'atmosphère de l'éprouvette surveillée : toute émanation de gaz carbonique refléterait un métabolisme de type bactérien. Cette expérience donna les résultats les plus prometteurs : non seulement du dioxyde de carbone fut émis par le sol, mais une première contre-expérience avec du sol stérilisé à 160 °C ne donna pas de réponse, ce qui cadre avec la thèse d'une vie martienne qui aurait succombé à la stérilisation. Une seconde contre-expérience conduite après une « semi-stérilisation » à 50 °C d'un nouvel échantillon donna un résultat intermédiaire : une émanation moindre de gaz carbonique, comme si le contenu biologique du sol avait été partiellement détruit – mais pas complètement – par le modeste chauffage. Un tel éventail de réponses appelle une explication biologique, du moins de l'avis du concepteur de l'instrument, Gilbert Levin, qui souligne les similitudes avec les tests conduits sur des sols terrestres contenant quelques bactéries ou lichens.

Mais le quatrième instrument de *Viking* est venu tout remettre en cause. Arbitre suprême, le spectromètre de masse se chargerait de détecter des molécules organiques dans le sol martien pour valider toute hypothèse biologique. Rappelons que les molécules organiques sont des molécules à base de carbone, capables de créer de nombreuses liaisons chimiques. Or, le spectromètre n'en a pas décelé, si ce n'est les solvants utilisés pour nettoyer ses tuyauteries avant le vol, signe au moins que l'instrument fonctionnait. Sans molécules organiques, le sol martien ne pouvait abriter de vie. Les chercheurs ont donc confronté les résultats divergents des quatre instruments pour concocter un semblant d'explication : le bombardement ultraviolet auquel est soumise la surface de Mars détruirait les fragiles molécules organiques, et les émissions d'oxygène et de gaz carbonique observées par les détecteurs de vie seraient imputables à des molécules agressives de la famille des superoxydes, synthétisés par ce même rayonnement ultraviolet, superoxydes qui attaqueraient les liquides organiques utilisés dans les expériences de la sonde pour émettre les gaz observés.

C'est la conclusion officielle de l'équipe *Viking*, mais elle n'est pas consensuelle. Gilbert Levin demeure convaincu que les résultats de son expérience sont plus faciles à expliquer par un processus biologique que par le scénario des superoxydes. Du reste, il a concocté au laboratoire les sols superoxydés en question pour les tester avec son instrument : le résultat n'est pas du tout comparable à celui que l'on a observé sur Mars.

La clef de l'énigme tient peut-être à la sensibilité insuffisante du spectromètre de masse. S'il offrait une sensibilité suffisante pour détecter certaines molécules comme le benzène, il avait besoin de 100 fois plus de matière – plusieurs millionièmes de pourcent – pour détecter d'autres variétés comme les aliphatiques. Une sensibilité d'un millionième de pourcent peut sembler suffisante : elle permet à l'instrument de déceler un cent millième de milligramme de matière organique dans un gramme de sol. Mais pour atteindre cette masse, on calcule qu'il faudrait plusieurs milliards de bactéries dans le gramme de sol en question. Or, les sols antarctiques pauvres en vie ne contiennent que 10 000 bactéries au gramme, soit 100 000 fois moins. En revanche, l'instrument de Levin les détecte sans faillir, car sa sensibilité est telle que 10 bactéries suffisent à déclencher une réponse positive.

Le détecteur de Levin était donc près d'un milliard de fois plus sensible que le spectromètre de masse embarqué sur le même engin. Dans ces conditions, les résultats positif de l'un et négatif de l'autre sont compatibles avec l'hypothèse qu'une vie minimale – de quelques dizaines à quelques millions de cellules, mais pas des milliards – se trouvait dans les échantillons analysés. Ce n'est qu'une hypothèse : les résultats du détecteur de Levin ont peut-être une origine tout autre, non biologique et inexplicable pour l'instant. Mais les expériences sont clairement à refaire sur Mars, avec des moyens plus sophistiqués.

En attendant de nouvelles missions robotisées pour rechercher la vie à la surface de Mars – notamment le laboratoire biologique *ExoMars* de l'ESA en 2018 –, une autre pièce est à verser au dossier. Il s'agit de la détection par les observatoires terrestres et par la sonde orbitale *Mars Express* de traces de méthane dans l'atmosphère de la planète. Certes la quantité est faible – un millionième de pourcent –, mais elle n'en est pas moins suspecte. Ces émanations de méthane semblent surgir à certaines saisons, notamment l'été, et au-dessus de certaines régions, comme Syrtis Major et Nili Fossae.

LES LUNES DE MARS

Mars possède deux petites lunes découvertes par l'astronome américain Asaph Hall en 1877 : Phobos et Deimos. Photographiées par les sondes spatiales, elles ont l'aspect, la densité et la signature spectrale d'astéroïdes de type D ou C, riches en carbone.

Phobos est de forme irrégulière (27 × 22 × 18 kilomètres) et criblé de cratères, dont le plus important est le cratère Stickney, qui mesure 9 kilomètres de taille et dont l'impact fut vraisemblablement à deux doigts de briser la lune en morceaux. Phobos est également griffé de sillons larges d'une centaine de mètres et longs de plusieurs kilomètres : les images de *Mars Express* montrent qu'ils divergent à partir de la « proue » de Phobos (la partie qui fait face au sens de la marche sur son orbite), ce qui soulève l'hypothèse qu'ils sont creusés par l'impact de débris rencontrés par Phobos dans sa ronde autour de Mars.

L'orbite de Phobos est circulaire, peu inclinée sur l'équateur, mais très basse (7 000 kilomètres de la surface de Mars). La révolution très rapide de la lune en 7 heures et 39 minutes, plus rapide que la rotation de Mars sur elle-même, fait que, pour un observateur sur la planète rouge, Phobos se lève à l'ouest, se couche à l'est et traverse le ciel en 4 heures. D'une taille apparente inférieure à celle du Soleil, il ne donne pas d'éclipse totale sur Mars, mais de fréquents transits durant lesquels elle recouvre un quart du disque solaire.

Freiné par effet de marée, Phobos perd de l'altitude au rythme de 2 centimètres/an : d'ici à une dizaine de millions d'années, il aura perdu 2 000 kilomètres et passera la limite de Roche, éclatant en un anneau de débris.

Plus éloigné de la planète rouge, Deimos, le second satellite, ne connaîtra pas le même sort. Il évolue à 20 000 kilomètres de la surface de Mars et boucle son orbite en 30 heures et 18 minutes, traversant le ciel d'est en ouest. Deimos est plus petit que Phobos (15 × 12 × 10 kilomètres) et partage la même origine : les deux satellites sont vraisemblablement des astéroïdes capturés.

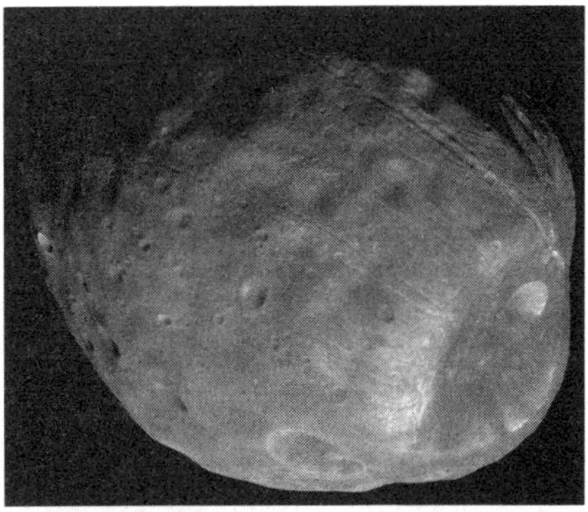

FIGURE 5.7 – Phobos, photographié par *Mars Express*. *(ESA/DLR/FU Berlin, G. Neukum.)*

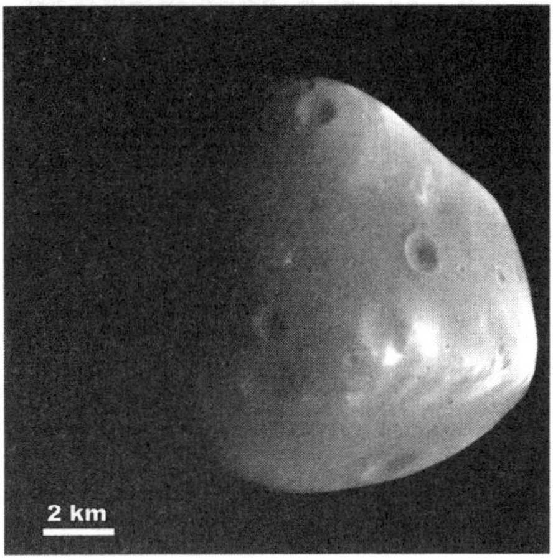

FIGURE 5.8 – Deimos, photographié par *Mars Reconnaissance Orbiter*. *(NASA/JPL-Caltech/University of Arizona.)*

Dans une atmosphère bombardée par les rayons ultraviolets, il ne devrait pas y avoir de méthane du tout. Son espérance de vie dans des conditions aussi agressives ne dépasse pas une poignée de siècles (300 ans, disent les spécialistes). Pour qu'il y ait du méthane autour de Mars aujourd'hui, il faut donc qu'il soit produit en permanence. Or il n'y a pas mille façons de fabriquer du méthane à la surface d'une planète. On peut en citer quatre : l'impact d'une comète riche en carbone, le dégazage d'un volcan, l'altération chimique de minéraux volcaniques, ou le métabolisme d'êtres vivants. On peut aussi citer la décomposition de glaces contenant du méthane (*clathrates*), mais cela n'empêche pas qu'il faut toujours expliquer la création initiale de ce méthane. Et l'on retombe sur les hypothèses précédentes.

Il n'y a pas trace sur Mars d'un impact récent qui aurait pu libérer autant de méthane. En outre, les émanations sont saisonnières. Cette hypothèse est donc peu probable. Comme est également peu probable une éruption volcanique actuelle, bien que l'on ne puisse pas écarter des fumerolles ou des sources chaudes, ce qui serait au passage une formidable découverte. Plus probable est l'altération chimique d'anciens minéraux volcaniques, avec de l'eau riche en gaz carbonique : c'est la réaction de transformation d'olivine en serpentine, avec émanation de méthane à la clef. Mais pourquoi maintenant, et en aussi grosses quantités ?

Une cause biologique reste en lice. Sur Terre, ce sont les bactéries – libres ou dans le système digestif des termites et des ruminants – qui produisent du méthane, avec d'autres gaz comme les oxydes de carbone, la vapeur d'eau et le dioxyde de soufre. En outre, les bactéries et les autres formes de vie primitive, une fois mortes, donnent par cuisson et décomposition du méthane supplémentaire, ainsi que d'autres hydrocarbures légers comme l'éthane, le propane et le butane.

Analyser le méthane martien au sol avec un spectromètre de masse permettra de trancher le mystère de son origine. Mais ce ne sera pas simple. Sur Terre, on mesure le rapport isotopique du carbone léger (^{12}C) au carbone lourd (^{13}C) pour prouver l'origine biologique d'une molécule, la vie préférant utiliser du carbone léger dans ses réactions. Mais sur Mars, on ne connaît pas la valeur initiale de ce rapport, avant sa modification éventuelle par des êtres vivants. Chimistes et biologistes savent donc qu'il faudra des recoupements très complexes – mesure simultanée du rapport isotopique $^{12}C/^{13}C$ non seulement dans le méthane, mais aussi dans les autres hydrocarbures associés – pour obtenir un début de réponse.

L'idéal serait de détecter sur Mars une molécule ayant une origine indubitablement biologique. La prochaine génération de sondes martiennes, à commencer par *ExoMars*, s'y emploiera, tout comme elle explorera d'autres pistes. L'une d'entre elles consistera à détecter de l'adénosine triphosphate (ATP), molécule utilisée pour le transfert d'énergie par les organismes vivants. Une autre consistera à employer un détecteur de vie, semblable au *labeled release* de Gilbert Levin, mais en fournissant aux échantillons analysés des substances nutritives spécialement élaborées, contenant exclusivement des molécules organiques à symétrie gauche ou droite. La vie, telle que nous la connaissons, adopte en effet l'une ou l'autre seulement de ces géométries moléculaires, que l'on appelle la chiralité. Sur Terre, la vie s'est développée en utilisant exclusivement la symétrie gauche (lévogyre) chez les acides aminés et droite (dextrogyre) chez les sucres, alors que les réactions purement chimiques – non régies par le vivant – utilisent indifféremment les deux formes. Trouver une symétrie préférentielle dans les molécules organiques martiennes serait donc une preuve solide d'activité biologique.

La cerise sur le gâteau est que le sens d'une telle symétrie apporterait une information supplémentaire. Si les acides aminés martiens étaient lévogyres, ils seraient dans le même camp que les molécules biologiques terrestres, laissant ouverte l'hypothèse que les vies terrestre et martienne ont la même origine, et donc que l'une aurait pu enfanter l'autre. En revanche, si les acides aminés martiens étaient dextrogyres, la preuve serait faite que la vie martienne est différente et indépendante de la vie terrestre, et donc que la vie n'est pas un phénomène unique et isolé, mais qu'elle est née de multiples fois dans l'Univers.

Pour toutes ces raisons – atmosphériques et climatiques, volcaniques et tectoniques, hydrologiques et biologiques –, Mars mérite un examen approfondi, non seulement par des sondes, mais aussi par des équipages humains, afin de résoudre les multiples énigmes de la planète rouge.

CHAPITRE 6

Jupiter

MERCURE, VÉNUS, LA TERRE ET MARS se sont formés à proximité du Soleil, dans un environnement chaud qui contenait peu d'éléments volatils et légers. Ce sont donc de petites planètes rocheuses et riches en métaux.

Avec Jupiter commence une seconde famille de planètes, les « géantes gazeuses », qui sont nées à plus grande distance du Soleil, dans un environnement plus froid où abondaient les éléments volatils comme l'hydrogène et l'hélium. En rassemblant toute cette matière, elles ont

JUPITER EN CHIFFRES

Caractéristiques physiques

Diamètre équatorial :	142 984 km
Masse :	317,8 Terres
Densité :	1,33 (1 330 kg/m^3)
Pesanteur :	2,34 *g*
Température de « surface » :	– 108 °C (à 1 bar)
Période de rotation :	9 h 55 min 27 s
Inclinaison de l'axe :	3,12°
Atmosphère :	H_2 : 89,8 ± 2 % ; He : 10,2 ± 2 % ; CH_4 : 0,3 ± 0,1 % ; NH_3 : 0,026 ± 0,004 %

Caractéristiques orbitales

Aphélie :	816,6 millions de kilomètres
Périhélie :	740,5 millions de kilomètres
Excentricité :	0,05
Période de révolution :	11,86 années
Inclinaison (de l'écliptique) :	1,3°
Nombre de lunes :	63

atteint des tailles considérables, Jupiter étant de loin la plus grosse planète du système solaire. Avec un diamètre dépassant 140 000 kilomètres – 11 fois le diamètre de la Terre –, Jupiter pourrait contenir 1 300 globes terrestres. C'est pourquoi, malgré la grande distance qui le sépare du Soleil, son large disque réfléchit suffisamment de lumière pour en faire l'astre le plus brillant du ciel nocturne après la Lune et Vénus (Mars ne lui disputant cette troisième place que lors de ses passages au plus près de la Terre).

Jupiter met près de 12 ans à boucler le tour du Soleil sur son orbite lointaine : son mouvement sur fond d'étoiles est d'une auguste lenteur. Pas étonnant que les civilisations antiques l'aient associée à leurs dieux les plus vénérables, que ce soit Marduk chez les Mésopotamiens (dieu de Babylone), Jupiter chez les Romains, ou Guru (« celui qui est lourd ») chez les Hindous.

De Galilée à *Galileo*

Déjà impressionnant à l'œil nu, Jupiter va prendre plus d'importance encore avec l'invention de la lunette astronomique, au début du XVIIe siècle. L'histoire attribue à Galilée la première observation de Jupiter avec un tel instrument, le 7 janvier 1610, nuit durant laquelle il découvre trois petits astres en orbite autour du corps principal, puis un quatrième le 10 janvier. Changeant de position d'une nuit à l'autre, ces quatre lunes de Jupiter sont la preuve irréfutable que tout ne tourne pas autour de la Terre – n'en déplaise à l'Église. Par extension, rien n'interdit aux planètes de tourner autour du Soleil, comme l'a écrit Nicolas Copernic un demi-siècle plus tôt. Jupiter et ses satellites ont donc grandement contribué à asseoir la révolution copernicienne.

On retiendra pour la petite histoire qu'un astronome rival, l'Allemand Simon Marius (1573-1624), tâcha de s'approprier la découverte des lunes de Jupiter, clamant qu'il les avait observées quelques jours avant Galilée. Comme il n'en publia aucune preuve tangible, et qu'il était déjà soupçonné de plagiat pour une autre affaire, cette affirmation est plus que douteuse. Malgré tout, alors que Galilée nommait « ses » quatre lunes « étoiles médicéennes » en hommage à la famille des Médicis (ses puissants mécènes), ce sont les noms proposés par Simon Marius et tirés de la mythologie grecque que l'histoire a retenus : Io, Europe, Ganymède et Callisto. Galilée se consolera dans sa tombe en sachant que l'on fait tout de même référence aujourd'hui à ces quatre lunes principales comme étant les « satellites galiléens » de Jupiter.

Galilée et ses découvertes sont du reste honorés par le nom donné à la plus importante sonde spatiale consacrée à Jupiter : la sonde *Galileo*. Lancé en 1989 par la Navette spatiale, ce lourd « bus » scientifique de plus de 2 tonnes a mis 6 ans à atteindre son objectif, et il a connu bien des aléas – notamment une panne de son antenne principale qui réduisit considérablement le débit de ses données ; mais il s'est rattrapé par une satellisation réussie autour de la planète géante et près de 8 ans de travail assidu entre décembre 1995 et septembre 2003. Hormis *Galileo*, sept sondes ont survolé Jupiter, mais sans s'y attarder, la plupart sur le chemin de planètes plus lointaines : *Pioneer 10* et *11* (1973-1974), *Voyager 1* et *2* (1979), *Ulysse* (1992), *Cassini* (2000) et *New Horizons* (2007).

Tout comme Galilée en son temps, *Galileo* reste donc la référence pour le portrait esquissé de la planète géante, tant pour ses observations orbitales que pour l'exploit de son module de descente, qui s'est détaché du bus principal et a plongé dans l'atmosphère de Jupiter, dressant son profil sur près de 150 kilomètres avant de succomber aux températures et aux pressions croissantes. C'est par ce plongeon dans un monde sans fond – ou presque – que nous commençons notre exploration du monde jovien.

OBSERVER JUPITER AU TÉLESCOPE

Une paire de jumelles suffit pour observer Jupiter, qui est le troisième astre le plus brillant du ciel nocturne après la Lune et Vénus. Sa magnitude apparente varie de –2,8 lors d'une opposition favorable (comme celle de septembre 2010) à –1,6 en période de conjonction, lorsque la révolution de la Terre nous le montre de l'autre côté du Soleil. Son diamètre apparent diminue alors de 50,1 à 29,8 secondes d'arc. Quant à son lent mouvement propre à travers le ciel (révolution autour du Soleil en près de 12 ans), il lui fait traverser une constellation du zodiaque chaque année : on trouve Jupiter dans le Capricorne en 2009, le Verseau en 2010, les Poissons en 2011, le Bélier en 2012…

Aux jumelles, Jupiter apparaît comme un petit disque aplati, entouré de ses quatre principaux satellites : Io, Europe, Ganymède et Callisto (magnitudes de 5,1 à 6,2), dont on remarque le déplacement d'une nuit sur l'autre. Avec une modeste lunette de 60 millimètres d'ouverture, on distingue les deux principales ceintures sombres de Jupiter, de part et d'autre de sa claire zone équatoriale, ainsi que la Grande Tache rouge lorsque les conditions d'observation sont bonnes (le contraste est amélioré en utilisant un filtre bleu ou vert). Avec un instrument plus performant, comme un réflecteur de 200 millimètres, on peut discerner d'autres zones et ceintures atmosphériques et entrevoir les couleurs – variables d'une année sur l'autre – de la Grande Tache rouge et des autres anticyclones.

Descente en parachute

Une atmosphère épaisse enveloppe Jupiter, divisée en bandes latitudinales, agitée par des vents violents, colorée par une chimie subtile et chapeautée par plusieurs couches nuageuses. Aucun relief n'émerge de cette mer de gaz, aucun signe ne transparaît d'une quelconque surface solide en profondeur. Du reste, la faible densité de la planète dans son ensemble (1,3 tonne/m^3, soit un peu plus que l'eau) plaide pour une boule d'hydrogène et d'hélium jusqu'à des profondeurs considérables. Un éventuel noyau de roches et de métal, tout au centre, ne saurait dépasser 15 % de la masse de Jupiter, soit moins de 2 % de son rayon.

« Se poser » sur Jupiter n'a donc pas de sens : on définit le niveau zéro de la planète comme le niveau atmosphérique où la pression vaut 1 bar, par analogie au niveau de la mer à la surface de la Terre. C'est toutefois une limite virtuelle, au sein d'un monde tout en dégradés. On comprend donc le défi qui consiste à étudier Jupiter *in situ*, défi qu'a pourtant relevé la NASA en dotant sa sonde *Galileo* d'un module de descente avec parachute.

L'entreprise est d'autant plus folle qu'un module tombant vers Jupiter est accéléré par son champ de pesanteur jusqu'à une vitesse proche de 50 km/s au moment d'aborder la haute atmosphère, soit 5 fois la vitesse d'une capsule *Apollo* de retour de la Lune ! Le bouclier thermique du module était donc conçu pour encaisser une décélération de 230 *g* (et un échauffement supérieur à 10 000 °C), qui freinerait l'appareil en moins de 2 minutes jusqu'à une vitesse suffisamment basse pour déployer le parachute et mettre en marche les instruments de mesure.

C'est un tel exploit que réussit le module de descente *Galileo* le 7 décembre 1995, non sans une pointe de suspense, car la sonde débuta sa transmission avec 53 secondes de retard sur l'horaire, son parachute ayant tardé à se déployer.

Depuis la Terre et au télescope, plusieurs niveaux nuageux sont visibles dans l'atmosphère jovienne : des nuages de cristaux d'ammoniac en altitude, d'hydrosulfure d'ammonium (mélange d'ammoniac et d'hydrogène sulfuré) un peu plus bas, et de gouttelettes d'eau pour la couche la plus basse.

Le radiomètre de la sonde détecte une petite baisse de luminosité qui semble correspondre à la traversée des nuages d'ammoniac, là où la pression atteint 0,6 bar. Mais le néphélomètre, chargé de mesurer la densité et la nature des particules nuageuses au moyen d'un laser, ne voit rien de particulier à ce niveau, et ce n'est que plus bas, là où la pression atteint 1,7 bar, qu'il détecte un milieu légèrement plus opaque que la moyenne, qui doit correspondre à la couche médiane d'hydrosulfure d'ammonium. Quant aux nuages de gouttelettes d'eau, attendus autour de 5 bars de pression, ils sont apparemment absents. Du reste, la proportion de vapeur d'eau dans l'atmosphère est étonnamment basse sur la trajectoire de la sonde : moins de 1 %, soit une teneur comparable à la grande sécheresse des déserts terrestres.

Cela étant, il y a bien des nuages d'eau ailleurs sur Jupiter, car le module de descente capte les décharges radioélectriques d'orages distants. L'analyse du signal montre que ces orages se trouvent à plus de 10 000 kilomètres de la sonde. Ils sont plus rares que sur Terre, mais 10 à 100 fois plus intenses. Il s'agit bien évidemment de décharges électriques entre nuages, puisqu'il n'y a pas de sol sur Jupiter.

La composition de l'atmosphère jovienne est analysée par le spectromètre de masse de la sonde. Tout comme la spectroscopie nous l'enseigne depuis la Terre, les gaz principaux sont l'hydrogène (environ 90 % en volume) et l'hélium (environ 10 %), à l'image du Soleil et de la nébuleuse primitive qui l'entourait aux premiers jours du système solaire. Le spectromètre relève aussi des traces d'ammoniac, de méthane et de vapeur d'eau, de gaz inertes (argon, néon, krypton) et de composés à base de carbone, de soufre et de phosphore.

Quant aux vents, ils soufflent sans fléchir tout au long des 150 kilomètres de descente de la sonde, à plus de 500 km/h de moyenne et jusqu'à 700 km/h dans les plus basses couches atteintes. Comme quoi, ce n'est pas la lumière solaire qui anime la météorologie jovienne – sinon, les vents les plus forts auraient concerné la haute atmosphère –, mais plutôt la chaleur qui monte des profondeurs de la planète.

La température atmosphérique confirme ce constat ; elle augmente rapidement avec la profondeur. De – 125 °C dans la haute atmosphère, là où se forment les nuages d'ammoniac, elle s'élève déjà à – 50 °C quelques kilomètres plus bas, au niveau du second plafond nuageux d'hydrosulfure d'ammonium, et devient positive vers 5 bars de pression, là où l'on s'attend à trouver de l'eau liquide. Cent kilomètres plus bas, les dernières mesures transmises par *Galileo* font état de + 152 °C sous une pression de 23 bars. C'est là, après 58 minutes de descente sous parachute, que la vaillante petite sonde a rendu l'âme.

Zones, ceintures et cyclones

Le module de descente a pénétré l'atmosphère jovienne tout près de l'équateur, par une latitude de 6,5° N et une longitude de 4,9° O. Les télescopes braqués sur la planète géante ont permis de préciser que le site correspond à une petite tache sombre que les spécialistes interprètent comme étant un « point chaud » de l'atmosphère, là où de l'air sec descend et laisse entrevoir par transparence les couches plus chaudes en profondeur. Cela explique la faible concentration de vapeur d'eau relevée par la sonde : celle-ci n'aurait pas échantillonné une région normale de Jupiter. Cela étant, qu'est-ce qu'une région « normale » dans une atmosphère qui se distingue par sa diversité ?

Comme on le voit au télescope, l'atmosphère de Jupiter affiche en effet une alternance de bandes sombres, appelées ceintures, et de bandes claires appelées zones. Ces dernières doivent leur clarté aux brillants nuages d'ammoniac, que des courants d'air ascendants font se condenser en altitude, alors que les ceintures sombres représentent des courants descendants, exempts de nuages d'ammoniac, laissant transparaître les couches plus profondes et plus colorées de l'atmosphère. C'est du moins le modèle en vigueur, bien que les données de la sonde *Cassini*, lors d'un survol de Jupiter en l'an 2000, aient conduit plusieurs chercheurs à proposer le schéma inverse, avec l'air ascendant plutôt confiné dans les ceintures : comme quoi, il reste du travail à faire.

Quoi qu'il en soit, les frontières entre zones et ceintures sont parcourues par des vents violents, comparables à nos *jet-streams* terrestres. À la lisière équatoriale d'une ceinture, les vents soufflent vers l'est, dans le sens de rotation de la planète (sens « direct »), à des vitesses qui peuvent dépasser 500 km/h. Sur la lisière polaire d'une ceinture, ils soufflent en sens contraire vers l'ouest (sens « rétrograde »), à des vitesses plus modérées, de l'ordre de 100 km/h.

Dans le détail, chaque zone et chaque ceinture a sa propre personnalité. On compte une vingtaine de ces bandes (une dizaine dans chaque hémisphère), et tout autant de *jet-streams* qui les séparent.

La bande la plus large est la zone équatoriale entre 7° N et 7° S : elle se distingue par un fort vent direct qui ne se cantonne pas uniquement aux lisières, mais qui anime la zone dans toute sa largeur. Celle-ci change subtilement de coloration au fil des années, de jaune pâle à un teint cuivré, et se distingue en outre par une douzaine de taches sombres sur sa marge boréale : ce sont les fameux points chauds, dont l'un fut exploré par le module de descente *Galileo*. Ces points sont flanqués de panaches nua-

FIGURE 6.1 – La zone équatoriale et l'hémisphère Sud de Jupiter photographiés dans le proche infrarouge (727 mm) par la sonde *Cassini* en décembre 2000. Cette longueur d'onde permet de pénétrer le voile de méthane et met en relief les nuages d'ammoniac et d'hydrosulfure d'ammonium jusqu'à une profondeur atmosphérique correspondant à 2 bars de pression. Les perturbations s'enchaînent comme autant de rouages. En bas, un brillant voile de méthane parvient à cacher le pôle Sud.
(NASA/JPL/University of Arizona.)

geux qui s'étendent en diagonale vers le sud-ouest, ce qui donne à chaque couple l'apparence d'un point-virgule géant.

De part et d'autre de cette zone centrale s'étendent deux ceintures sombres : ce sont elles que l'on distingue le mieux depuis la Terre au moyen d'une petite lunette. Elles sont parcourues de systèmes tourbillonnaires – de véritables cyclones. Les plus sombres et les plus étirées d'entre elles sont appelées « péniches » (*barges* en anglais). Au fil des ans, les ceintures équatoriales peuvent varier en largeur et en coloration, devenant tour à tour plus claires ou plus foncées.

Les zones tropicales claires qui les flanquent dans chaque hémisphère (de 18° à 24° N et de 20° à 29° S) se distinguent par des systèmes tourbillonnaires encore plus spectaculaires, en particulier la zone tropicale australe qui abrite la Grande Tache rouge : nous y reviendrons. On notera qu'il s'agit cette fois d'anticyclones (systèmes de haute pression) qui montrent une préférence pour les zones, alors que les cyclones se cantonnent aux ceintures.

Plus haut en latitude se succèdent d'autres ceintures porteuses de cyclones, et d'autres zones claires ; puis, à partir de 50° N et 50° S, commencent les régions polaires qui ne présentent guère plus de bandes parallèles contrastées, mais sont formées d'une mosaïque de petits cyclones et d'anticyclones serrés les uns contre les autres. Les données de la sonde *Cassini*, qui a survolé le pôle Sud de Jupiter en 2000, montrent toutefois qu'ils restent organisés en bandes subtiles. Enfin, au-dessus des pôles flottent des brumes d'ammoniac et de méthane qui estompent les détails.

La Grande Tache rouge

Le plus célèbre phénomène de l'atmosphère jovienne est sans conteste la Grande Tache rouge : un gigantesque anticyclone qui habite la zone tropicale de l'hémisphère Sud depuis des siècles et déborde généreusement dans la ceinture équatoriale qui la jouxte. Elle fut apparemment observée par Robert Hooke en 1664 et par Jean Dominique Cassini en 1666, qui fait référence dans ses écrits à « l'œil de Jupiter », mais il faut attendre 1831 pour en voir les premiers dessins. Ses mensurations sont relevées en 1880 : 40 000 kilomètres dans le sens est-ouest et 12 500 kilomètres dans le sens nord-sud. Si sa largeur a diminué au siècle dernier pour se limiter aujourd'hui à 17 000 kilomètres, on retiendra qu'elle pourrait contenir une fois et demie le disque terrestre !

Comme il s'agit d'un anticyclone, la Grande Tache rouge est une zone de haute pression, avec un plafond nuageux surplombant les régions environnantes de plus de 8 000 mètres. Et comme elle se trouve dans l'hémisphère Sud, sa rotation se fait dans le sens inverse des aiguilles d'une montre (force de Coriolis oblige) en une semaine environ, avec des vents périphériques de 400 km/h – des pointes à 675 km/h ayant même été relevées par la sonde *Galileo* en fin de mission. Ces vents chutent vers le centre, le cœur de l'anticyclone étant particulièrement calme, avec des vitesses qui ne dépassent pas 20 km/h.

Quant à la Tache dans son ensemble, elle ne se déplace guère en longitude, dérivant vers l'ouest à la vitesse encore plus modeste de 10 km/h : on peut presque dire que la Grande Tache rouge tourbillonne sur place ! De fait, les astronomes s'en servent comme d'un repère fixe pour chronométrer la rotation de Jupiter : l'intervalle de temps entre chaque passage de la Tache au méridien vaut en moyenne 9 heures, 55 minutes et 42 secondes, ce qui est très proche de la valeur « officielle » de la rotation jovienne, définie comme étant celle de son champ magnétique et valant 9 heures, 55 minutes et 30 secondes.

Outre sa taille et ses vents tourbillonnaires, la structure est célèbre pour sa couleur : de fauve pâle, elle passe à l'orange saumoné et tire périodiquement sur le rouge brique, d'où son nom de Grande Tache rouge qu'elle reçut en 1878. Ses plus récents rougissements datent des années 1968-1975, 1979-1980 (lors du passage des sondes *Voyager*) et 1992-1993. On attribue ces sautes de couleur à la remontée de matière venue des couches profondes de l'atmosphère jovienne, contenant des molécules qui se colorient lorsqu'elles changent de nature sous l'action des rayons ultraviolets du Soleil.

De telles molécules « chromophores » pourraient être à base de soufre, élément présent au sein des cristaux d'hydrosulfure d'ammonium. Libéré par les rayons ultraviolets, le soufre se recombinerait en cycles de soufre pur (S_8) ou en polysulfures d'hydrogène (de type H_2S_2), connus pour leur couleur rouge. Un autre candidat serait le phosphore : dissocié du gaz phosphine (PH_3) par les rayons ultraviolets, l'élément se recombinerait en tétraèdres de phosphore (P_4), également de couleur rouge. En analysant le spectre de couleurs de la Grande Tache rouge, il y aurait également une petite « touche » d'une substance verte ou bleue, de nature inconnue, qui s'ajouterait à la dominante rouge pour donner toute la palette des teintes observées.

Quoi qu'il en soit, les périodes de couleurs plus intenses révéleraient un apport d'une plus grande quantité d'éléments chromophores depuis les basses couches atmosphériques, ou bien leur transport à une plus haute altitude, où ils sont mieux bombardés par les ultraviolets : cette mobilisation se ferait sous le coup d'une augmentation de la température, ou en tout cas d'une montée en puissance de l'anticyclone.

Carambolage d'anticyclones

La Grande Tache rouge était déjà formée lorsque l'homme découvrit Jupiter au télescope, il y a de cela 4 siècles : nous avons donc manqué sa naissance. Toutefois, au cours du siècle écoulé, nous avons eu la chance d'observer la genèse et la croissance d'un autre anticyclone, nommé

FIGURE 6.2 – La Grande Tache rouge photographiée dans le proche infrarouge (756 mm) par la sonde *Galileo* en juin 1996. La structure anticyclonique, qui tourne dans le sens inverse des aiguilles d'une montre dans l'hémisphère Sud de Jupiter, mesure 17 000 km d'est en ouest (1,5 fois la Terre).
(NASA/JPL.)

« ovale BA » par les spécialistes et « Tache rouge Junior » par ses admirateurs, car il a récemment pris des couleurs.

Son origine remonte à 1939 et nous renseigne sur le mode de formation de ces grandes structures en général. Les zones et les ceintures de Jupiter, nous l'avons vu, ont chacune leur « polarité » : les ceintures abritent des cyclones, et les zones, des anticyclones. En 1939, la Zone tempérée sud, jusque-là blanchâtre et sans grand contraste, se scinde en trois segments, séparés par des régions plus sombres. Les trois segments se ramassent alors sur eux-mêmes pour former trois anticyclones distincts, ovales et blancs, mesurant chacun 10 000 kilomètres d'extension est-ouest et 5 000 kilomètres d'extension nord-sud, soit le quart de la superficie de la Grande Tache rouge. Mais l'histoire ne fait que commencer.

Matriculés sans grande poésie BC, DE et FA, ces trois ovales blancs mènent leur vie indépendante et anticyclonique durant près d'un demi-siècle, cheminant tranquillement vers l'est en maintenant leurs écarts respectifs, jusqu'au jour où l'un d'eux, l'ovale BC, se décide à ralentir, à la fin des années 1990. Les deux autres ovales viennent s'empiler derrière lui, côté ouest, prenant en sandwich quelques perturbations mineures aspirées de la ceinture voisine, qui leur servent de tampons. Mais le carambolage est inéluctable : début 1998, le tampon intermédiaire entre BC et son poursuivant DE est éjecté, menant à la fusion des deux ovales en un seul. Deux ans plus tard, en mars 2000, c'est le dernier ovale (FA) qui rejoint la paire, évinçant le cyclone qui les sépare : les trois ovales n'en font alors plus qu'un seul, rebaptisé « ovale BA » et atteignant une surface équivalente à la moitié de la Grande Tache rouge.

La concurrence avec son célèbre voisin tropical devient d'autant plus vive que le grand ovale blanc se met lui aussi à prendre des couleurs à partir de l'automne 2005. En décembre, il est brunâtre, et en février 2006 un astronome amateur aux Philippines prend la première photographie qui montre un net rougissement. C'est alors qu'il reçoit le surnom de « Tache rouge Junior » : cette coloration dénote vraisemblablement une augmentation de sa puissance, autorisant l'anticyclone à puiser des éléments chromophores en profondeur et à les propulser en altitude. Ses vents périphériques ont d'ailleurs atteint 600 km/h en 2007, d'après les images prises par la sonde *New Horizons* : c'est dire que l'ovale BA n'a plus grand-chose à envier à la Grande Tache rouge.

Réchauffement climatique sur Jupiter

Le carambolage et la fusion de trois anticyclones en un seul ne sont peut-être pas une bonne nouvelle pour Jupiter, qui a besoin d'autant de « rouages » que possible pour réguler sa température et distribuer la chaleur solaire de l'équateur vers les pôles. C'est en tout cas l'avis du professeur Philip Marcus, de l'université de Berkeley (Californie), qui a prédit à la suite de la collision des anticyclones en 1998-2000 que la température atmosphérique se mettrait à grimper d'environ 10 °C dans la zone équatoriale et tropicale sud de Jupiter en 7 années, et que cette surchauffe se manifesterait à partir de 2006 par une activité accrue. Cela semble bien être le cas, puisque c'est en 2006 que l'ovale BA s'est mis à rougir. Quant à la Grande Tache rouge, elle montre désormais des zones de turbulence extrêmement chaotiques de part et d'autre de son « œil » géant.

En outre, début 2008, un autre anticyclone est apparu dans la Zone tropicale sud : devenant rouge en un temps record – dès le mois de mai –, il a brièvement hérité du sobriquet de « Bébé tache rouge ». Mais ayant la mauvaise idée de circuler trop près du couloir de la Grande Tache rouge, il s'est fait pulvériser en tentant de dépasser celle-ci durant l'été 2008. Sur Jupiter, les places sont chères et les dépassements dangereux *(voir cahier couleurs, fig XXI).*

Autre changement climatique, cette fois dans l'hémisphère Nord : deux tempêtes ont pris naissance en mars 2007 sous la forme d'intenses panaches blancs, gonflant de 400 à 2 000 kilomètres de diamètre en moins de 24 heures, et s'élevant 30 kilomètres au-dessus du niveau habituel des nuages, injectant dans leur sillage des volutes de chromophores rouges.

Ces tempêtes de l'hémisphère Nord n'ont sans doute pas grand rapport avec le réchauffement postulé de l'hémisphère Sud, mais elles nous éclairent sur le fonctionnement intime des vents. En effet, ces tempêtes ont émergé au milieu d'un *jet-stream*, là où les vents atteignent 600 km/h, et pourraient constituer le mécanisme qui fournit à ces courants leur formidable énergie. D'autres événements du même genre – toujours sous la forme de paires de tempêtes – ont pareillement surgi dans les *jet-streams* de l'hémisphère Nord en 1975 et en 1990. Avec ceux de 2007, cela évoque une périodicité de 15-17 ans, mystérieuse si elle est réelle, car ne correspondant à aucun cycle connu de la planète.

Dans un autre registre, les tempêtes les plus petites, où naissent d'innombrables orages, jouent également un rôle dans l'évacuation de la chaleur et la circulation des vents. Les sondes comme *Galileo* et *Cassini* ont photographié leurs éclairs sur la face nocturne et leurs brillants nuages blancs sur la face diurne.

En condensant leur vapeur d'eau en gouttes de pluie, ces orages libèrent une importante énergie latente. De l'avis de certains chercheurs, ils seraient même le principal mécanisme de transfert de chaleur au sommet de l'atmosphère jovienne, et ils pourraient « nourrir » les structures à plus grande échelle. En effet, de nombreux petits orages et cyclones naissent au nord-ouest de la Grande Tache rouge, font le tour de la planète et la percutent de l'autre côté, sur son flanc nord-est, pour être avalés dans la périphérie de sa structure tourbillonnaire.

Cela expliquerait pourquoi d'immenses structures comme la Grande Tache rouge ont une telle longévité : elles seraient constamment ravivées par les tempêtes qu'elles ingurgitent.

L'intérieur de Jupiter

Jupiter est un monde atmosphérique. C'est un cas très différent de la Terre où l'atmosphère ne représente qu'une fine pellicule au-dessus d'un monde solide (et liquide, en comptant les océans). Autre particularité : Jupiter émet presque autant d'énergie propre, venue des profondeurs du globe, qu'elle n'en reçoit et en réémet en provenance du Soleil. Par comparaison, l'atmosphère terrestre est quasi exclusivement alimentée par énergie solaire, la chaleur géothermique venue de notre sous-sol étant 5 000 fois plus faible : elle ne compte que pour quelques centièmes de pourcent dans le bilan thermique en surface.

L'apport important de la chaleur interne, dans le cas de Jupiter, a une explication. L'immense boule d'hydrogène et d'hélium n'en finit pas de se contracter sous l'effet de sa propre masse : les calculs montrent que son rayon diminue d'environ 2 centimètres/an. Cela paraît peu, mais depuis sa création, il y a 4,5 milliards d'années, Jupiter a ainsi vu sa taille diminuer de moitié !

C'est cette énergie potentielle, libérée par contraction, qui participe pour près de moitié à l'agitation thermique et climatique de Jupiter en surface. Certains chercheurs pensent qu'elle est prépondérante dans l'organisation des vents, des zones et des ceintures sur Jupiter, qui seraient l'expression en surface d'un brassage du monde jovien sur plusieurs milliers de kilomètres de profondeur. D'après les modèles sur ordinateur, les gaz internes s'organiseraient en couches concentriques, chacune découpée en cylindres d'orientation nord-sud – parallèles à l'axe de rotation de la planète –, et tous les cylindres tournant dans le même sens au sein d'une même couche.

D'une couche à l'autre, en montant du centre vers la surface, les rotations sont inversées, comme les engrenages d'une montre. Et comme les cylindres nord-sud sont tronqués par la surface de Jupiter, qui est courbe, la géométrie dicte que ce sont des rangées différentes de cylindres qui sont exposées en surface aux différentes latitudes, intersection qui prend la forme d'un chapelet de « têtes de cylindres » tournant toutes dans le même sens à une latitude donnée : de façon cyclonique pour certaines (ce sont les ceintures) et anticyclonique pour d'autres (ce sont les zones). Tel est en tout cas le modèle proposé.

Cette atmosphère, avec son éventuelle structure en engrenages cylindriques, ne se poursuit pas jusqu'au centre du globe. Avec la hausse de la pression et de la température, l'hydrogène passe d'un état gazeux à un état liquide vers 1 000 kilomètres de profondeur, tout en se prêtant toujours à une organisation en cylindres rotatifs.

Une transition encore plus importante a lieu au-delà de 10 000 kilomètres de profondeur, là où la pression dépasse 2 millions de bars (200 GPa) et la température 10 000 °C : les électrons s'arrachent aux noyaux d'hydrogène et circulent librement parmi les atomes, ce qui donne à la substance les propriétés d'un métal. On parle alors d'« hydrogène métallique ». Ce cœur ne participe pas au mouvement d'horlogerie des couches sus-jacentes, mais connaît son propre mouvement de brassage par des courants de convection, ce qui génère un puissant courant électrique.

TAILLE RECORD POUR UNE PLANÈTE

Jupiter est la plus grosse planète du système solaire, avec un diamètre équatorial de presque 143 000 kilomètres. D'après les études théoriques, cette valeur est proche du diamètre record que peut atteindre une planète, bien que la masse puisse être plus importante. En effet, des planètes plus massives compriment davantage leurs gaz, de sorte que leur diamètre ne croît pas pour autant. Ainsi, dans la détection d'exoplanètes autour d'autres étoiles, on parle de planètes valant plusieurs fois la masse de Jupiter, mais dont le diamètre ne serait pas nécessairement plus grand.

En ajoutant et en comprimant la matière, on peut toutefois arriver au stade où une boule d'hydrogène et d'hélium atteint une pression et une température suffisantes en son cœur pour y déclencher des réactions thermonucléaires. C'est le cas à partir d'environ 13 fois la masse de Jupiter, lorsque le deutérium (une variété d'hydrogène) fusionne brièvement. La chaleur est suffisante pour que l'ensemble de la boule gazeuse soit brassée par convection, mais son diamètre reste toujours proche de celui de Jupiter. On appelle ces objets tièdes des « naines brunes ».

À partir d'une masse valant environ 80 fois celle de Jupiter, l'hydrogène se met à son tour à fusionner énergiquement : naît alors une véritable étoile. Sous l'effet de la pression, l'enveloppe externe de l'objet se dilate alors pour se stabiliser autour d'un diamètre plusieurs fois supérieur à celui de Jupiter.

De fait, l'hydrogène métallique donne un champ magnétique de très forte intensité, qui s'étend loin dans l'espace. On le détecte même depuis la Terre, car les électrons qui circulent en spirale autour de ses lignes de champ émettent des ondes radio, facilement détectables depuis notre planète avec une petite antenne. Quant aux sondes spatiales, elles ont mesuré *in situ* le champ magnétique jovien et déduit qu'à la « surface » de Jupiter (le niveau des nuages), il est de 15 à 20 fois plus intense que le champ magnétique terrestre à la surface de la Terre. Son existence et son intensité soulignent l'importance du manteau d'hydrogène métallique au sein de la planète géante.

Tout au centre de Jupiter, sous l'épais manteau d'hydrogène métallique, pourrait exister un noyau de composés plus lourds – minéraux et métaux –, qui aurait constitué l'embryon de la planète naissante. Cette existence est suggérée par les mesures gravimétriques de la sonde orbitale *Galileo*. Sa masse vaudrait 10 à 45 fois celle de la Terre entière. Pour en avoir le cœur net, il faudra attendre qu'une autre sonde soit satellisée autour de Jupiter et affine les mesures gravimétriques.

Les lunes de Jupiter

Jupiter est une planète fascinante en soi. Mais il recèle en outre une pléiade d'autres mondes qui tourbillonnent autour de lui, à commencer par ses quatre lunes principales : les satellites galiléens Io, Europe, Ganymède et Callisto, par ordre d'éloignement. Leurs diamètres s'échelonnent de 3 122 kilomètres pour Europe, le plus petit, à 5 262 kilomètres pour Ganymède – ce satellite est non seulement plus grand que notre propre Lune (3 476 kilomètres), mais aussi plus grand que la planète Mercure (4 880 kilomètres).

L'éclat de ces quatre satellites principaux est tel qu'on peut les observer avec une puissante paire de jumelles, dont les performances actuelles sont comparables à celles des premières lunettes astronomiques utilisées en 1610 par Galilée et Simon Marius. Pour la petite histoire, un observateur ayant une vision parfaite et bénéficiant d'un ciel pur parviendrait même à détecter le gros Ganymède à l'œil nu : de l'avis des historiens, c'est l'exploit accompli par l'astronome chinois Gan De dès 364 avant Jésus-Christ. En tout cas, aux jumelles ou dans un petit télescope, le spectacle des quatre lunes est un enchantement permanent pour les astronomes amateurs, les satellites changeant de position autour de Jupiter d'une nuit à l'autre.

En orbite à 421 700 kilomètres du centre de Jupiter (et donc à 350 000 kilomètres environ de son plafond nuageux), Io est à la même distance de sa planète que l'est la Lune de la Terre, mais elle est beaucoup plus rapide, bouclant le tour de sa planète en moins de 2 jours (42 heures et 27 minutes exactement), contre plus de 27 jours pour notre propre Lune, en raison de la gravité bien plus forte de la planète géante, qui lui confère une vitesse orbitale élevée. Quant à Europe, elle boucle le tour de Jupiter en 85 heures, et Ganymède en 172 heures (un peu plus de 7 jours). Callisto, enfin, est le plus distant et donc le plus lent des satellites galiléens.

Depuis Galilée, qui s'est émerveillé de ce système planétaire en miniature – détrônant la Terre comme centre de tout mouvement et donc de l'Univers –, les astronomes ont éprouvé une grande fascination pour ces satellites. En dressant des tables de leurs mouvements sur le long terme, ils tenaient là une sorte d'horloge universelle. Il suffisait de regarder Jupiter au télescope, de noter l'emplacement des quatre lunes et de les comparer avec les positions annoncées dans les tables pour en déduire l'heure. Jusqu'à l'invention du chronomètre de marine par John Harrison, ce fut un moyen astucieux de connaître l'heure et, en l'associant au lever des étoiles, de calculer la longitude du navire, indispensable pour la navigation.

IO ET LA VITESSE DE LA LUMIÈRE

Au milieu du XVIIe siècle, l'astronome Jean Dominique Cassini, à l'Observatoire de Paris, chargea le Danois Ole Roemer d'établir des tables prévisionnelles des révolutions d'Io, qui donneraient les heures précises auxquelles le satellite « s'éteint et se rallume » en entrant et en sortant de l'ombre de Jupiter (ses périodes d'éclipse). Ainsi, en observant Io au télescope, les navigateurs pourraient connaître à chaque éclipse l'heure exacte en se référant aux tables, et à partir de là calculer leur longitude.

En dressant et en vérifiant ses tables, Ole Roemer s'aperçut en 1676 d'un étrange phénomène : quand la Terre sur son orbite est plus proche de Jupiter, les éclipses de Io sont en avance de quelques minutes sur l'heure prédite par les calculs ; au contraire, lorsque la Terre est à distance maximale de Jupiter, les éclipses sont en retard par rapport aux tables.

L'astronome danois comprit que le phénomène est dû au fait que la lumière venue d'Io n'était pas instantanée mais voyageait à une certaine vitesse : elle avait donc davantage de chemin à parcourir lorsque Jupiter et Io étaient plus éloignés de la Terre que lorsqu'ils en étaient plus proches, d'où les décalages observés. L'astronome hollandais Christiaan Huygens combina les estimations de la distance variable entre la Terre et Jupiter avec les décalages temporels observés par Roemer pour calculer le rapport des deux, c'est-à-dire la vitesse de la lumière. Il trouva 220 000 km/s. Nous savons aujourd'hui que le chiffre exact est plus proche de 300 000 km/s, l'erreur de l'époque étant due à une connaissance encore imprécise des distances astronomiques Soleil-Terre-Jupiter.

Les périodes de révolution des trois premières lunes enseignent également autre chose : elles sont de parfaits multiples l'une de l'autre, Io bouclant exactement quatre tours de Jupiter pendant qu'Europe en boucle deux et que Ganymède en accomplit un seul. Ce n'est bien sûr pas un hasard, et le mathématicien Pierre Simon de Laplace en tira une théorie de la résonance gravitationnelle, selon laquelle les trois lunes s'influencent mutuellement pour synchroniser leurs orbites. Cette résonance, qualifiée de 1 : 2 : 4 (le rapport des périodes de révolution), a des effets spectaculaires, comme nous allons le voir.

Pour ce qui est de leur genèse, les quatre lunes galiléennes se sont formées en même temps que Jupiter dans un disque de gaz et de poussières qui présentait un dégradé de températures du centre vers le bord, et donc des proportions différentes d'éléments pour bâtir les corps en question. Ainsi, né dans la zone interne la plus chaude, Io est enrichie en métaux et pauvre en glace : elle a d'ailleurs la densité la plus élevée (3,53 tonnes/m^3)

de toutes les lunes du système solaire. Europe est moins dense et contient plus de glace, tandis que Ganymède et Callisto sont constitués pour moitié de glace.

Outre les quatre satellites galiléens, Jupiter possède de nombreuses autres lunes, bien plus petites et d'une tout autre origine. Les deux plus grosses, Himalia et Amalthée, mesurent un peu moins de 200 kilomètres de diamètre, c'est dire la différence de taille avec les mini-planètes Io, Ganymède et consorts, plusieurs milliers de fois plus massifs ! Quant aux autres satellites, leur diamètre s'échelonne de 75 kilomètres pour Élara jusqu'à 1 ou 2 kilomètres seulement pour les plus petits. Et la liste n'est pas close…

En 2009, on dénombre un total de 63 satellites joviens, mais il est probable que plusieurs dizaines voire plusieurs centaines d'objets de taille kilométrique restent à découvrir : du pain sur la planche pour les astronomes ! Si les sondes *Voyager* découvrirent 3 d'entre eux à courte distance de Jupiter, ce sont en réalité les grands télescopes terrestres qui sont les plus pratiques pour chercher de nouveaux satellites à grande distance de la planète. Il est nécessaire d'effectuer pour cela des observations à grand champ avec des prises de vue répétées d'une nuit sur l'autre pour détecter leurs changements de position et les distinguer des étoiles. À ce jeu, c'est l'équipe de Scott Sheppard et David Jewitt, à l'observatoire de Mauna Kea (Hawaï), qui a le plus beau tableau de chasse, avec 32 satellites identifiés entre 1999 et 2003.

Les astronomes ont également œuvré pour leur trouver des noms. Le schéma de Simon Marius a prévalu : les satellites de Jupiter sont nommés d'après les favoris et surtout les favorites du dieu des dieux – Jupiter dans la mythologie romaine et Zeus dans la mythologie grecque. Comme on est tombé à court d'amantes au bout de 33 lunes, les suivantes ont été nommées d'après leurs filles. On a aussi pris l'habitude, dans un louable souci d'organisation, d'affecter aux satellites qui tournent dans le sens « direct » (celui de la rotation de Jupiter) les noms latins de ces belles déesses et mortelles, alors que les satellites qui tournent dans le sens rétrograde reçoivent des noms grecs.

Parmi ceux qui tournent dans le sens direct, on relève d'abord un groupe de quatre lunes « latines » – Amalthée, Adrastée, Métis et Thébé – qui sont sans doute des astéroïdes capturés ; elles orbitent très près de Jupiter, à moins de 150 000 kilomètres de sa surface gazeuse. Elles sont associées à de fins anneaux de poussière qui encerclent la planète *(voir encadré p. 164)*.

Beaucoup plus loin, au-delà des grosses lunes Io, Europe, Ganymède et Callisto, circule une escadrille de quatre petites lunes sur des orbites

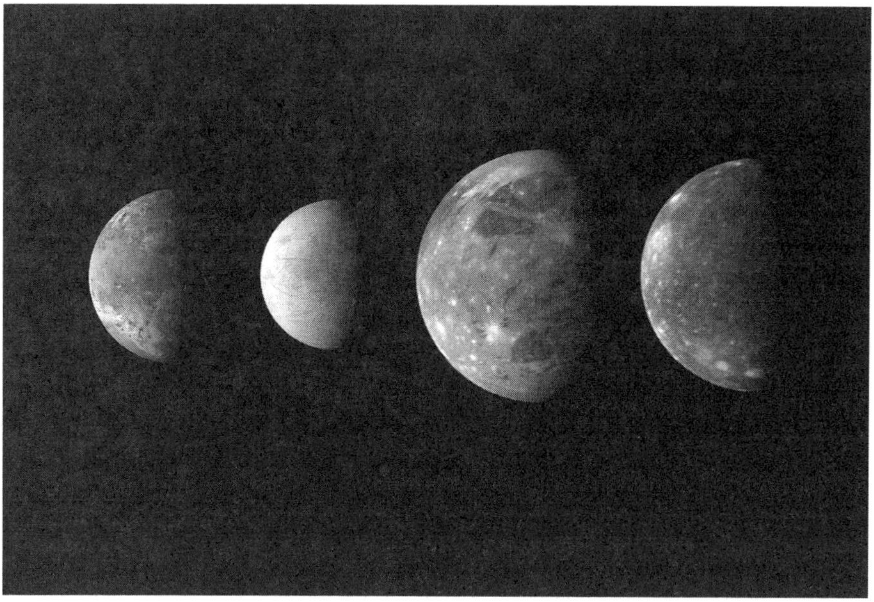

FIGURE 6.3 – Les quatre lunes principales de Jupiter à la même échelle, dans un montage d'images prises par la sonde *New Horizons* en février 2007. De gauche à droite : Io (3 643 km de diamètre), Europe (3 122 km), Ganymède (5 262 km) et Callisto (4 821 km). *(NASA/Johns Hopkins University Applied Physics Laboratory/Southwest Research Institute.)*

voisines, qui semblent provenir de l'éclatement d'un astéroïde capturé. Elles ont pour nom Himalia, Léda, Lysithéa et Élara. Encore plus loin papillonne un essaim de petits satellites rétrogrades, situés entre 17 et 30 millions de kilomètres de la planète et qui en font le tour en plus d'un an, voire deux. À part quatre exceptions de 30 à 60 kilomètres, ils ne mesurent que 2 à 3 kilomètres en moyenne et ce sont vraisemblablement des morceaux d'astéroïdes ou de comètes brisés. On y relève d'ailleurs trois grandes familles aux orbites apparemment affiliées, qui suggèrent que ce sont trois objets qui ont éclaté : les groupes de Carmé, Ananké et Pasiphaé.

Jupiter, fidèle à sa réputation d'ogre et de kidnappeur, s'amuse donc à détourner les petits corps célestes qui le croisent, et à les écarteler s'ils pénètrent trop profondément dans son puissant champ de gravité, pour en avaler les morceaux ou les rejeter hors de son royaume.

LES ANNEAUX DE JUPITER

Jupiter possède de fins anneaux qui n'ont pas la splendeur de ceux de Saturne : ils ne furent découverts qu'en 1979, sur place, par la sonde *Voyager 1*. Minces et sombres, ils sont composés de particules de silicates, voire de carbone, à la différence des anneaux de Saturne, qui sont principalement constitués de glace.

Les anneaux de Jupiter s'étirent de 50 000 kilomètres à 150 000 kilomètres environ de la surface de la planète, au niveau de ses quatre lunes les plus proches : Métis, Adrastée, Amalthée et Thébé. Cette association n'est pas fortuite : les anneaux sont formés de poussières éjectées par des impacts sur les quatre lunes en question – impacts particulièrement violents à faible distance de Jupiter, où le champ de gravité est élevé et où les projectiles comme les débris cométaires sont vivement accélérés.

L'anneau principal, large de 6 000 kilomètres de bord à bord et épais d'une trentaine de kilomètres, est formé de particules arrachées à Métis et à Adrastée. Adrastée sert en outre de « berger » pour délimiter le bord externe du troupeau de particules et en empêcher la dispersion. Il y a moins de contrôle sur le bord interne du disque : les plus fines poussières s'en échappent, délogées par le champ magnétique de Jupiter pour se rapprocher jusqu'à 20 000 kilomètres de la surface de la planète en un halo ténu.

À l'extérieur de l'anneau principal circulent deux anneaux supplémentaires, plus larges mais plus diffus, associés aux satellites Amalthée et Thébé.

La taille moyenne des particules dans les anneaux est de quelques micromètres, taille comparable à celle des particules d'une fumée de cigarette, mais des grumeaux plus importants, décelés par la sonde *New Horizons* en 2007, indiquent un processus de coalescence, ou bien une injection récente de débris plus grossiers lors de nouveaux impacts sur les lunes. On estime que le volume total de poussière dans les anneaux correspond à 1 km^3 de matière environ, alors que les petites lunes qui les alimentent mesurent entre 20 et 200 kilomètres de diamètre.

Collision avec une comète

De par sa grande taille et son pouvoir d'attraction, Jupiter exerce une influence considérable sur les autres corps du système solaire, jouant le rôle d'un gardien de but pour intercepter nombre de projectiles, en particulier les comètes qui croisent dans ses environs. Deux grosses lunes de Jupiter, Ganymède et Callisto, sont d'ailleurs labourées par des alignements de cratères d'impact – chaque alignement témoignant d'une rafale de fragments cométaires. D'après les statistiques, Jupiter disloquerait et avalerait une petite comète (de quelques centaines de mètres de taille) tous les 500 ans environ, et une comète de taille moyenne (de 1 à 2 kilomètres de diamètre) tous les 5 000 ans.

Or, la chance a voulu que l'on assiste à la collision d'une comète moyenne avec Jupiter en 1994, alors que l'humanité disposait de télescopes performants au sol, en orbite terrestre (Hubble) et à bord d'une sonde spatiale justement en route pour Jupiter (*Galileo*). La comète en question fut découverte la nuit du 24 mars 1993 par Carolyn Shoemaker, Eugène Shoemaker et David Levy, qui faisaient équipe à l'observatoire du mont Palomar, en Californie, pour traquer les astéroïdes et les comètes avec un télescope à grand champ de 40 centimètres d'ouverture. Cette neuvième comète découverte par l'équipe reçut le nom de Shoemaker-Levy 9.

Les premières photographies de l'objet révélèrent une trace lumineuse allongée à proximité de Jupiter. De meilleures images indiquèrent qu'il s'agissait d'un chapelet de fragments cométaires en orbite non pas autour du Soleil, mais bien autour de Jupiter, qui aurait intercepté la comète en question lors d'un passage à portée de la planète géante. D'après les calculs, le kidnapping aurait eu lieu au début des années 1970.

D'orbite en orbite, la comète se serait rapprochée de Jupiter au point d'effectuer un passage « en rase-mottes » à moins de 50 000 kilomètres de sa surface en juillet 1992, 9 mois avant sa découverte, ce qui l'aurait disloquée en une vingtaine de fragments. Ce sont ces fragments étincelants que les astronomes avaient repérés, les comparant à « une rivière de perles ». Encore plus remarquable, les calculs indiquaient qu'à son prochain passage au plus près de Jupiter, en juillet 1994, le chapelet cométaire percuterait la planète de plein fouet. Ce serait la première collision importante jamais observée par l'homme entre deux corps du système solaire.

Étirés lors de leur orbite finale en une escadrille de 22 fragments se suivant sur près d'un million de kilomètres, les projectiles pilonnèrent Jupiter durant 6 jours, du 16 au 22 juillet 1994. Le hasard voulut que les impacts se déroulent sur la face « arrière » de Jupiter, hors de vue directe de la Terre, mais suffisamment proches de la face visible pour que la rotation rapide de Jupiter fasse apparaître les points d'impact au bout de 25 minutes seulement. En outre, et malgré son éloignement encore important, la sonde *Galileo* put observer directement les impacts depuis son point de vue décalé, avec son objectif à longue focale.

Percutant la planète à 60 km/s, les noyaux cométaires ont explosé dans la haute atmosphère de Jupiter, leurs fragments ne pénétrant que quelques kilomètres sous le niveau zéro (correspondant à 1 bar de pression atmosphérique). Mesurée par le détecteur infrarouge de la sonde *Galileo*, chaque déflagration a engendré une « boule de feu » à plus de 20 000 °C, qui a grimpé jusqu'à 3 000 kilomètres d'altitude, tout en se refroidis-

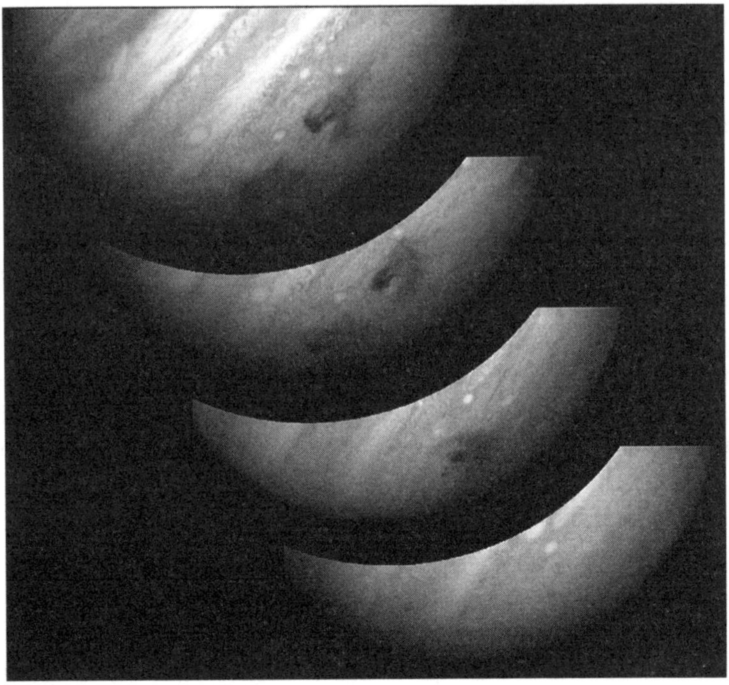

FIGURE 6.4 – Les impacts des fragments « G » et « L » de la comète Shoemaker-Levy 9 dans l'hémisphère Sud de Jupiter, photographiés par le télescope spatial *Hubble*. De bas en haut : le petit panache blanc de l'impact G au-dessus de l'horizon ; la tache en croissant de l'impact, une heure et demie plus tard ; la marque d'une seconde frappe à sa gauche 3 jours plus tard (fragment L) ; et l'évolution des nuages après une journée supplémentaire. *(JPL/NASA/STScI.)*

---

sant rapidement. Une fois recristallisées, les particules sont retombées quelques minutes plus tard en une grêle infernale tout autour du point d'impact, causant un second embrasement de l'atmosphère.

De l'avis des chercheurs, le plus gros fragment cométaire, qui a frappé Jupiter le 18 juillet à 7 heures 33 TU, a libéré une énergie comparable à 6 millions de mégatonnes de TNT, soit plusieurs centaines de fois l'arsenal nucléaire de toute l'humanité. Une grande tache sombre s'est étalée à partir du point zéro pour atteindre 12 000 kilomètres de diamètre : la taille de la Terre. Visible avec une petite lunette d'amateur, la sombre marque de l'impact a persisté plusieurs mois dans l'atmosphère jovienne, tout comme celles qui furent générées par les projectiles plus petits *(voir fig. 6.4)*.

L'impact de la comète Shoemaker-Levy 9 est survenu à un moment charnière dans l'histoire des sciences, lorsque géologues et planétologues débattaient de l'importance des impacts d'astéroïdes et de comètes dans la vie des planètes, la Terre comprise. La responsabilité d'un impact dans l'extinction des dinosaures venait d'être confirmée deux ans seulement auparavant par analyse et datation d'un cratère d'impact au Mexique, le Chicxulub.

La collision d'une comète avec Jupiter offrait dans la foulée une reconstitution du drame. Elle montrait, au-delà du choc initial, la retombée de particules embrasant l'atmosphère et la propagation d'un voile sombre de débris sur une surface comparable à celle de la Terre. Or ces impacts sur Jupiter n'ont dégagé au total que le dixième de l'énergie attribuée à l'impact qui frappa la biosphère terrestre à la fin du Crétacé – équivalente à 100 millions de mégatonnes TNT, d'après la taille du cratère et la quantité de débris éparpillés autour du globe. Si la responsabilité de l'impact dans le massacre des dinosaures ne fait plus aucun doute aujourd'hui, c'est donc en partie grâce à cette démonstration en direct de Shoemaker-Levy 9.

Jupiter tient aussi une place importante, mais quelque peu obscure, dans l'histoire globale des impacts. De par sa très grande masse et sa position stratégique au milieu du système solaire, entre la ceinture des astéroïdes et celle des comètes, nous avons vu que cette planète joue le rôle d'aiguilleur du ciel, interceptant moult projectiles à la façon d'un gardien de but, les déviant sur des orbites différentes, ou bien les éjectant du système solaire. Certains chercheurs, à commencer par le paléontologue anglais Peter Ward, en sont venus à considérer Jupiter comme un « sauveur » qui arrêterait la majorité des projectiles dangereux en provenance de la ceinture des comètes – le grand réservoir de munitions – avant qu'ils puissent frapper la Terre et bouleverser l'écosystème. Et Peter Ward d'en déduire que l'évolution d'une vie complexe a été rendue possible justement par cet arrangement idéal des planètes, avec Jupiter au bon endroit pour nous protéger. D'autres systèmes planétaires n'auraient pas eu cette chance, et nous serions donc privilégiés, la possibilité d'une vie évoluée et intelligente étant assujettie à un concours de circonstances particulièrement heureux. Il faudrait alors réviser à la baisse notre estimation des chances possibles de vie intelligente dans l'Univers.

Ce n'est qu'une hypothèse et elle est contestable. D'abord, il n'est pas certain que Jupiter nous protège autant que cela. Parmi les comètes infléchies sur des trajectoires différentes par son puissant champ de gravité, certaines sont effectivement éjectées du système solaire, mais les calculs montrent aussi que bon nombre d'entre elles sont probablement redirigées vers le système solaire interne, c'est-à-dire vers la Terre. Jupiter n'est pas innocent non plus dans la perturbation des orbites d'astéroïdes qui peuvent être amenés à croiser et à percuter notre planète.

D'autre part, les impacts ne sont pas nécessairement une mauvaise chose dans le cours de l'évolution. Une situation exempte de bombardements pourrait au contraire favoriser la stagnation des espèces, empêcher la loterie du changement et brider la course à la complexité. Faut-il rappeler que l'essor des mammifères et *in fine* du genre humain a été rendu possible par l'impact de la fin du Crétacé, qui balaya les dinosaures et secoua un écosystème qui, sans ce désastre, n'aurait peut-être pas atteint de tels sommets ?

Io, petite lune tourmentée

Deux des satellites galiléens de Jupiter, nous l'avons vu, portent la trace de nombreux impacts, car ils se sont trouvés par malchance sur la trajectoire de comètes attirées par la planète géante. Callisto en particulier, qui orbite à près de 2 millions de kilomètres de Jupiter, ne connaît pas d'activité géologique susceptible d'effacer les cicatrices des collisions et sert de « mémoire » de ces rencontres violentes. Sur les images prises par les sondes, les géologues ont identifié une dizaine de chaînes *(catenae* en latin) de cratères alignés, que l'on impute à des rafales de fragments cométaires, semblables à celle de Shoemaker-Levy 9.

Plus proche de Jupiter, la grosse lune Ganymède a aussi enregistré de nombreux impacts, mais son activité géologique plus importante en a effacé un grand nombre, et les chaînes de cratères y sont rares : trois seulement ont survécu à l'action de l'érosion.

Encore plus proches de la planète géante, Europe et Io auraient dû essuyer des impacts particulièrement violents : en effet, comme ils ne sont situés qu'à 700 000 et 400 000 kilomètres du centre de Jupiter, le champ de pesanteur de la planète géante accélère les comètes à une plus grande vitesse, phénomène auquel il faut ajouter la vitesse orbitale de la lune elle-même. Or, les premières photographies d'Europe et de Io, prises à distance par les sondes *Voyager* en 1979, ont surpris les planétologues en révélant une absence quasi complète de cratères d'impact. Ce n'est pas que les deux lunes évitent miraculeusement les collisions, mais plutôt qu'un mécanisme extrêmement efficace détruit ou dissimule leurs cicatrices.

Avant même l'arrivée des sondes, Io s'était déjà faite remarquer. Vu depuis la Terre dans les grands télescopes, ce n'est qu'un disque minuscule, mais où transparaissent des couleurs inhabituelles : blanc et jaune près de l'équateur, brun et rouge près des pôles. L'analyse spectrale de sa lumière révèle une abondance surprenante de soufre et de sodium. En outre, Io se distingue par son interaction musclée avec le champ magnétique de Jupiter. Elle orbite en effet si près de la planète qu'elle balaye ses lignes de champ, et sa fine atmosphère se fait arracher des ions de soufre, d'oxygène, de sodium et de chlore. Le champ magnétique de Jupiter les focalise en un grand anneau autour de la planète : un tore de plasma, assez semblable à celui d'un accélérateur de particules.

Io accumule également une charge électrique en se déplaçant à travers le champ magnétique jovien : un pôle positif se développe d'un côté du satellite et un pôle négatif de l'autre, la différence de potentiel frisant les 400 000 volts. Périodiquement, Io décharge son trop-plein d'électrons vers les pôles de Jupiter en un courant atteignant 5 millions d'ampères, accompagné d'une brusque émission d'ondes radio *(voir encadré ci-dessous)*. On voit même l'atmosphère de Jupiter s'illuminer d'aurores boréales, là où elle est touchée par le flux de particules en provenance de la petite lune.

CHAMP MAGNÉTIQUE ET ONDES RADIO

En raison des courants de convection qui brassent un cœur principalement constitué d'hydrogène métallique, Jupiter engendre par effet dynamo un puissant champ magnétique.

Son moment dipolaire magnétique est 20 000 fois plus intense que celui de la Terre et se trouve incliné de 10 degrés par rapport à l'axe de rotation de la planète, comme c'est également le cas chez nous.

Ce moment magnétique se traduit par une intensité du champ à la « surface » de Jupiter – c'est-à-dire au niveau des nuages –, qui s'échelonne de 420 microteslas à l'équateur à 1 400 aux pôles. C'est de 15 à 20 fois l'intensité du champ magnétique terrestre.

Ce champ, entraîné par la rotation de Jupiter, balaye l'espace à grande vitesse. C'est d'ailleurs la rotation du champ qui a permis de mesurer celle de la planète elle-même (9 heures et 55 minutes).

De nombreux électrons en provenance du vent solaire sont capturés par le champ magnétique et tournoient autour de ses lignes de force. Par effet synchrotron, ils émettent dans leur mouvement des ondes radio de longueurs d'onde centimétriques à métriques, aux fréquences comprises entre 0,6 et 30 mégahertz. De fait, Jupiter est la source radio la plus bruyante du ciel après le Soleil : c'est une cible favorite des radioastronomes amateurs. Ses émissions sont influencées par le mouvement orbital de Io, qui crée des vagues dans l'anneau de plasma entourant Jupiter et injecte des ions vers les pôles : il en résulte de fortes pulsions d'ondes radio qui sont en phase avec la période orbitale du satellite.

Io interagit donc fortement avec le champ magnétique de Jupiter. Elle se trouve également sous le joug de son champ de gravité, dont l'effet premier est de circulariser son orbite et de synchroniser sa période de rotation avec sa période de révolution. Ainsi, Io présente toujours la même face à Jupiter, comme le fait la Lune vis-à-vis de la Terre. Deux bourrelets sont constitués par effet de marée dans ses couches rocheuses – l'un dirigé vers Jupiter, l'autre diamétralement opposé –, qui se chargent de verrouiller le pointage vers la planète géante.

C'est l'état le plus stable pour le couple, et l'histoire s'arrêterait là si leur union n'était pas dérangée par un troisième larron, à savoir Europe. Sur une orbite plus lointaine, la lune Europe fait un tour de Jupiter dans le même temps que Io en boucle deux, phénomène de résonance classique. Chaque fois qu'elle dépasse Europe, Io est tirée vers elle au même point de son orbite, ce qui a pour résultat de déformer sa trajectoire circulaire en ellipse (d'excentricité 0,004).

Du coup, le bel équilibre est rompu : Io voit sa distance à Jupiter changer périodiquement, et avec elle l'intensité de l'effet de marée. Les bourrelets changent d'amplitude, les couches rocheuses se déformant de plus de 50 mètres en direction de Jupiter à chaque cycle, 2 fois par orbite de 47 heures. À titre de comparaison, la croûte terrestre ne gonfle que de 50 centimètres à chaque passage de l'onde de marée causée par la Lune et le Soleil.

Cent fois plus forte que sur la Terre, cette déformation rythmique des entrailles de Io se manifeste par une dissipation d'énergie considérable, sous forme de chaleur. Une équipe de physiciens dirigée par Stanton Peale, à l'université de Californie, fut la première à prédire et à calculer cet effet thermique des marées sur Io dans un article publié début 1979, quelques semaines seulement avant l'arrivée de *Voyager 1* dans la banlieue de Jupiter. Les chiffres calculés étaient si élevés – de l'ordre de 10^{13} watts – que Peale et ses confrères spéculèrent qu'un volcanisme intense devait sévir sur Io. Les images recueillies par la sonde devaient leur donner raison. En effet, au cours d'une vérification de routine – un relevé de position de la sonde par rapport à Io –, l'ingénieur Linda Morabito tomba sur les premières preuves d'activité volcanique en mars 1979. En surexposant une image de la petite lune pour faire ressortir les étoiles en arrière-plan, elle mit en évidence une ombrelle de particules au-dessus du limbe de Io : une éruption prise sur le vif !

Le panache culmine à 270 kilomètres d'altitude, peu freiné par l'atmosphère extrêmement ténue et la faible pesanteur de Io, et retombe en une empreinte large de 1 000 kilomètres autour de l'évent éruptif. Les images suivantes identifient celui-ci comme une sombre caldeira au pied d'un vaste plateau déchiré par un rift. L'appareil volcanique fut baptisé Pélé, en hommage à la déesse hawaïenne des Volcans, et l'empreinte de ses retombées pyroclastiques étonne par sa forme et ses couleurs : elle comporte de sombres raies radiales qui trahissent des jets plus denses ou des particules plus grosses dans des directions privilégiées, et des anneaux concentriques de couleur jaune à l'intérieur et brun-rouge à l'extérieur.

Une autre éruption est visible sur la même image de navigation, à cheval sur le terminateur entre face diurne et face nocturne : le soleil rasant illumine un nuage de particules au-dessus d'une caldeira associée à une fissure éruptive. Ce second volcan a reçu pour nom Loki, dieu scandinave du Feu. Sur les autres images de la sonde *Voyager 1* apparaissent six autres panaches éruptifs qui furent nommés Prométhée, Volund, Amirani, Maui, Masubi et Marduk.

Un volcanisme exceptionnel

Les éruptions de Io sont remarquables, tant par leur intensité et leur durée que par leur nature. En premier lieu, la longévité des éruptions est attestée par le survol de *Voyager 2* en juillet 1979, 4 mois après le passage de son prédécesseur. Sept panaches sur les huit détectés par *Voyager 1* sont encore florissants : seul Pélé a cessé son activité. En outre, deux nouvelles taches au sol montrent que des éruptions supplémentaires ont eu lieu entre les survols – elles furent nommées Surt et Aten.

La fréquence et la magnitude des éruptions sur Io sont d'autant moins discutables que la surface entière du satellite est couverte de retombées pyroclastiques et de champs de lave, sans qu'apparaisse un seul cratère d'impact : les cicatrices de collisions cométaires, si nombreuses sur Ganymède et Callisto, ont donc été ensevelies à un rythme soutenu. Le taux de recouvrement par les cendres et les laves est estimé à plusieurs millimètres par an en moyenne, soit plusieurs mètres par millénaire ou plusieurs kilomètres par million d'années.

Ce ravalement permanent a aussi des mérites esthétiques, avec une étonnante variété de couleurs : du blanc, du noir et du marron, du jaune, de l'orange et du rouge, et même des touches de vert ! Les géologues y voient l'influence du soufre – élément connu pour sa large palette de couleurs qui sont fonction de la température, de la structure moléculaire et des impuretés. Jaune à sa température de fusion (112 °C), un magma de soufre vire à l'orange vers 130 °C, au rouge au-delà de 160 °C et au brun sombre aux alentours de 220 °C – couleurs qu'il conserve s'il est brutalement refroidi à partir de ces températures d'origine. D'autre part, les particules de soufre retombant d'une fontaine éruptive sont rouges si elles contiennent peu d'atomes liés (S_3, S_4), mais jaunes lorsqu'elles forment des cycles de huit atomes (S_8). Quant aux impuretés comme le carbone, le fer, le sodium et le potassium, elles génèrent des teintes de vert, de gris et de fauve. Enfin, le dioxyde de soufre (SO_2) cristallise en flocons blancs comme neige.

Ce rôle prépondérant du soufre et de ses composés est confirmé par le spectromètre des sondes *Voyager*, qui a identifié les particules des panaches éruptifs comme étant bien du dioxyde de soufre, et du soufre pur pour les éruptions exceptionnelles, comme celle de Pélé. De là à soupçonner que les laves de Io sont aussi constituées de soufre, plutôt que de silicates et d'oxydes métalliques, il n'y a qu'un pas. C'est d'ailleurs ce modèle qui prévaut au lendemain des missions *Voyager*. Pour en savoir plus, les géologues comptent beaucoup sur la sonde *Galileo*, dont la mise en orbite autour de Jupiter va permettre de scruter Io au téléobjectif plusieurs années durant, et même de la survoler en rase-mottes plusieurs fois en fin de mission.

Avant même la mise à poste de *Galileo*, les grands observatoires terrestres ont versé une nouvelle pièce au dossier, qui remet en question le rôle du soufre et la température des éruptions sur Io. Elle concerne l'émission infrarouge de la petite lune, que les astronomes parviennent à mesurer de façon détaillée, malgré la distance à la Terre. Ils enregistrent pour cela la variation temporelle du signal sur plusieurs secondes, lorsque Io s'efface progressivement derrière Jupiter en période d'occultation. Le signal fluctuant les renseigne sur la distribution des sources de chaleur et leur température, sur les différentes parties du disque qui disparaissent tour à tour derrière Jupiter. Les astronomes détectent ainsi plusieurs points chauds sur Io, qui correspondent à l'emplacement de volcans connus. En 1990 notamment, une température de 1 200 °C a été calculée pour un « flash » infrarouge imputé à la caldeira de Loki.

Une température aussi élevée est incompatible avec un magma de soufre – qui se vaporise à 445 °C – et indique plutôt un magma de silicates, comme sur Terre. Le soufre se limiterait donc à un rôle d'appoint, comme gaz propulseur (rôle tenu par la vapeur d'eau et le dioxyde de carbone dans les éruptions terrestres) et comme nappage décoratif sur des laves qui seraient somme toute assez classiques.

L'arrivée de *Galileo* en orbite jovienne a confirmé ce verdict avec l'entrée en lice du spectromètre infrarouge qui mène la chasse aux points chauds sur Io. Tout au long de sa mission, entre 1995 et 2003, il n'a cessé d'en détecter, pour atteindre finalement un total de 166, dont certains accusent 1 300 °C. Il ne s'agit même pas de leur température maximale, car le flux infrarouge est intégré sur une surface assez large, et au sein de celle-ci, hors de portée de la résolution de l'instrument, il est probable que la source est plus petite et plus chaude. Les chercheurs évoquent des températures maximales de 1 500 °C, voire plus.

Comme les laves les plus chaudes de la Terre ne dépassent pas 1 300 °C de nos jours, celles de Io battent donc tous les records. C'est un retournement de situation total : loin d'être de « tièdes » coulées de soufre, les laves de Io seraient plus chaudes et plus riches en métaux que nos basaltes. Elles s'apparenteraient aux komatiites des premiers jours de l'histoire de la Terre, laves saturées en fer et en magnésium qui jaillissaient à 1 600 °C parce que le manteau de l'époque était porté à plus haute température par sa plus grande richesse en atomes radioactifs, dont le stock a diminué depuis.

Sur Io, ce magma ultrachaud séjourne dans de vastes caldeiras qui apparaissent particulièrement sombres sur les images, car la surface de ces réservoirs « gèle » en une carapace noire et vitreuse au contact de l'environnement très froid de Io (– 150 °C le jour, –200 °C la nuit). Sur Terre, les lacs de lave se recouvrent aussi d'une carapace, le magma n'étant exposé à vif que sur le pourtour d'une caldeira, là où la carapace se brise le long du rivage, ou bien lorsque le lac entier se retourne sens dessus dessous par convection.

La sonde *Galileo* a eu la chance d'observer une telle ligne de rivage incandescente lors d'un passage à proximité de Io le 11 octobre 1999, premier de six survols à basse altitude. Passant de nuit au-dessus de la caldeira de Pélé, elle a photographié une ligne incandescente longue de 10 kilomètres et large d'une centaine de mètres, qui représente le clapotis de magma au pied des falaises. Quant au retournement d'un lac de magma sur Io, c'est un phénomène visible depuis la Terre avec les grands télescopes. Leurs capteurs ont en effet détecté à plusieurs reprises de puissants flashs infrarouges, dont la plupart correspondent à l'emplacement de Loki : une caldeira de 200 kilomètres de diamètre. Durant plusieurs heures, la caldeira émet apparemment plusieurs milliers de milliards de watts ($> 10^{12}$ W), soit plus de chaleur que n'en émettent tous les volcans de la Terre réunis.

La sonde *Galileo* a eu également la chance de voler directement au-dessus de fontaines de lave, notamment lors d'un survol à basse altitude (300 kilomètres) au-dessus d'un alignement de caldeiras nommé Tvashtar Catena, le 26 novembre 1999. Les capteurs CCD de la caméra furent saturés par une lueur aveuglante, identifiée comme étant un rideau de magma projeté à 1 500 mètres de hauteur le long d'une fissure éruptive longue de 25 kilomètres. Le site est particulièrement actif, car un nouveau

> **IO : LES DERNIÈRES ÉRUPTIONS**
>
> Depuis la fin de la mission *Galileo*, en 2003, Io est périodiquement la cible des grands observatoires terrestres. Elle fut aussi scrutée par la sonde *New Horizons*, en route vers Pluton, lors de son bref survol de Jupiter début 2007.
> L'une des éruptions les plus spectaculaires fut ainsi repérée le 17 avril 2006 à l'observatoire Keck de Hawaï : le spectromètre infrarouge du grand télescope a décelé un « flash » thermique à l'emplacement de Tvashtar Catena, dégageant près de 1 000 milliards de watts (10^{13} W) – éruption encore en cours lors d'une seconde nuit d'observation au mois de juin.
> Neuf mois plus tard, fin février 2007, *New Horizons* détecta une forte activité au-dessus de Tvashtar, sous la forme d'un panache de particules haut de 250 kilomètres. La sonde a repéré au téléobjectif 10 autres panaches, dont une série de 3 panaches alignés dans une région jusqu'alors exempte d'éruptions. En infrarouge, la sonde a complété son recensement volcanique en enregistrant une forte activité thermique sur 36 sites différents.

survol trois mois plus tard constata la cessation de l'activité en fontaines, mais le démarrage d'une autre éruption dans une caldeira voisine, sous la forme d'un champ de lave avançant sur un front large de 60 kilomètres. En décembre 2000, c'est au tour d'un panache de dioxyde de soufre de jaillir au-dessus du site, jusqu'à 385 kilomètres d'altitude.

Les navigateurs de *Galileo* décidèrent alors de faire passer la sonde à proximité du panache lors de l'orbite suivante, afin de mieux l'analyser. Au moment du survol, le 6 août 2001, l'éruption avait cessé, mais la chance voulut qu'un panache plus spectaculaire encore, à partir d'une source plus au sud, s'élevât à l'altitude record de 500 kilomètres, en plein sur la trajectoire de la sonde ! *Galileo* put donc analyser les particules *in situ* et les identifier comme étant des flocons de dioxyde de soufre, chacun contenant de 15 à 20 molécules.

Après cet exploit, la sonde *Galileo* a effectué encore deux passages à proximité de Io, en octobre 2001 et en janvier 2002, mais en pénétrant si profondément dans le champ magnétique de Jupiter qu'elle essuya à chaque reprise un bombardement de radiations rédhibitoire pour son électronique de bord. Aucun instrument ne fonctionna d'ailleurs lors du dernier survol. Après 7 ans de bons et loyaux services, *Galileo* fut alors dirigée vers la planète géante pour se consumer dans son atmosphère, le 21 septembre 2003. Les responsables de la sonde ont ainsi tenu à éliminer son épave, afin qu'elle ne s'écrase pas sur une lune de Jupiter par mégarde, notamment sur Europe. Il n'est pas exclu en effet que celle-ci abrite de primitives formes de vie, comme nous allons le voir. Contaminer sa surface avec une sonde porteuse de bactéries terrestres aurait constitué une négligence inacceptable.

L'océan caché d'Europe

Si Io est le monde fabuleux du volcanisme, Europe est le monde de l'eau. Dans un système planétaire en miniature, les satellites de Jupiter ont en effet connu une distribution en dégradé de leurs éléments constituants, et si Io est dépourvue d'eau, Europe en possède de grandes quantités. C'est d'ailleurs flagrant : le petit satellite (3 122 kilomètres de diamètre, légèrement plus petit que notre propre Lune) est d'un blanc étincelant, entièrement recouvert de glace. Il est d'autre part extrêmement lisse et compte très peu de cratères d'impact, signe que sa surface est active, nivelant les irrégularités du relief.

Cette activité géologique prend la forme de longs sillons (*linae*) qui labourent la glace comme autant d'autoroutes. On les appelle aussi « bandes triples », car ils consistent en une ligne centrale claire, en creux, flanquée de deux lignes sombres surélevées, en talus. Il s'agit de toute évidence de fractures tectoniques : larges de 20 kilomètres en moyenne, ces sillons peuvent atteindre plusieurs milliers de kilomètres de longueur. Reste à expliquer quelle énergie alimente une telle activité géologique sur un monde aussi petit, lequel, à l'instar de notre propre Lune, aurait dû dissiper l'essentiel de sa chaleur interne tôt dans son histoire et se figer il y a des milliards d'années.

Il s'agit bien sûr de l'énergie des marées, engendrée par l'orbite perturbée d'Europe autour de Jupiter. Nous avons vu comment Io et Europe s'influencent réciproquement et étirent leurs orbites en ellipses légèrement allongées, le long desquelles elles ressentent des variations importantes du champ de gravité jovien. Pour Io, l'effet de marée est le moteur de son volcanisme débridé. Pour Europe, qui évolue à plus grande distance de Jupiter et avec une excentricité orbitale moindre, l'effet de marée est plus faible. On n'observe pas d'éruptions en surface. Mais les planétologues estiment que la chaleur induite en profondeur est suffisante pour faire fondre la croûte de glace par en dessous. Sous sa lisse carapace, Europe abriterait un océan d'eau liquide, profond d'une centaine de kilomètres !

Au-delà de considérations purement théoriques, l'existence de cette couche liquide est attestée par plusieurs indices convaincants. En premier lieu, Europe possède un champ magnétique notable (120 microteslas au

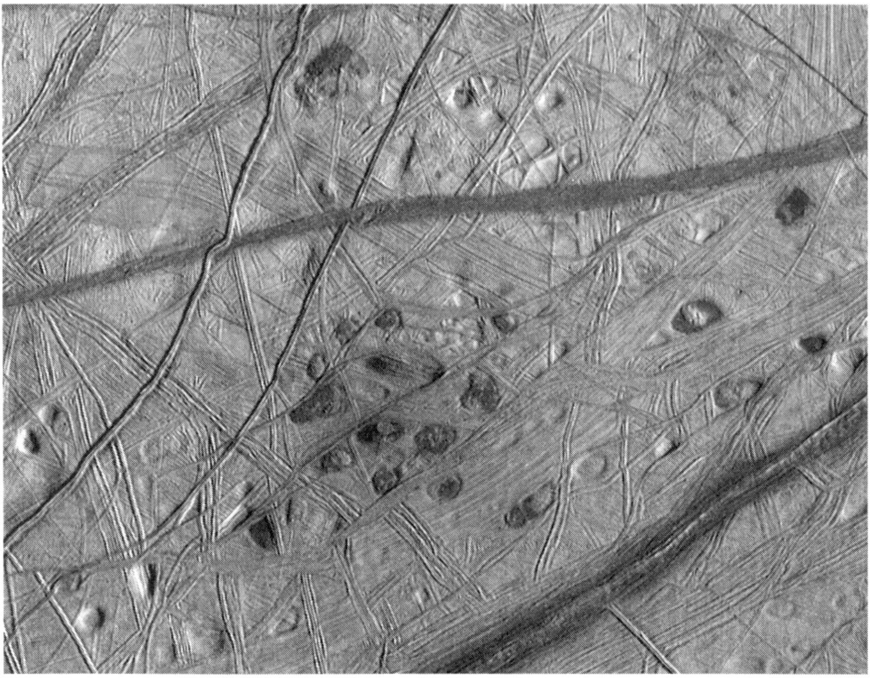

FIGURE 6.5 – Paysage de glace sur Europe, photographié par la sonde *Galileo* en mai 1998. Le panorama, large d'environ 300 km, est sillonné de fractures se recoupant en plusieurs familles d'âges différents. Des monticules larges d'une dizaine de kilomètres marquent vraisemblablement des remontées de glace chaude à travers la mince croûte solide de la petite lune, qui pourrait recouvrir un océan souterrain.
(NASA/JPL/University of Arizona/University of Colorado.)

niveau de l'équateur) : celui-ci ne provient pas d'un noyau de fer fondu, absent de ce petit corps peu dense, mais plutôt d'une interaction d'Europe avec le champ magnétique de Jupiter, que la lune balaye sur son orbite. Les variations du champ magnétique qu'elle ressent induisent un courant électrique en son sein, lequel génère un champ magnétique induit : celui que l'on observe. Pour cela, il faut un milieu conducteur, et un océan gorgé de sels fait parfaitement l'affaire.

Autre indice : les fractures qui sillonnent la surface d'Europe ne sont pas toutes alignées avec le champ de contraintes tectoniques que l'effet de marée engendre aujourd'hui. En fait, seules les fractures les plus récentes le sont, l'orientation des autres ne pouvant s'expliquer que si la carapace externe d'Europe – sa coquille de glace – a tourné au fil des ans, dirigeant les anciennes fractures hors d'alignement avec le champ actuel des contraintes. Or, un tel découplage de la croûte d'Europe avec l'intérieur du globe ne s'explique que si une couche d'eau liquide sépare les deux, servant de lubrifiant à ce gigantesque roulement à billes. Certains chercheurs estiment que la croûte a pivoté de près de 90 degrés par rapport à l'intérieur du globe – soit un quart de tour – en quelques millions d'années.

L'existence d'une couche liquide est également suggérée par les substances qui ont émergé des fractures. Certaines « bandes triples » ont le fond constellé de taches brunâtres, comme si de l'eau liquide teintée de sels avait surgi pour se répandre en surface, avant de geler. L'analyse spectrale des taches suggère des sulfates de magnésium ou des hydrates d'acide sulfurique. Petit problème : l'eau liquide aurait du mal à faire éruption à travers une croûte de glace, car elle est plus dense que sa forme solide (c'est pour cela que la glace flotte sur l'eau et non l'inverse). On peut imaginer qu'une surpression du liquide ou bien que sa richesse en substances diminuant sa densité (tel l'ammoniac) faciliteraient l'opération. Ou bien encore que les remontées se font sous la forme de colonnes solides de glace chaude et molle – des « diapirs » dans le langage des géologues –, qui répandraient alors leurs « laves » en surface. Du reste, de nombreux petits dômes sur Europe évoquent un tel processus.

D'un point de vue morphologique, les régions chaotiques d'Europe évoquent un océan souterrain. Par endroits, la croûte glacée est disloquée en une mosaïque de blocs, dont certains ont pivoté par rapport à leurs voisins. Cette disposition en « puzzle chahuté » évoque la banquise des océans terrestres, lorsqu'elle fond et que ses plaques pivotent avant de recongeler. Ces régions chaotiques (Conamara Chaos par exemple) seraient celles où la croûte glacée est suffisamment mince pour se fendre jusqu'à l'océan et permettre aux blocs de changer d'orientation.

À la recherche d'une vie extraterrestre

Les chercheurs sont donc convaincus qu'Europe abrite un océan souterrain, sur la base des calculs de chaleur interne, du champ magnétique induit, du champ de pesanteur et du moment d'inertie de la petite lune, du découplage de sa croûte avec l'intérieur, et des régions chaotiques en surface. Ils estiment que l'épaisseur de cette couche liquide mesure de 100 à 200 kilomètres. La principale inconnue reste l'épaisseur de la croûte glacée qui la recouvre : à quelle profondeur commence cet océan sous la surface d'Europe ? Pourrait-on l'atteindre par forage ?

Les avis divergent. D'après les estimations du flux thermique qui traverse Europe, on s'attend à un couvercle de glace mesurant de 10 à 30 kilomètres d'épaisseur. Les rares cratères d'impact qui n'ont pas encore été effacés par l'activité tectonique confirment cette épaisseur de la croûte : plus mince, ils l'auraient percée, et l'océan aurait surgi pour noyer et déformer les cratères. Reste que, dans certaines régions, la croûte de glace pourrait être moins épaisse que la moyenne, en particulier au niveau de l'équateur, où les petits cratères d'impact ont une forme plus estompée et où l'on observe les mystérieuses régions chaotiques. Il est possible que l'épaisseur de glace s'y réduise à 2 ou 3 kilomètres ; les plus optimistes rêvent de quelques centaines de mètres seulement. Devant de tels chiffres, on se prend à imaginer des scénarios pour percer la glace et atteindre l'océan souterrain, car celui-ci pourrait receler un trésor inestimable : des formes de vie extraterrestre.

GANYMÈDE

Ganymède est le plus gros satellite du système solaire (5 262 kilomètres), plus gros même que la planète Mercure. Il est stratifié en couches distinctes – noyau métallique, manteau interne rocheux, manteau externe de glace – en raison de sa genèse à haute température. Non seulement les collisions qui ont présidé à sa formation ont élevé sa température interne, mais peut-être a-t-il connu une période de résonance orbitale avec Io et Europe (plus contraignante que la résonance actuelle) qui a déformé et chauffé ses entrailles par effet de marée.

La surface de Ganymède est divisée en deux types de terrains : deux tiers de terrains sombres et un tiers de terrains clairs. Ces derniers, parcourus de sillons et de rides tectoniques, portent un peu moins de cratères d'impact que les terrains sombres et seraient donc plus récents. Ils marqueraient la pulsion de l'activité tectonique associée à cette période de résonance initiale. Puis Ganymède serait sorti de cette situation contraignante, il y a 3 ou 4 milliards d'années, et son activité tectonique aurait cessé.

Il n'en demeure pas moins que la chaleur accumulée à cette époque ne s'échappe que lentement. Ganymède possède un champ magnétique intrinsèque (720 nanoteslas à l'équateur), qui indique que son noyau de fer, d'un rayon de 700 à 900 kilomètres, est resté chaud et liquide. Un autre champ magnétique induit (60 nanoteslas) se superpose à celui du noyau et suggère l'existence d'un océan souterrain d'eau salée, comme pour Europe, enfoui à 200 kilomètres environ sous la surface et pris en sandwich entre manteau et croûte de glace.

CALLISTO

Callisto, satellite galiléen le plus éloigné de Jupiter (1,9 million de kilomètres) est pratiquement de la taille de Mercure (4 821 kilomètres de diamètre), mais beaucoup moins dense (1,83 tonne/m^3), ce qui s'explique par une forte proportion de glace légère, mêlée au roc. Ce mélange hétérogène a persisté jusqu'à ce jour : les mesures du champ de gravité et du moment d'inertie de Callisto n'indiquent pas de séparation en grandes couches distinctes, comme c'est le cas pour Ganymède. Il semblerait que Callisto se soit formée plus lentement et « à froid », évacuant son énergie sans que le roc devienne assez chaud pour sombrer à travers la glace jusqu'au centre, bien qu'un noyau minéral de quelques centaines de kilomètres de rayon ne soit pas à écarter.

Ne connaissant pas d'activité géologique en surface du fait de son faible échauffement, Callisto a accumulé les cicatrices d'impacts, y compris de longues chaînes de cratères (*catenae*), formées par des rafales de débris cométaires. Deux grands impacts ont formé des bassins géants, dont les ondes de choc se sont figées en anneaux larges respectivement de 4 000 kilomètres (bassin Valhalla) et 1 600 kilomètres (bassin Asgard).

Il n'y a pas si longtemps, les biologistes auraient immédiatement rejeté cette hypothèse, arguant que la vie a nécessairement besoin de la lumière solaire pour s'épanouir. Depuis que les missions en bathyscaphe ont découvert au fond des océans terrestres des oasis de vie par 3 000 mètres de profondeur autour de fumerolles volcaniques, les perspectives ont entièrement changé. Les biologistes y ont prélevé des bactéries primitives de la famille des archébactéries, qui tiennent leur énergie non de la lumière solaire, mais de l'oxydation d'éléments réduits, comme l'hydrogène ou le sulfure d'hydrogène émis par les évents volcaniques. Une hypothèse voudrait d'ailleurs que la vie terrestre soit née sur le fond obscur des océans, il y a plus de 4 milliards d'années, là où elle aurait échappé à la plupart des impacts dévastateurs frappant la surface des continents et des océans. La vie se contenterait alors, pour éclore à partir de la matière inerte et pour prospérer, d'eau liquide, de carbone et de quelques autres éléments chimiques comme l'azote, le phosphore et le soufre, et d'une source d'énergie – sous la forme d'un gradient de température par exemple.

On sait, jusqu'à preuve du contraire, qu'il y a sur Europe un océan souterrain. Les éléments chimiques ne font pas défaut dans le manteau minéral sous-jacent, et le carbone en particulier est un élément abondant des astéroïdes et des comètes qui pleuvent à la surface de l'astre. Quant à la source de chaleur, c'est l'effet de marée qui malaxe son manteau et crée du magma en profondeur. On peut imaginer que celui-ci s'épanche au fond de l'océan sous forme de laves, ou entretient au minimum une activité hydrothermale sur ce fond, à l'image de ce qui se passe sur nos rifts océaniques.

Hormis nos dorsales volcaniques, un autre site terrestre se prête à la comparaison avec l'océan souterrain d'Europe. Il s'agit du lac Vostok, en Antarctique : une lentille d'eau de 14 000 km^2 (30 fois le lac Léman) et d'une profondeur moyenne de 125 mètres, enfouie à 3 710 mètres de profondeur sous la glace. Découvert en 1977 par radar, ce réservoir souterrain d'eau douce est âgé de près d'un million d'années. Les premiers forages sont parvenus à proximité du réservoir : dans les échantillons de glace prélevés, les biologistes ont identifié des algues et des bactéries aux caractéristiques originales. Avec des instruments stérilisés, pour ne pas contaminer les formes de vie à étudier, il est maintenant question d'introduire des robots submersibles dans ce lac souterrain – préfiguration de ce que les planétologues aimeraient faire sur Europe.

Mais une mission aussi ambitieuse sur la lune de Jupiter devra attendre. La prochaine sonde à destination de la planète géante est l'orbiteur américain *Juno*, qui sera lancé en 2011 et atteindra Jupiter en 2016. S'inscrivant sur une orbite polaire, il se consacrera uniquement à l'étude de l'atmosphère et du champ magnétique joviens.

La prochaine étape consistera à envoyer un duo de sondes orbitales dédiées aux lunes Europe et Ganymède. Développées respectivement par la NASA et par l'ESA, elles seront lancées en 2019 et se placeront en orbite autour de Jupiter en 2026, étudiant deux ans durant le système jovien dans son ensemble. Puis les sondes se satelliseront autour de leurs lunes respectives en 2029. Outre un système de caméras, elles emporteront un radar pour mesurer l'épaisseur de la croûte de glace et pour localiser les poches d'eau liquide les plus proches de la surface. D'autres instruments préciseront les caractéristiques de l'océan souterrain et de sa carapace de glace, tels un magnétomètre et un altimètre, alors que des spectromètres identifieront les sels à la surface et les points chauds d'éventuels geysers.

Une fois identifiées les nappes d'eau les plus aisément accessibles, une sonde de nouvelle génération pourrait être lancée aux alentours de 2035, avec pour mission de poser au sol une « taupe », chauffée par une pile à combustible ou une pile atomique, qui fondrait son chemin à travers la glace jusqu'à la nappe liquide. La « taupe » libérerait alors deux véhicules pour analyser le milieu aqueux et détecter d'éventuelles formes de vie : un « flotteur » qui resterait collé sous la banquise d'Europe, et un

« plongeur » qui coulerait jusqu'au fond, étudierait les sédiments du plancher marin, puis remonterait à travers la colonne d'eau pour en recueillir un profil complet et retransmettre les résultats à la Terre.

Cet ambitieux scénario bénéficie d'un grand soutien chez les chercheurs, tant Europe semble prometteuse pour abriter une vie extraterrestre, disputant ce privilège à la planète Mars elle-même. Et comme un second océan est soupçonné sous la surface de Ganymède *(voir encadré p. 178)* et que Io fascine les volcanologues, Jupiter et ses lunes n'ont pas fini de recevoir la visite de nos sondes.

CHAPITRE 7

Saturne

IL EXISTE UNE DERNIÈRE PLANÈTE CONNUE DES ANCIENS, la moins brillante et la plus lente à traverser la voûte céleste. Cette majesté lui vaut d'être associée au dieu suprême du Ciel et du Temps qui passe : Kronos chez les Grecs, Saturne chez les Romains. D'un éclat fixe et légèrement jaunâtre, l'astre est facilement repérable à l'œil nu et fait le tour du Soleil – sa traversée du zodiaque – en près de 30 ans. Saturne prend donc 2 à 3 ans pour traverser une constellation : le Lion en 2009-2010, la Vierge en 2011-2012, puis la Balance et le Scorpion.

Derrière cette lenteur placide se cache un monde surprenant que les astronomes munis des premières lunettes vont découvrir, à commencer par Galilée en juillet 1610. Le grossissement de son instrument ne dépasse pas 20 fois, mais c'est suffisant pour remarquer que l'astre est oblong, apparemment composé de trois sphères « qui se touchent presque et ne bougent, ni ne changent par rapport aux autres ». Galilée est d'autant plus intrigué par le phénomène que cet aspect triple disparaît 2 ans plus tard, lorsqu'il observe de nouveau Saturne en 1612, puis réapparaît en 1613. Le changement de perspective, à mesure que Saturne tourne autour du Soleil, joue des tours à l'astronome…

En 1655, le Hollandais Christiaan Huygens postule que l'étrange structure est un disque annulaire, mince et solide, qui encercle la planète. Cela explique que, lorsqu'on le voit par la tranche, il disparaît. En 1660, le poète français Jean Chapelain, ami et confident des savants de son époque, a l'intuition qu'une foule de petits satellites tournant dans le même plan ferait tout autant l'affaire qu'un disque solide, idée que partage Jean Dominique Cassini, directeur de l'Observatoire de Paris.

SATURNE EN CHIFFRES

Caractéristiques physiques

Diamètre équatorial :	120 536 km
Masse :	95 Terres
Densité :	0,69 (690 kg/m^3)
Pesanteur :	0,91 *g*
Température de « surface » :	– 140 °C (à 1 bar) – 190 °C (à 0,1 bar)
Période de rotation :	10 h 32 min
Inclinaison de l'axe :	26,7°
Atmosphère :	H_2 : 96,3 % ; He : 3,3 % ; CH_4 : 0,4 % ; NH_3 : 0,01 %

Caractéristiques orbitales

Aphélie :	1 513,3 millions de kilomètres
Périhélie :	1 353,6 millions de kilomètres
Excentricité :	0,06
Période de révolution :	29,7 ans
Inclinaison (sur l'écliptique) :	2,5°
Nombre de lunes :	63

De Cassini à *Cassini*

Huygens et Cassini découvrent en parallèle de multiples lunes autour de Saturne, à commencer par Titan – le plus gros satellite du système solaire avec ses 5 150 kilomètres de diamètre –, épinglé par le Hollandais en 1655. Cassini s'adjuge les quatre lunes suivantes, de plus petit calibre : Japet et Rhéa en 1671 et 1672, puis Téthys et Dioné en 1684. Cassini et Huygens furent donc les grands « conquistadors » de Saturne, et le programme spatial leur rendra hommage au XXe siècle en leur dédiant la première et la seule sonde à s'être consacrée entièrement à son univers de gaz, de lunes et d'anneaux : la sonde *Cassini-Huygens*, projet commun de la NASA et de l'ESA, qui s'est satellisée autour de Saturne en juin 2004. Mais avant ce rendez-vous spatial, Saturne avait révélé de nombreuses facettes au fil des siècles, à commencer par son atmosphère, car Saturne est une « géante gazeuse ».

Avec un diamètre équatorial de 120 536 kilomètres – 8,5 fois celui de la Terre –, Saturne est à peine moins gros que Jupiter (60 % de son volume) et pourrait contenir 764 globes terrestres. Le contraste entre les

OBSERVER SATURNE AU TÉLESCOPE

Saturne est un astre légèrement jaunâtre, de magnitude comprise entre – 0,2 et + 1,2. Une petite lunette de 60 millimètres, grossissant au moins 40 fois, permet de voir les anneaux, ainsi que la grosse lune Titan (de magnitude 8). Un télescope d'au moins 100 à 150 millimètres d'ouverture, avec un oculaire grossissant 150 fois, est nécessaire pour distinguer la division de Cassini – qui sépare les deux anneaux principaux A et B –, ainsi que l'ombre projetée par les anneaux sur le globe de Saturne. Ce matériel permet également de repérer les satellites Rhéa, Japet et Téthys.
L'axe de rotation de Saturne est incliné sur l'écliptique, et par conséquent son système d'anneaux également : leur perspective change à mesure que la planète tourne autour du Soleil, orbite que Saturne boucle en 30 ans environ. Lorsque les astronomes ont une vue plongeante sur les anneaux (qui sont dits « ouverts »), leur structure et leurs divisions sont soulignées. Lorsque les anneaux sont vus par la tranche et disparaissent (comme en 2009-2010), l'éclat de la planète diminue, ce qui permet de mieux voir les satellites les moins brillants, ainsi que les grandes taches blanches et autres tempêtes de son atmosphère.

deux planètes géantes vient surtout de la masse et de la densité beaucoup moins élevées de Saturne : sa masse ne vaut que 30 % de celle de Jupiter, et sa densité est 2 fois plus faible : 0,69 tonne/m^3 – la densité la plus faible de toutes les planètes du système solaire. Cette densité est inférieure à celle de l'eau, de sorte que dans un océan à sa mesure Saturne flotterait…

Cette caractéristique vaut aussi à Saturne d'être sensiblement déformé par la force centrifuge de sa rotation. Tournant sur lui-même en 10 heures et demie environ, le globe de gaz est façonné en un « sphéroïde oblong », renflé à l'équateur et aplati aux pôles – déformation visible avec un petit télescope. De fait, le diamètre de Saturne mesure presque 10 % de moins dans le sens nord-sud que dans le plan de l'équateur.

Sur cette face aplatie, Saturne révèle peu de détails, surtout si on le compare à Jupiter. Il y a bien, comme pour ce dernier, des bandes latitudinales – zones claires et ceintures sombres –, mais elles sont peu contrastées. Moins spectaculaires aussi sont les nuages et les formations cycloniques : ces dernières manquent de couleur – aucune ne rivalise avec la Grande Tache rouge de Jupiter –, bien qu'elles atteignent des dimensions respectables.

Ainsi, tous les 30 ans environ, lorsque Saturne atteint sur son orbite le point du solstice d'été dans l'hémisphère Nord – c'est-à-dire lorsque l'insolation y est maximale –, une Grande Tache blanche apparaît sur la planète, une fois sur deux près de l'équateur, et la fois suivante dans les hautes latitudes boréales. Celles qui éclosent à l'équateur sont les plus spectaculaires : la première fut découverte en 1876 par l'astronome américain Asaph Hall ; et la dernière en date, par l'astronome amateur Stuart Wilber en 1990.

L'apparition de 1990 prit d'abord la forme d'une tache ovale qui se mit à s'étendre dans le sens est-ouest pour atteindre 80 000 kilomètres de long en moins de 3 semaines. Au bout d'un mois, elle encerclait la planète entière. Le télescope spatial Hubble en prit des photographies spectaculaires, montrant une perturbation complexe ondoyant tout autour de l'équateur, comme une gigantesque vague. Si la périodicité est respectée, une nouvelle Grande Tache blanche devrait surgir dans l'hémisphère Nord de Saturne vers 2017, et la suivante, éclore dans la zone équatoriale aux alentours de 2047.

Mais ce sont surtout les anneaux qui captivent les astronomes. Leur structure s'avère complexe. Déjà, Jean Dominique Cassini avait remarqué un changement d'aspect aux deux tiers de la distance entre bord interne et bord externe du disque, que William Herschel identifiera plus tard comme

FIGURE 7.1 – La planète Saturne et ses anneaux photographiés à contre-jour par la sonde *Cassini* en septembre 2006. Les anneaux brillants près de la planète forment les systèmes C, B et A, encerclés par les pistes plus sombres et plus diffuses G et E.
(NASA/JPL/Space Science Institute.)

étant une coupure sombre. Large de 5 000 kilomètres, cette « division de Cassini » sépare le disque en deux parties distinctes : l'anneau « A » externe et l'anneau « B » interne. D'autres subdivisions vont suivre, certaines réelles, d'autres imaginaires.

Quoi qu'il en soit, astronomes et physiciens ont vite compris que la structure qui entoure Saturne n'est pas un disque solide d'un seul tenant, ni même une série d'anneaux solides, mais plutôt une kyrielle de satellites, comme l'avaient d'abord suggéré Cassini et Chapelain au XVIIe siècle, puis Emmanuel Kant et Pierre Simon de Laplace au siècle suivant. L'origine du phénomène est entrevue dès 1849 par le mathématicien Édouard Roche qui découvre qu'en deçà d'une certaine limite autour d'une planète – nommée en son honneur « limite de Roche » –, les forces de marée écartèlent tout objet solide. Notant que les anneaux de Saturne se trouvent justement en deçà de cette limite (environ 2,5 rayons planétaires), Roche propose qu'une lune y aurait explosé en une multitude de fragments. Dans la foulée, en 1859, le physicien James Clerk Maxwell – auteur par ailleurs des équations de l'électromagnétisme – démontre mathématiquement que la stabilité des anneaux est due à un rassemblement de particules en une multitude de pistes concentriques – des annelets – où toute perturbation du système se propage sous forme d'ondes, sans en détruire l'arrangement. Les photographies prises plus d'un siècle plus tard par les sondes spatiales lui donneront raison.

La beauté et la complexité de l'atmosphère, des anneaux et des lunes de Saturne appellent une étude *in situ* par les sondes spatiales, malgré la formidable distance à parcourir (plus d'un milliard de kilomètres). La NASA s'y attelle dès les années 1970 et réussit le survol de Saturne coup sur coup par *Pioneer 11* en septembre 1979, *Voyager 1* en novembre 1980 et *Voyager 2* en août 1981. Mais il s'agit de simples survols, et si ces premières sondes découvrent bien de nouvelles lunes et de fines structures dans les anneaux – y compris les fameux annelets postulés par Maxwell –, elles laissent les chercheurs sur leur faim et soulignent tout l'intérêt qu'il y aura à satelliser un engin autour de Saturne de façon permanente, pour une mission à long terme.

Dans le même esprit que la sonde *Galileo* destinée à Jupiter, c'est donc un tel engin qui est mis en chantier aux États-Unis et en Europe pour un décollage en 1997 et une arrivée en 2004 dans le système de Saturne : la sonde internationale *Cassini-Huygens*. *Cassini* est un énorme « bus » orbital de quelque 5 tonnes (2 tonnes à vide, plus 3 tonnes de propergol), mesurant 7 mètres de long sur 4 de large, et emportant une douzaine d'instruments d'observation, allant de la caméra à l'analyseur de poussières, en passant par le spectromètre infrarouge, le spectrographe ultraviolet, le magnétomètre et le radar imageur. Attachée à ce bus de la NASA, la sonde *Huygens*, fournie par l'Agence spatiale européenne, a pour mission de s'en détacher – une fois l'ensemble arrivé autour de Saturne –, d'intercepter sur sa lancée la grosse lune Titan, de pénétrer son atmosphère, d'ouvrir un parachute et de conduire des analyses tout au long de la descente.

Alors que *Huygens* s'acquitte parfaitement de sa mission début 2005 – nous reviendrons sur ce formidable succès –, le bus *Cassini* enchaîne les orbites autour de Saturne sur une trajectoire qui l'amène à croiser plusieurs fois les diverses lunes, à traverser le plan des anneaux à maintes reprises, et même à quitter le plan équatorial pour « monter » survoler les pôles de la planète géante. Car les planétologues n'ont pas oublié l'essentiel : la planète Saturne elle-même et ses mystères.

Une atmosphère très active

Loin d'être uniforme, comme le suggéraient les premières observations au télescope, l'atmosphère de Saturne s'est révélée beaucoup plus active que prévu et pleine de surprises. À première vue, elle apparaît pourtant comme une version simplifiée de l'atmosphère jovienne, dont elle partage nombre de caractéristiques. Elle aussi est composée d'hydrogène (96 % en volume) et d'hélium (3 %), avec pour constituants mineurs le méthane (0,4 %), la vapeur d'eau, l'ammoniac, l'éthane, l'éthylène et la phosphine. Le méthane, en particulier, forme une brume de haute altitude qui voile les couches profondes de l'atmosphère et vaut au disque de Saturne son manque de contraste.

Cette atmosphère est plus étendue que celle de Jupiter, en raison de la gravité plus faible qui comprime moins les gaz : les différentes couches nuageuses se répartissent ainsi sur 300 kilomètres d'altitude, alors qu'elles se concentrent dans une fourchette de 100 kilomètres sur Jupiter. D'autre part, il fait plus froid dans la haute atmosphère de Saturne que dans celle de Jupiter, car l'insolation y est 4 fois plus faible (la distance au Soleil est 2 fois plus grande). Il faut donc y descendre plus profondément pour atteindre une température équivalente.

Ainsi, alors que sur Jupiter il fait assez chaud vers 5 bars de pression pour qu'il y ait de l'eau liquide, il faut descendre à près de 20 bars dans l'atmosphère de Saturne pour atteindre cette même température critique de 0 °C. C'est à ce niveau que circulent les nuages d'eau – la couche nuageuse la plus profonde –, formés de gouttelettes d'eau liquide à la base et de cristaux de glace au sommet. Environ 80 kilomètres au-dessus, vers

5 bars de pression, la température n'atteint plus que –90 °C, et à ce niveau se forment des nuages glacés d'hydrosulfure d'ammonium. Une cinquantaine de kilomètres encore au-dessus, vers 1 bar de pression, s'étalent des nuages de glace d'ammoniac à une température inférieure à –120 °C. Et encore au-dessus flotte la brume de méthane…

Même à ces très basses températures, quelques degrés de différence d'un niveau à l'autre, ou entre régions adjacentes, suffisent pour stimuler la convection de l'atmosphère et former des cyclones, telles les Grandes Taches blanches. Les nuages d'eau, en particulier, jouent un rôle prépondérant dans cette dynamique, et bien qu'ils restent dissimulés au fond de l'atmosphère, l'énergie qu'ils dégagent brasse vigoureusement les gaz et les nuages situés au-dessus d'eux.

Ce rôle de l'eau est souligné par les violents orages détectés par les sondes spatiales. *Voyager 1* et *2* ont entendu les crépitements radio de puissants éclairs au niveau de l'équateur en survolant Saturne en 1980 et 1981. La sonde *Cassini* a non seulement confirmé les orages dès son arrivée en 2004, mais elle en a souligné toute la puissance et la durée. Par ailleurs, alors que les orages des années 1980 se déroulaient près de l'équateur, ceux qui sont identifiés par *Cassini* se situent dans les latitudes moyennes de l'hémisphère Sud, dans un couloir surnommé *Storm Alley* (l'« allée des Tempêtes »). Sur Saturne, c'est dans ce couloir compris entre 30 et 35 degrés de latitude Sud que se concentre toute l'activité orageuse aujourd'hui.

La première perturbation repérée par la sonde en 2004 est une belle arabesque nuageuse baptisée « tempête du Dragon » *(voir cahier couleurs, fig. XXV).* Vue depuis la sonde, l'apparition de ce panache orageux sur l'horizon est accompagnée de grésillements dans la bande radio de 20 kilohertz à 40 mégahertz. Brièvement apparue en mai, la tempête du Dragon se reforme toute une semaine en juillet, puis en août, avant de culminer en septembre avec 25 jours d'activité. Puis la perturbation et ses crépitements radio disparaissent. Un an et demi plus tard, le 23 janvier 2006, une nouvelle perturbation surgit dans l'allée des Tempêtes, qui surpasse la précédente en intensité et en nombre d'éclairs. De nouveau, seuls les crépitements radio trahissent les éclairs : ils restent invisibles, même de nuit, car ils sont situés trop profondément dans l'atmosphère de Saturne. D'ailleurs, même si leur lueur parvenait à percer les brumes de méthane en surface, elle serait noyée par la luminosité des nuits de Saturne, les brillants anneaux dans son ciel jouant le rôle de miroirs solaires !

La tempête de 2006, comme le bouquet final de 2004, dure environ un mois. Mais c'est la troisième tempête observée par *Cassini* qui est la plus belle : elle bat tous les records d'intensité et de durée. Détectée le

LES PÔLES DE SATURNE

Outre la zone équatoriale et les moyennes latitudes australes (l'allée des Tempêtes), les pôles de Saturne recèlent eux aussi une forte activité climatique.
Survolant le pôle Nord en 1980, la sonde *Voyager 1* y a photographié une curieuse structure hexagonale, large de 25 000 kilomètres, encerclant la planète au niveau de la latitude de 78° N. La structure ne semble pas tourner autour du Pôle, mais paraît « verrouillée » en place, à la façon d'une onde stationnaire. La sonde *Cassini* l'a photographiée de nouveau en 2006 : l'hexagone n'a pas bougé en 26 ans. Les images plus fines ont permis de détecter un cyclone en son centre, qui tourne autour du Pôle avec des vents atteignant 500 km/h.
Aux antipodes, c'est un cyclone encore plus spectaculaire qui est rivé sur le pôle Sud, large de 8 000 kilomètres. Survolé par la sonde *Cassini* en octobre 2006, il tourne dans le sens des aiguilles d'une montre avec des vents tout aussi violents qu'au pôle Nord (500 km/h). Outre deux bras en spirale, il se distingue par un œil central, à l'instar des cyclones terrestres, c'est-à-dire un puits central sans nuages, encerclé d'un mur nuageux. Sur Terre, de tels murs de nuages provoquent de violentes précipitations. Sur Saturne, le rebord nuageux de l'œil central est lui aussi gorgé d'humidité et s'élève 75 kilomètres au-dessus du fond du puits, sur lequel il jette son ombre. Quant à la source d'énergie qui alimente le système, elle est vraisemblablement d'origine interne.

27 novembre 2007, elle donne lieu une semaine plus tard à un immense panache nuageux – vraisemblablement constitué de cristaux de glace – qui s'élève à travers la couche supérieure de nuages d'ammoniac. Le volume de la perturbation est considérable, brassant autant de gaz qu'en contient toute l'atmosphère terrestre. Sur une surface grande comme la Terre (plus de 10 000 km^2), c'est sur près de 100 kilomètres d'épaisseur que l'atmosphère de Saturne est agitée. Les éclairs s'y succèdent plusieurs fois par minute, relâchant chacun 10 000 fois plus d'énergie qu'un éclair terrestre ordinaire. À la différence des tempêtes précédentes, celle-ci persiste plus d'un semestre, son intensité fluctuant toutes les 2 à 3 semaines, et son panache se renforçant en 2008 d'une deuxième tempête éclose dans son sillage, puis d'une troisième.

Reste à expliquer le mécanisme à l'origine de ces perturbations et notamment leur source d'énergie. En ce qui concerne les tempêtes équatoriales, comme celles de 1980 et 1981, elles semblent liées au changement d'insolation en surface. À l'époque, les anneaux de Saturne étaient

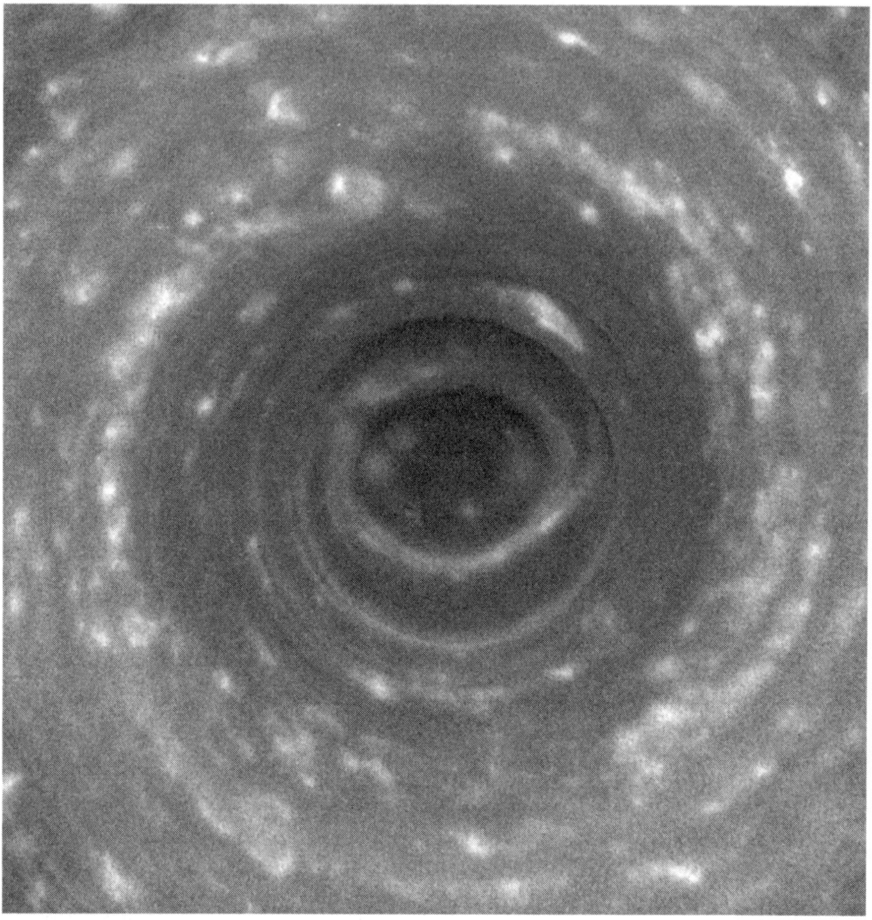

FIGURE 7.2 – Le puits cyclonique du pôle Sud de Saturne, photographié en infrarouge par la sonde *Cassini* en octobre 2006. Les murs concentriques de nuages surplombent de 75 km l'œil du cyclone. En périphérie du système, les vents dépassent 500 km/h. *(NASA/JPL/Space Science Institute.)*

orientés de façon à jeter leur ombre tout le long de l'équateur : il s'ensuivait une différence de température entre cette zone refroidie et les bandes atmosphériques adjacentes, différence apparemment suffisante pour animer des boucles de convection et faire remonter de la vapeur d'eau depuis les basses couches de l'atmosphère, avec condensation de gouttelettes, séparation de charges électriques et création d'éclairs. Ces phénomènes d'évaporation et de condensation engendrent des vents violents.

Les vents équatoriaux soufflent très fort sur Saturne. À l'époque des tempêtes de 1980-1981, les sondes *Voyager* ont mesuré des pointes à plus de 1 700 km/h dans le sens de rotation de la planète (vers l'est). Cette mesure est à prendre avec précaution, car il est difficile de séparer la rotation de la planète des vents qui s'y superposent. Quelle est la part de chaque élément dans les déplacements observés ? Pour cela, il faudrait connaître la valeur exacte de la rotation de Saturne, et nous verrons plus loin que ce n'est pas si simple.

Depuis lors, les observations avec le télescope spatial Hubble ont montré que les vents équatoriaux se sont calmés, atteignant « à peine » 1 000 km/h durant la période 1996-2002. Mais avec l'orientation changeante du plan des anneaux par rapport au Soleil, on retrouve à partir de fin 2009 la même configuration qu'en 1980, l'ombre des anneaux tombant sur l'équateur. Les vents équatoriaux sont censés forcir et les orages reprendre.

Pour les grandes perturbations de l'allée des Tempêtes, dans les latitudes moyennes de l'hémisphère Sud, le mécanisme se doit d'être différent. L'ombre des anneaux ne fait que traverser cette zone, sans la recouvrir en entier et sans engendrer de contraste permanent de température. En outre, les vents de cette ceinture australe sont modérés et soufflent même vers l'ouest, à contresens de la rotation de Saturne. Ce serait plutôt ce contraste éolien – vent rétrograde tranchant avec des zones adjacentes de vent direct – qui engendrerait des turbulences, ferait remonter des masses d'air humide depuis la basse atmosphère et donnerait naissance à cette famille particulière d'orages.

De tels vents pourraient avoir de profondes racines. En effet, si l'ensoleillement de l'atmosphère, modulé par l'ombre des anneaux, joue un rôle important dans la météorologie de Saturne, ce n'est pas le seul mécanisme en jeu. Tout comme Jupiter, Saturne a de l'énergie stockée en profondeur, et ses couches atmosphériques pourraient être dynamisées autant par en dessous que par au-dessus.

Saturne donne le tournis

À l'instar de Jupiter, Saturne émet plus d'énergie qu'il n'en reçoit du Soleil : une fraction importante de l'énergie provient donc des entrailles de la planète. Alors que, sur Jupiter, les proportions de chaleur solaire et de chaleur interne sont pratiquement égales, sur Saturne la chaleur interne l'emporte nettement : elle serait 1,5 fois plus élevée que la contribution reçue du Soleil.

UNE PLUIE D'HÉLIUM

Parmi tous les mystères de Saturne, deux en particulier posent un défi majeur aux astronomes : d'où vient l'énergie en excès qui s'échappe de l'intérieur du globe ? Et pourquoi son atmosphère contient-elle moins d'hélium (3 % en volume) que l'atmosphère de Jupiter (7 %) ? Dans une élégante théorie, les Américains Ed Salpeter et David Stevenson expliquent les deux phénomènes simultanément.

Dans une planète géante, hydrogène et hélium sont d'ordinaire intimement mêlés à l'état gazeux, et cela même lorsque l'hydrogène devient liquide à haute pression, car l'hélium s'y dissout uniformément. Mais à des pressions de l'ordre de 1 à 10 millions de bars et des températures de 5 000 à 10 000 °C – conditions que l'on rencontre dans les couches profondes de Saturne –, les calculs suggèrent que l'hélium sort de solution pour former des gouttelettes liquides. Plus denses que l'hydrogène liquide qui les entoure, ces gouttes d'hélium chuteraient vers le centre de Saturne en libérant de l'énergie gravitationnelle… tout en soutirant l'hélium des couches supérieures de Saturne, d'où l'appauvrissement constaté.

La pluie d'hélium au sein de Saturne n'est encore qu'une théorie qui dépend du comportement précis de l'hydrogène et de l'hélium à de telles températures et pressions, impossibles à recréer en laboratoire. Selon les valeurs choisies – y compris celle du taux de refroidissement de Saturne depuis sa formation –, la pluie d'hélium aurait pu débuter il y a 3 milliards d'années ou bien plus récemment. Ou même pas du tout, avancent certains chercheurs qui arguent que l'hélium liquide peut lui aussi devenir métallique aux pressions en question et rester mélangé à l'hydrogène, à la façon d'un alliage, sans précipiter. Il faudrait alors trouver d'autres explications pour le flux d'énergie anormal de Saturne et le déficit en hélium de ses couches supérieures.

Cette énergie interne s'explique de deux façons. D'une part, comme toute planète géante qui se respecte, Saturne se contracte sous l'effet de sa propre masse, ce qui libère de l'énergie gravitationnelle. D'autre part, la planète n'a peut-être pas fini de « décanter » : l'hélium chuterait à travers l'hydrogène vers le centre, ce qui libérerait un surplus d'énergie gravitationnelle *(voir encadré ci-dessus)*.

Saturne, comme Jupiter, est stratifié en plusieurs couches. Au sommet se trouve l'atmosphère d'hydrogène et d'hélium, qui se prolonge en profondeur par ces mêmes gaz de plus en plus comprimés et de plus en plus chauds sur une épaisseur d'un bon millier de kilomètres. En dessous, la pression croissante transforme l'hydrogène gazeux en hydrogène liquide (contenant de l'hélium dissous). Ce manteau s'étend jusqu'à 30 000 kilomètres de profondeur, soit la moitié du rayon de Saturne.

FIGURE XIV. La Terre et Mars à la même échelle. La planète rouge est deux fois plus petite en diamètre, et quatre fois plus petite en surface que la Terre. (*NASA/JPL.*)

FIGURE XV. Les volcans de Tharsis, recouverts de nuages : Olympus Mons en haut à gauche ; Arsia, Pavonis et Ascraeus Montes sur une diagonale *S.-O./N.-E*. À droite : la balafre sombre de Valles Marineris (mosaïque d'images prises par la sonde *Mars Global Surveyor*). (*NASA/JPL/MSSS.*)

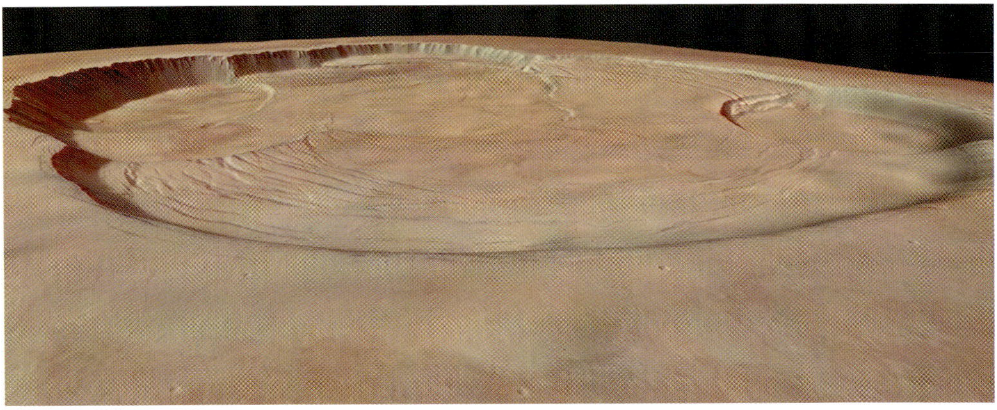

FIGURE XVI. La caldeira du volcan Olympus Mons, large de 80 km, avec ses multiples terrasses d'effondrement, photographiée par la sonde européenne *Mars Express*. (*ESA/DLR/FU Berlin, G. Neukum.*)

FIGURE XVII. Photographiée par *Mars Express*, la falaise orientale du volcan Olympus Mons, haute de 6 000 m, avec ses crêtes, ses coulées de lave et ses glissements de terrain. (*ESA/DLR/FU Berlin, G. Neukum.*)

FIGURE XVIII. Avalanche sur la calotte polaire boréale de Mars, saisie par la caméra de *Mars Reconnaissance Orbiter* le 19 février 2008. De la falaise de glace, haute de 700 m (à gauche), un bloc s'est détaché et soulève en contrebas un nuage de débris sur un front large de 200 m. (*NASA/JPL-Caltech/University of Arizona.*)

FIGURE XIX. Le sol stratifié de Mars, photographié dans la falaise du cratère Endurance par le robot automobile *Opportunity*. Il révèle des sédiments lacustres (sulfates, chlorures), plus tard recouverts d'une couverture de dunes éoliennes. (*NASA/JPL/Cornell.*)

FIGURE XX. Jupiter et sa plus proche lune, Io, photographiés par la sonde *New Horizons* en janvier 2007.
Sur Io, le volcan Tvashtar est en éruption : son panache bleuté grimpe au-dessus du pôle Nord. (*NASA/Johns Hopkins University APL/Southwest Research Institut/GSFC.*)

FIGURE XXI. Carambolage de cyclones de mai à juillet 2008, vu par *Hubble*. La Grande Tache rouge est dépassée en bas par la Tache rouge Junior (appelée aussi « ovale BA »). Le dépassement est en revanche fatal à Bébé tache rouge (petite boule foncée), qui percute la Grande Tache rouge et en ressort à droite, faible et décolorée (flèche). (*NASA, ESA, A. Simon-Miller, N. Chanover et G. Orton.*)

FIGURE XXII. Io, satellite de Jupiter, est en proie à d'incessantes éruptions. En bas à gauche : la tache rouge et jaune du volcan Pélé, flanquée des champs de cendres noires de Babbar (en bas) et de Pilan Patera (à droite). (*NASA/JPL/University of Arizona.*)

FIGURE XXIII. Éruption sur Io en février 2000, photographiée par la sonde *Galileo*, dans la chaîne de volcans Tvashtar. Un front de lave avance tout à gauche (croissant orange) sur des plateaux découpés par l'érosion, et percés par une caldera sombre (au centre). (*NASA/JPL/University of Arizona.*)

FIGURE XXIV. Saturne photographié en infrarouge par le télescope spatial Hubble, le 4 janvier 1998. En bleu, les zones les moins nuageuses; en vert, les zones brumeuses; en rose, les bandes nuageuses de haute altitude; en blanc, deux tempêtes près de l'équateur. (*NASA/JPL/Univ. of Arizona.*)

FIGURE XXV. La tempête du Dragon (arabesque au-dessus de la bande nuageuse blanche), photographiée en septembre 2004 par la sonde *Cassini*. Le complexe orageux est source de nombreux éclairs détectés en ondes radio. (*NASA/JPL/Space Science Institute.*)

FIGURE XXVI. Les anneaux de Saturne détaillés en ultraviolet par le spectromètre de la sonde *Cassini* en novembre 2006. De l'extérieur vers l'intérieur : l'anneau A en bleu ; la division de Cassini en vert olive ; l'anneau B en jaune, puis en bleu ; et l'anneau interne C en vert olive. (*NASA/JPL/University of Colorado.*)

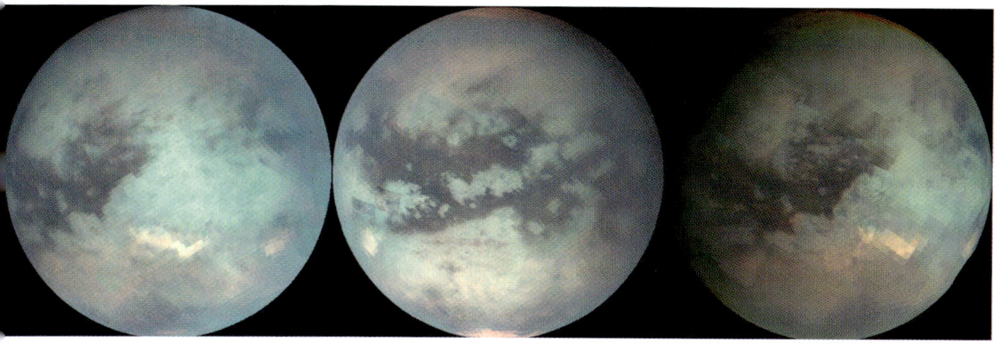

FIGURE XXVII. Titan, lune de Saturne, photographié en infrarouge par la sonde *Cassini* en octobre 2005 (gauche), en décembre 2005 (centre) et en janvier 2006 (droite). Les régions sombres sont couvertes de champs de dunes, les régions polaires, de brumes d'hydrocarbures. (*NASA/JPL/University of Arizona.*)

FIGURE XXVIII. La planète Uranus et ses anneaux, photographiés par le télescope Keck en infrarouge, les 11 et 12 juillet 2004 (le pôle Nord est à droite). Le brillant anneau extérieur est l'anneau ε (epsilon). L'image de droite montre une série de perturbations nuageuses dans l'hémisphère Nord. (*Lawrence Sromovsky, U. of Wisconsin-Madison/W. M. Keck Observatory.*)

FIGURE XXIX. La planète Neptune photographiée par la sonde *Voyager* 2 le 20 août 1989. La Grande Tache sombre, perturbation orageuse de l'hémisphère Sud, est visible au centre. (*NASA/JPL.*)

À cette profondeur, la température (8 000 °C) et la pression (3 millions de bars) font passer l'hydrogène liquide à l'état métallique. C'est aussi à ce niveau que l'hélium dissous pourrait se condenser en gouttelettes au sein du « bain » d'hydrogène et couler vers le fond.

Enfin, tout au centre du globe se trouve un noyau rocheux dont la masse représenterait 10 à 20 fois celle de la Terre. Les astronomes aimeraient connaître plus précisément ce chiffre, car la masse exacte du noyau les éclairerait sur la façon dont Saturne s'est formé.

Connaître l'épaisseur du noyau et des autres couches n'est pas une tâche aisée, mais on peut avancer des chiffres en mesurant la vitesse de rotation de la planète et la façon dont son axe de rotation balaye l'espace – ce qui renseigne sur le moment d'inertie du corps et donc sur la distribution des masses en son sein. Connaître la forme exacte du champ de pesanteur aide également. Or, le calcul achoppe sur ce qui semblerait être la mesure la plus simple : la vitesse de rotation de Saturne. Une boule de gaz n'offre en effet pas beaucoup de points de repère pour chronométrer sa rotation. Sur Jupiter, la Grande Tache rouge sert de marqueur, mais Saturne, malgré son occasionnelle Tache blanche, en est dépourvu. En outre, pour Jupiter comme pour Saturne, c'est la rotation de l'atmosphère que l'on mesure ainsi, et pas nécessairement celle de la planète elle-même. Ainsi, la rotation de Saturne mesurée par rapport à ses marques nuageuses vaut 10 heures et 39 minutes aux latitudes tempérées, mais 10 heures et 14 minutes seulement à l'équateur. Quelle durée est la bonne ? On explique cette disparité par des vents très rapides aux basses latitudes, dans le même sens que la rotation du globe, qui décalent les nuages vers l'est entre deux mesures et raccourcissent la durée du chronométrage. Ce serait alors le chiffre de 10 heures et 39 minutes, mesuré aux latitudes moyennes, qui serait le plus proche de la réalité.

Une autre approche consiste à mesurer la rotation du champ magnétique de la planète : il est généré par les courants électriques qui brassent l'hydrogène métallique à plus de 30 000 kilomètres de profondeur. La rotation du champ devrait donc être identique à celle de la planète. Encore faut-il un point de repère pour chronométrer le champ magnétique. C'est chose aisée lorsque l'axe du champ est incliné par rapport à l'axe de rotation (comme dans le cas de la Terre) et qu'il balaye l'espace comme le faisceau d'un phare. Mais pour Saturne, les deux axes se confondent, ce qui donne un champ uniforme lors d'une rotation, sans points de repère pour le chronométrage ! Les chercheurs notent toutefois un signal radio périodique, dû peut-être à une « bosse » ou à quelque autre irrégularité du champ de Saturne. En 1980, grâce à ce repère, les sondes *Voyager* mesurent une rotation du champ en 10 heures, 39 minutes et 22 secondes, pratiquement identique à celle de l'atmosphère des latitudes tempérées. Le chiffre tant convoité semble alors épinglé.

Mais 25 ans plus tard, la sonde *Cassini* mesure lors de son arrivée autour de Saturne une rotation du champ magnétique de 10 heures, 47 minutes et 6 secondes, près de 8 minutes de plus ! En outre, elle constate que cette période varie, augmentant ou diminuant de plusieurs minutes au fil des mois... Une réponse au casse-tête est apportée par l'astronome français Philippe Zarka et son équipe, qui découvrent que la vitesse de rotation du champ varie en phase avec celle du vent solaire – ce flux de particules qui balaye les planètes et notamment Saturne. Lorsque le vent solaire forcit, la rotation apparente du champ magnétique accélère ; lorsque le vent faiblit, elle ralentit. Apparemment, ce vent solaire déplacerait une « fenêtre » électromagnétique dans la haute atmosphère de Saturne, par laquelle passerait le faisceau d'ondes radio : le déplacement de cette fenêtre, dans un sens ou dans l'autre, diminuerait ou rallongerait la période radio observée. Il faudrait alors soustraire l'effet du vent solaire pour trouver la véritable période de rotation du champ magnétique.

Une autre approche encore, développée par l'équipe de John Anderson en Californie, consiste à calculer par ordinateur quelle vitesse de rotation serait théoriquement nécessaire pour obtenir le renflement à l'équateur de Saturne et l'aplatissement aux pôles qui sont observés. La période obtenue par ce modèle théorique est de 10 heures et 32 minutes. En 2007, Anderson et son équipe ont confirmé ce résultat en faisant la synthèse de toutes les mesures radio et gravimétriques des sondes *Pioneer*, *Voyager* et *Cassini* : 10 heures, 32 minutes et 35 secondes. La rotation de Saturne serait donc plus rapide que les 10 heures et 39 minutes admis jusqu'alors.

Pourquoi tant d'acharnement à mesurer la rotation de la planète avec une telle précision ? On l'a dit : en combinant cette donnée avec d'autres, on peut estimer la distribution des masses à l'intérieur de Saturne, et notamment la masse de son noyau rocheux central. Or il s'agit d'une information capitale pour les planétologues, puisqu'elle permet de choisir entre deux scénarios très différents pour expliquer la genèse des planètes géantes.

Le premier scénario veut que le noyau de planètes comme Jupiter et Saturne se soit formé en premier, par lente accumulation de matière minérale, et que ce noyau une fois formé ait attiré par gravité les glaces et les gaz environnants pour s'entourer d'un gigantesque cocon. Ce processus aurait pris un million d'années au bas mot, voire plusieurs millions d'années, et nécessité un gros noyau rocheux pour amorcer l'effet « boule de neige ». Dans la seconde hypothèse, le disque de gaz et de poussières qui entoure le jeune Soleil aurait connu des instabilités menant à des contractions rapides et massives de certaines régions du disque – minéraux, glaces et gaz confondus. Dans ce scénario, la création d'une planète géante ne prendrait que quelques milliers d'années, plutôt que plusieurs millions. Le rassemblement de matière dense au centre serait moins abouti et le noyau plus petit.

Or, la rotation de Saturne en 10 heures et 32 minutes, particulièrement rapide, suggère un noyau relativement petit : non pas 20 masses terrestres, mais plutôt 10, voire moins. Si ces chiffres sont confirmés, l'hypothèse d'une genèse rapide des planètes géantes par effondrement gravitationnel sera consolidée. Comme quoi, une différence de quelques minutes dans la rotation d'une planète peut apporter un éclairage crucial sur la genèse du système solaire.

Les anneaux vus au télescope

Un autre aspect de Saturne nous permet d'affiner nos modèles sur la naissance du système solaire : ce sont ses merveilleux anneaux. Disque d'accrétion de particules, grumeaux, blocs et petites lunes, cet ensemble dynamique illustre aujourd'hui la plupart des processus qui ont présidé jadis à la formation des planètes.

Il y a toutefois une différence de taille. Les particules en orbite autour de Saturne restent dispersées en un disque, plutôt que de se regrouper pour former des lunes, car elles occupent un espace trop proche de l'astre central : le puissant champ de pesanteur de Saturne et ses effets de marée y empêchent la constitution d'un gros satellite.

Les progrès des télescopes puis la visite des sondes ont permis d'analyser le disque de particules avec une précision toujours croissante, de le diviser en régions distinctes, d'estimer son épaisseur et sa composition, et d'y mettre en évidence des phénomènes surprenants. La partie la plus brillante du disque – celle qui est visible dans une petite lunette d'amateur – s'étend de 32 000 kilomètres au-dessus de l'équateur de Saturne jusqu'à 76 500 kilomètres environ, soit sur une largeur de près de 45 000 kilomètres. En 1675, l'astronome Jean Dominique Cassini note un premier détail dans l'aspect de ce disque : un contraste de luminosité aux deux tiers environ de son rayon, qui délimite un anneau extérieur « A » et un anneau intérieur « B ». Un siècle plus tard, cette division de Cassini est précisée par William Herschel comme étant un couloir sombre, large de 5 000 kilomètres, séparant les deux anneaux. On sait aujourd'hui que cette coupure n'est pas vide, mais que ses particules sont simplement moins brillantes que celles des anneaux adjacents. Les astronomes trouveront par la suite d'autres pistes sombres dans les anneaux, dont certaines se révéleront véritablement vides.

FIGURE 7.3 – Les anneaux de Saturne photographiés par la sonde *Cassini* le 13 décembre 2008. De gauche à droite : la plage sombre de l'anneau « C », la bande blanche de l'anneau central « B », la sombre division de Cassini en forme de voie ferrée ; et la plage grise de l'anneau externe « A », à la bordure entaillée par la noire division d'Encke. En bas à gauche : les lunes Janus (en bordure des anneaux) et Mimas.
(NASA/JPL/Space Science Institute.)

En parallèle, le royaume des anneaux va s'étendre, car des pistes supplémentaires de particules vont être repérées à l'intérieur et à l'extérieur du système principal. Ils recevront une lettre de l'alphabet dans l'ordre de leur découverte, à commencer par l'anneau intérieur « C » ou anneau « de Crêpe », non pas en l'honneur de la galette bretonne, mais parce qu'il s'agit d'une frange sombre et semi-transparente, comme le tissu du même nom. Il prolonge l'anneau « B » de 32 000 kilomètres jusqu'à un peu moins de 15 000 kilomètres de la surface nuageuse de Saturne, et il doit sa découverte tardive, autour de 1850, au fait que ses particules sont plus rares, plus fines et plus sombres que celles des anneaux principaux. Bien plus tard, sur des photographies prises à l'observatoire du pic du Midi en 1969, le Français Pierre Guérin soupçonnera une extension supplémentaire de particules se rapprochant encore plus près de la planète : confirmée par les sondes spatiales, s'arrêtant à 6 700 kilomètres seulement de l'équateur de Saturne, elle prendra le nom d'anneau « D ».

À la même époque (1967), mais dans l'autre direction, l'Américain Walter Feibelman détecte à l'extérieur des anneaux, à partir de 120 000 kilomètres du globe, une large couronne périphérique, pâle et diffuse, qui reçoit le nom d'anneau « E ». Ressemblant beaucoup plus à un tore qu'à un disque, il paraît associé aux lunes Mimas, dont l'orbite délimite son bord interne, Encelade, qui circule en son sein, et Rhéa, qui délimite sa bordure externe à près de 500 000 kilomètres de Saturne.

Ainsi, au fil des découvertes, les anneaux de Saturne s'élargissent et se divisent en une multitude d'annelets. Depuis Chapelain et Cassini, Kant et Maxwell, leur nature est comprise comme étant un rassemblement de minuscules objets tournant en troupeaux bien organisés, les chocs et les interactions entre particules aplatissant toute horde sauvage en un disque mince qui se confond avec le plan équatorial de Saturne. L'épaisseur de ce plan va toutefois réserver une surprise : elle ne cesse de décroître avec chaque mesure.

C'est William Herschel qui lance les enchères en 1789, en proposant une épaisseur inférieure à 500 kilomètres : l'astronome observe en effet le passage de lunes derrière le disque lorsqu'il est vu par la tranche et constate que ces lunes – d'un diamètre de l'ordre de 1 500 kilomètres – paraissent 3 fois plus grosses que le trait lumineux qui matérialise l'épaisseur du disque. En 1848, les Américains William et George Bond – le père et le fils – ont recours à des mesures de luminosité, toujours lorsque l'anneau est vu par la tranche, pour proposer une épaisseur inférieure à 70 kilomètres. En 1907, la limite est abaissée à 15 kilomètres.

La cure de minceur continue avec le Français Audouin Dollfus, qui mesure 2,4 kilomètres en 1966, puis Bruno Sicardy et André Brahic qui baissent la barre à 1,1 kilomètre en 1980. Des considérations théoriques suggèrent même une épaisseur encore plus faible, de l'ordre de quelques centaines de mètres, le pouvoir de confinement de la mécanique céleste – à travers les chocs de particules – étant d'une redoutable efficacité. Les sondes spatiales le confirmeront en affinant les mesures : nous verrons que l'épaisseur du disque est dans certains cas inférieure à 10 mètres.

La taille des particules qui constituent l'essaim des anneaux peut elle aussi être estimée depuis la Terre, grâce cette fois aux ondes radar dirigées vers Saturne. Les premiers échos recueillis en 1973 indiquent que les objets mesurent entre quelques centimètres et quelques mètres de taille, soit du caillou au bloc gros comme une voiture. La taille moyenne serait de quelques dizaines de centimètres, entre le ballon de basket et le ballon de plage.

Des particules plus petites existent, de millimétriques à micrométriques, mais elles ne sauraient représenter un grand pourcentage des anneaux, car leur durée de vie est courte. Elles sont freinées dans leur mouvement orbital par les gaz ténus que leur oppose la magnétosphère de Saturne, ainsi que par le renvoi de la chaleur qu'elles reçoivent du Soleil. Ainsi ralenties, elles suivent une spirale descendante vers Saturne pour finalement rentrer dans l'atmosphère. Les calculs montrent que les particules de glace en dessous de 6 centimètres, ou de roche en dessous de 2 centimètres, succombent à ce nettoyage. Si l'on trouve encore de fines particules dans les anneaux de Saturne, c'est qu'elles sont produites plus rapidement qu'elles ne disparaissent, par collision et effritement des blocs de glace entre eux.

Les particules sont surtout, en effet, de la glace d'eau. La brillance des anneaux plaide en faveur de ce matériau hautement réfléchissant, et les spectres infrarouges recueillis par les télescopes au sol le confirment dès 1970. Ce n'est pas étonnant, dans la mesure où les lunes des planètes géantes sont constituées de glace pour moitié : celle-ci est abondante à de telles distances du Soleil. Reste qu'une petite proportion d'autres matériaux rentre aussi dans la composition des anneaux, lesquels d'ailleurs ne sont pas d'un blanc pur, mais d'une teinte légèrement saumonée. Ainsi, au fil des ans, les analyses spectrales révéleront dans les anneaux la signature du carbone et de molécules organiques plus complexes. On soupçonne également la présence de minéraux – oxydes et silicates.

Reste que la glace d'eau représente sans doute 90 % ou plus de la masse des anneaux et que l'essaim d'objets doit ressembler à un troupeau de blocs et de cubes de glace. Quant à la masse totale des anneaux, les premières estimations tournent autour de 10^{19} kilogrammes, soit le volume d'une lune de glace de 200 à 300 kilomètres de diamètre. Cela est conforme au scénario d'une petite lune qui se serait désintégrée en s'approchant trop près de Saturne, en deçà de la limite de Roche.

Lunes et anneaux sont intimement associés. Les lunes de Saturne sont nombreuses, et on peut gager qu'elles furent sujettes à de multiples perturbations et collisions durant la prime enfance de la planète. Nous avons mentionné les objets les plus gros : le massif Titan (5 150 kilomètres de diamètre), Japet et Rhéa (respectivement 1 436 et 1 528 kilomètres), et Téthys et Dioné (1 060 et 1 120 kilomètres). Toutes les autres lunes sont de taille égale ou inférieure à 500 kilomètres et donc de faible magnitude : comme pour leurs grandes sœurs, le meilleur moment pour espérer les repérer est celui où les anneaux de Saturne sont vus par la tranche et où leur éclat parasite diminue, permettant aux astronomes de mieux scruter la banlieue de la planète à la recherche de points lumineux.

C'est ainsi qu'en 1789 William Herschel découvrit Encelade et Mimas, à seulement 100 000 kilomètres et 50 000 kilomètres du bord des anneaux principaux (ils seront plus tard associés à un anneau extérieur peu brillant : l'anneau « E »). Sixième et septième lunes de Saturne par ordre de découverte, Encelade et Mimas mesurent 500 kilomètres et 400 kilomètres environ et sont loin d'être des sphères parfaites.

En 1848, nouvelle prouesse de William et George Bond, ainsi que de William Lassell, qui découvrent indépendamment la lune Hypérion, corps oblong dont le diamètre maximal est de 360 kilomètres. Un demi-siècle plus tard, en 1898, William H. Pickering découvre la petite Phœbé (220 kilomètres), puis il faut attendre 1966 pour que deux lunes supplémentaires soient détectées à proximité immédiate des anneaux : Épiméthée, entrevue par une équipe de trois astronomes américains, et Janus, découverte par le Français Audouin Dollfus. Ce seront les dernières lunes découvertes avant l'ère spatiale et l'entrée en lice des grands télescopes de nouvelle génération.

Les astronomes n'ont d'ailleurs pas manqué de souligner, depuis un siècle déjà, que nombre de lunes de Saturne exercent une influence notable sur les anneaux. Un premier effet remarquable est qu'elles y creusent à distance des sillons, où les particules sont beaucoup plus rares qu'ailleurs. C'est l'Américain Daniel Kirkwood, déjà connu pour ses travaux sur l'influence de Jupiter sur la ceinture des astéroïdes, qui relève le rapport entre les satellites de Saturne et leurs effets perturbateurs sur les anneaux. Il suggère dès 1866 que la division de Cassini, pauvre en particules, est en résonance avec la lune Encelade, à savoir que leurs périodes orbitales sont dans un rapport mathématique simple : une particule au cœur de la division accomplit trois tours de Saturne dans le même temps qu'Encelade en boucle un seul (on parle d'une résonance de rapport 3 : 1). Selon l'astronome, cette synchronisation rendrait instable la présence de particules dans la division, qui en seraient éjectées par l'influence de la lune.

Six ans plus tard, Kirkwood élargit sa théorie en notant que quatre satellites peuvent créer des résonances dans les anneaux : non seulement Encelade, mais aussi Mimas, Téthys et Dioné. En plus de la division de Cassini, ils seraient aussi responsables d'une bande sombre au milieu de l'anneau « A ».

Certaines de ces associations sont hâtives et seront contredites par la suite, mais le principe en lui-même est correct. Si le rôle d'Encelade paraît exagéré, on s'apercevra que le bord interne de la division de Cassini est effectivement déblayé par une forte résonance (2 :1) avec la lune Mimas. De même, l'anneau extérieur « A » voit sa bordure externe sculptée par une résonance (7 : 6) avec la paire de satellites Janus et Épiméthée : c'est flagrant, car le périmètre de l'anneau comporte six lobes, correspondant aux six points de l'anneau qui sont systématiquement tiraillés par les lunes.

Les astronomes soupçonnent aussi que les résonances sont capables d'engendrer des structures plus subtiles, appelées ondes de densité, à l'intérieur des anneaux : elles alternent à petite échelle des zones denses et des zones moins denses. Ils soupçonnent aussi que des lunes minuscules, qui restent à découvrir, peuvent circuler à l'intérieur même des anneaux, y creusant des lacunes à la façon de bulldozers, ou encadrant au contraire de minces annelets pour les empêcher de se disperser, à la manière de chiens de berger.

Les anneaux vus par les sondes

La première sonde à destination de Saturne, *Pioneer 11*, survole en trombe la planète aux anneaux en septembre 1979, en passant à 20 000 kilomètres seulement de son plafond nuageux. Ce n'est qu'un éclaireur, et sa trajectoire est d'ailleurs ajustée en conséquence, pour traverser le plan des anneaux là où la NASA compte faire passer ses deux sondes *Voyager* l'année suivante : *Pioneer* doit tester si le point de passage, à l'extérieur de l'anneau « A », est suffisamment libre de poussières. C'est le cas – la sonde survit à la traversée –, mais l'engin manque de percuter la petite lune Épiméthée, dont l'orbite était mal connue à l'époque. Autre surprise : *Pioneer* photographie dans les mêmes environs un nouvel anneau, étroit comme un cordon, dont le cortège de particules circule à 3 000 kilomètres seulement à l'extérieur de l'anneau « A » : il prend le nom d'anneau « F ».

Beaucoup mieux équipées, les sondes *Voyager* de 1980-1981 font exploser la résolution des images et la précision des mesures. Les anneaux se divisent bien en une multitude d'annelets qui confirment la théorie des ondes de gravité dans le disque de particules : semblables aux compressions d'une onde sonore, les annelets correspondent aux crêtes de l'onde – là où la concentration de particules est supérieure à la moyenne –, et les séparations apparentes correspondent aux creux, où la concentration de particules est plus faible.

En observant les variations de luminosité d'une étoile vue à travers les anneaux, le photomètre de *Voyager 2* compte ainsi des milliers de crêtes, qui correspondent à plusieurs dizaines de systèmes d'ondes. L'instrument confirme également que l'épaisseur du plan des anneaux est inférieure à 100 mètres, et sans doute même inférieure à 30 mètres.

De véritables lacunes, où la concentration de particules est extrêmement basse, sont également confirmées. Les sondes *Voyager* en découvrent une

FIGURE 7.4 – La zone externe de l'anneau central « B » et son « code-barres » géant, photographiés le 25 septembre 2008 par la sonde *Cassini*. Des trains d'ondes y sont formés par l'influence gravitationnelle de lunes proches, comme Mimas : ondes de densité à gauche et au centre, alors que le train noir et blanc à droite trahit un plissement de la matière hors du plan des anneaux (en « tôle ondulée »).
(NASA/JPL/Space Science Institute.)

---

dans l'anneau intérieur « C » : large de 270 kilomètres, elle est baptisée « lacune de Maxwell ». Une autre, à l'intérieur de la division de Cassini (déjà pauvre en particules), est baptisée « lacune de Huygens ». Enfin, l'anneau extérieur « A » est tranché par deux lacunes : celle d'Encke, déjà connue, et une nouvelle piste dépeuplée, large de 35 kilomètres seulement, qui reçoit le nom de « lacune de Keeler ».

Ces lacunes ne sont pas vides d'un bord à l'autre et montrent en leur centre un étroit cordon de particules « rescapées », qui a la particularité d'être excentrique, plutôt que parfaitement circulaire. Les astronomes soupçonnent que de minuscules lunes, encore inaperçues, doivent déblayer ces pistes comme des chasse-neige, tout en épargnant un cordon de particules qu'elles façonnent en ellipse.

Cette théorie des « satellites bergers », capables de rassembler un troupeau de particules en un étroit chapelet, a été avancée par les astronomes américains Peter Goldreich et Scott Tremaine, avant même l'arrivée des sondes. Celles-ci la confirment en découvrant deux petites lunes, d'une centaine de kilomètres de taille, de part et d'autre de l'anneau « F » : Prométhée à l'intérieur et Pandore à l'extérieur. C'est leur ballet incessant qui empêche le cordon de s'étaler, tout en lui conférant une forme alambiquée. Sur les images de *Voyager*, la structure paraît en effet composée de plusieurs annelets enroulés les uns autour des autres, comme les tresses d'une corde. Il faudra attendre la sonde *Cassini*, 25 ans plus tard, pour y voir plus clair.

Quant à la possibilité qu'une petite lune puisse dégager un sillon vide dans le disque des anneaux, elle est également confirmée par le survol des sondes *Voyager*, mais il faudra plusieurs années d'analyse des images pour que Mark Showalter détecte le premier coupable : un petit satellite de 20 kilomètres de taille qui circule dans la lacune d'Encke – un sillon vide de l'anneau « A ». Baptisé Pan, le satellite déblaye un couloir de 325 kilomètres de large à cet endroit, tout en y autorisant tout de même la présence de trois étroits cordons de particules.

Dernière surprise révélée par les sondes *Voyager*, et non la moindre : d'étranges marques sombres apparaissent sur le grand anneau « B », non pas concentriques mais radiales, traversant le disque sur près de 15 000 kilomètres, entre 43 000 et 57 000 kilomètres du plafond nuageux de Saturne. Ces « rayons de bicyclette » (*spokes* en anglais) sont quelque peu cintrés en leur centre, ce qui leur donne la forme de sabliers ou de papillons. On remarque que pour chacune de ces marques, la partie centrale se trouve au niveau de l'orbite géostationnaire de Saturne, c'est-à-dire qu'elle reste *grosso modo* au-dessus de la même région de l'atmosphère de Saturne, tournant de façon synchrone avec elle. Mais là où les choses se compliquent, c'est que c'est la marque entière, étalée sur 15 000 kilomètres de rayon, qui tourne en bloc en 10 heures et 39 minutes, en dépit des lois de la gravitation. En outre, ses fines particules ne sont pas exactement dans le plan des anneaux, mais semblent léviter au-dessus et en dessous du disque.

Pour couronner le tout, ces taches apparaissent et disparaissent graduellement comme des fantômes et semblent saisonnières, marquant une préférence pour l'équinoxe. Ainsi, après leur révélation par les sondes *Voyager* en 1980, on continue à les apercevoir avec les grands télescopes, mais elles disparaissent complètement à partir de 1998. Il faudra attendre 2005 pour qu'elles réapparaissent, alors que la sonde *Cassini* vient justement d'arriver sur place.

Bouquet final pour *Cassini*

Premier vaisseau spatial à se mettre en orbite de Saturne, *Cassini* va pouvoir observer les anneaux à bout portant, l'espace non pas de plusieurs jours, mais de plusieurs années. La sonde effectue sa manœuvre d'insertion orbitale le 1er juillet 2004, traversant le plan des anneaux dans l'espace quasi vide entre l'anneau « F » et l'anneau « G », de façon à éviter toute collision avec de grosses particules (par mesure de précaution, la sonde est orientée avec sa grande antenne parabolique vers l'avant, pour lui servir de bouclier). Non seulement la manœuvre réussit à merveille, mais l'occasion est magnifique pour photographier l'anneau « F » qui ceint le disque principal.

Étroit cordon de particules, l'anneau « F » est confiné par ses lunes bergères Pandore et Prométhée en un ruban axial large de quelques dizaines de kilomètres seulement, entouré d'une spire de poussières qui évolue d'heure en heure. La dynamique de cet anneau est étonnante : le principal responsable en est la lune Prométhée, satellite de 100 kilomètres qui circule à moins d'un millier de kilomètres du bord interne du ruban et s'en approche dangereusement une fois par orbite, c'est-à-dire toutes les 14 heures et 40 minutes. À chacun de ses passages rapprochés, le satellite aspire un filet de particules hors de l'anneau, qui s'étirent dans son sillage comme la queue d'une comète, tout en laissant temporairement une sombre encoche dans l'anneau. Prométhée affecte un segment différent de l'anneau à chaque passage, puisqu'il circule sur une orbite intérieure et plus rapide, creusant chaque encoche 3,2 degrés en avant de la précédente *(voir fig. 7.5)*.

Ce beau travail de découpage n'accouche pas toutefois d'un motif symétrique et bien ordonné, car le chaos règne : les bergers Prométhée et Pandore s'influencent l'un l'autre, de même qu'ils subissent l'influence d'autres lunes (Mimas en tête), ce qui rend leurs trajectoires hautement complexes. En particulier, l'orbite de Prométhée se déforme au point de toucher périodiquement l'anneau « F » et d'y semer la zizanie.

Outre les filets de particules qu'il arrache périodiquement à l'anneau « F », Prométhée sert aussi d'agitateur lorsqu'il dépasse de gros blocs

FIGURE 7.5 – Au-delà du grand anneau « A » et de ses ondes multiples, qui occupent le bas de l'image, se détache l'étroit anneau « F » avec au centre la brillante tache ovale de la lune Prométhée qui y jette son ombre. En orbite le long du bord interne de l'anneau, la lune s'en rapproche périodiquement pour creuser des sillons, comme celui qui est visible en haut à droite (image *Cassini* du 29 octobre 2008).
(NASA/JPL/Space Science Institute.)

nichés dans l'anneau. L'un de ces blocs, d'environ 5 kilomètres, a été découvert par la sonde et porte temporairement le matricule S/2004 S6. Boosté à chaque passage rapproché de Prométhée, il change de trajectoire au sein du cordon de particules et en percute au passage pour les éjecter hors de l'anneau en de véritables jets. D'autres bulldozers de taille similaire œuvrent de la même façon. Ce sont toutes ces particules éjectées qui tournoient autour du ruban central pour y tresser les élégantes spires de poussières observées.

Si l'anneau périphérique « F » se prête à une étude rapprochée par la sonde *Cassini*, les anneaux principaux ne sont pas en reste, à commencer par le disque externe, connu sous le nom d'anneau « A ». Là aussi, de nouveaux blocs massifs sont découverts, dont certains sont assez gros pour mériter un matricule. On connaissait déjà Pan, responsable d'un large sillon – la lacune d'Encke – dans la bordure extérieure du disque. Dans un sillon voisin – la lacune de Keeler –, *Cassini* découvre un bulldozer de 7 kilomètres, qui prend le nom de « Daphnis » (satellite S/2005 S1).

À mesure que l'on s'enfonce dans l'anneau « A » en se rapprochant de Saturne, ce sont les ondes de densité qui attirent l'attention, causées à distance par les grosses lunes extérieures. *Cassini* en compte une quarantaine de séries. Chacune commence au niveau où se fait sentir la résonance d'une lune, et s'en écarte en spirale pour définir une succession d'annelets denses et d'intervalles plus ténus, jusqu'à ce que l'effet s'estompe et que le disque retrouve un aspect plus monotone.

Mais même les parties monotones de l'anneau « A » réservent leur lot de surprises. C'est en effet dans les zones les plus lisses du disque que les astronomes ont découvert de petites perturbations longues de 4 ou 5 kilomètres et en forme d'hélice : elles trahissent le déplacement dans les anneaux de gros blocs de la taille d'immeubles – de quelques dizaines de mètres à une centaine de mètres – qui tracent un sillage à travers les particules. Les astronomes en trouvent quatre, puis huit : en extrapolant les chiffres sur tout le pourtour de l'anneau, ce sont plusieurs milliers de blocs hectométriques que les chercheurs postulent, apparemment concentrés en une piste large de 3 000 kilomètres seulement, alors que le reste de l'anneau « A » en contiendrait beaucoup moins. Cette concentration locale s'expliquerait par la désintégration assez récente – moins de 100 millions d'années – d'une petite lune qui aurait subi la collision d'un autre objet, peut-être même d'une comète venue de l'extérieur du système. Cela renforce l'idée que les anneaux en général proviennent de telles collisions, les débris étant broyés au fil du temps en particules de plus en plus fines.

Mais tout n'est pas que destruction dans les anneaux de Saturne. Si tel était le cas, les débris seraient étalés en un disque mince, opaque et uniforme, bloquant efficacement toute lumière. Or ce n'est pas le cas : le spectrographe ultraviolet de *Cassini* perçoit la lumière des étoiles à travers les anneaux – une lumière fluctuante qui renseigne sur la distribution de la matière *(voir cahier couleurs, fig. XXVI)*. Ainsi, dans l'anneau « A », une grande partie de la matière paraît rassemblée en convois de fragments lâchement accolés – « péniches » mesurant jusqu'à 50 mètres de long, larges d'une dizaine de mètres et épaisses de 3 à 4 mètres. À la limite de l'instabilité, ces convois de matière glacée et grumeleuse se font et se défont au fil du temps, étirés par les forces de marée comme de la guimauve. Entre ces rassemblements, il y aurait beaucoup de vide.

Le grand anneau « B », plus proche de Saturne, montre une distribution similaire de la matière, avec des « péniches » de particules agglutinées, mais un peu moins d'espace vide entre les convois. Le disque serait plat et plein, avec un trafic très dense. Tenter de le traverser avec un véhicule spatial serait suicidaire.

De fait, à quoi ressemblerait l'un de ces anneaux principaux de Saturne, comme l'anneau « B », si l'on pouvait s'en approcher doucement par la tangente, sans être détruit par les collisions ? Notre astronaute dériverait dans un plan de matière glacée, comme un navigateur dans une banquise disloquée en morceaux, avec des fragments étirés dans le sens du courant – le sens de rotation autour de Saturne –, fragments épais de 3 à 4 mètres et ressemblant plus à des agglutinations de gros grêlons qu'à de la glace massive. De plus petits amas, de la taille de bonhommes de neige, léviteraient paresseusement 1 ou 2 mètres au-dessus et en dessous de cette piste dense, surmontés d'une escadrille de boules de glace sur 1 ou 2 mètres supplémentaires, le dégradé se terminant par de gros grumeaux et flocons de glace sur les 2 ou 3 derniers mètres, et puis plus rien : le ciel étoilé. Ainsi, l'épaisseur totale du disque ne dépasserait pas une quinzaine de mètres.

Les anneaux principaux de Saturne sont donc principalement composés de glace, ce que l'on savait déjà avant l'ère spatiale. Les analyses spectrales nous enseignent qu'elle est légèrement plus sale – contaminée par plus de matière carbonée – en se rapprochant de Saturne : jusqu'à 7 % environ. Ce taux d'impuretés est d'ailleurs important pour tenter d'estimer l'âge des anneaux. Des micrométéorites minérales ou carbonées sillonnent le système solaire et bombardent continuellement le disque autour de Saturne : on s'attendrait ainsi à ce que les anneaux soient de plus en plus sales et sombres avec l'âge. Selon cette logique, la blancheur somme toute assez remarquable du disque avait conduit les astronomes à lui attribuer un âge jeune : une centaine de millions d'années environ. Les anneaux seraient récents à l'échelle des temps cosmiques, et nous aurions la chance de vivre au bon moment pour pouvoir les admirer.

Mais ce calendrier semblait un peu trop opportuniste – un peu trop anthropique – pour être honnête, et de fait les avis ont changé depuis les mesures effectuées par *Cassini*, notamment celle de la masse des anneaux. Autrefois, on admettait que cette masse totale représentait quelques dizaines de millions de milliards de tonnes (3 à 4 × 10^{19} kg), soit l'équivalent d'une lune de glace de la taille de Mimas (400 kilomètres de diamètre). C'est un tel objet qui aurait « récemment » éclaté pour fournir la matière des anneaux, matière qui n'aurait pas eu le temps de beaucoup s'assombrir sous le flux constant des micrométéorites.

Or l'analyse des ondes de densité, que les lunes de Saturne font onduler à travers les anneaux, a permis de mieux estimer la masse de la matière brassée : elle a été revue à la hausse, constat que confirme indépendamment la découverte de « péniches » rassemblant quantité de gros grumeaux. Il y aurait ainsi 2 à 3 fois plus de matière dans les anneaux de Saturne que ce que l'on escomptait autrefois : l'équivalent d'une lune de glace de 500 à 600 kilomètres de diamètre.

Et cela change tout. Cet excès de glace diluera davantage le flux de micrométéorites qui la bombarde, et gardera un aspect propre sur une plus longue durée. Les calculs ont même convaincu les spécialistes que les anneaux de Saturne peuvent être aussi vieux que la planète elle-même – plus de 4 milliards d'années – et avoir conservé l'aspect étincelant qu'on leur connaît aujourd'hui. Cet âge avancé est d'ailleurs le plus logique, dans la mesure où ce serait l'éclatement d'une grosse lune qui aurait fourni la matière des anneaux. Des impacts capables de pulvériser une lune de 500 kilomètres de taille étaient courants aux premiers jours du système solaire, mais ils sont devenus rarissimes depuis. Par le seul jeu des probabilités, il serait donc normal d'assigner aux anneaux de Saturne une origine ancienne.

Cela étant, les anneaux ont peut-être une origine multiple, avec des événements échelonnés dans le temps. Si l'anneau principal « B » est sans doute très ancien, il se peut que l'anneau « A » soit plus jeune, et que l'anneau « F » soit une structure récente et temporaire qui disparaîtra dès que ses satellites bergers Pandore et Prométhée se rapprocheront suffisamment pour fusionner et balayer les poussières de l'anneau, plutôt que de se tenir en périphérie et jouer les agents de la circulation.

Des lunes surprenantes

Lunes et anneaux, on l'a dit, sont intimement associés. C'est une lune ou plusieurs lunes qui ont explosé pour former les anneaux. D'autres, plus petites, sont venues jouer sur la périphérie du disque sans se briser, malgré les forces de marée : non seulement Pandore et Prométhée, de part et d'autre du cordon annulaire « F », mais aussi Atlas à l'extérieur de l'anneau « A », ainsi que Pan et Daphnis qui creusent des sillons dans cet anneau. Ces derniers mesurent respectivement 39, 33 et 7 kilomètres, les forces de marée ne leur permettant guère de croître davantage.

Dans un disque de particules, on s'attendrait pourtant à de la croissance. Les petites lunes balayent la matière environnante, laquelle s'amoncelle à leur surface. Ce ne fut donc qu'une demi-surprise lorsque la sonde *Cassini* photographia au téléobjectif Pan et Atlas et leur découvrit un aspect de « soucoupe volante » : un noyau sphérique, entouré d'un renflement en forme de disque, qui correspond aux particules qu'ils ont ramassées au cours de leur ronde dans le plan des anneaux.

À l'extérieur des anneaux, à une dizaine de milliers de kilomètres au-delà du cordon périphérique « F », on trouve les deux petites lunes Janus et Épiméthée, qui mesurent respectivement 194 et 138 kilomètres. Comme les satellites précédents, ils sont de faible densité, formés d'un agrégat de blocs de glace séparés par des interstices, et sont criblés en surface par de gros cratères qui trahissent un âge vénérable. Mais leur grande particularité, c'est qu'ils circulent sur des orbites pratiquement identiques autour de Saturne, se faisant la course et échangeant leurs positions comme deux stock-cars à la bagarre sur un anneau de vitesse.

Lorsque Janus est à la corde, sur une orbite quelques dizaines de kilomètres plus proche de Saturne que son concurrent, il va plus vite et rattrape Épiméthée pour tenter de lui prendre un tour. Mais en s'en rapprochant, il est tiré par le champ de pesanteur de sa cible, ce qui élève son orbite et ralentit sa vitesse (c'est la loi, en mécanique céleste). Dans le même temps, Épiméthée est tiré vers l'arrière par Janus, et perd donc de l'altitude pour prendre de la vitesse ! Du coup, il garde la tête de la course et creuse même le trou, jusqu'à reprendre le tour qu'il vient de concéder à Janus, au terme d'une course-poursuite de 4 ans.

Au bout de ces 4 ans, nouvelle tentative de dépassement avec les rôles inversés, qui échoue pour la même raison : l'interaction entre les deux lunes élève l'orbite du chasseur et abaisse celle du pourchassé, lequel reprend le large – et le chasseur redevient le chassé. Ainsi, Janus a pourchassé Épiméthée de 2006 à 2010, et Épiméthée redevient le chasseur de 2010 à 2014, sans qu'il y ait jamais de dépassement. C'est pour l'instant le seul exemple connu d'un tel chassé-croisé dans tout le système solaire.

Après ces deux comparses et un petit anneau de poussières appelé anneau « G », on parvient à la première grosse lune de Saturne, de 400 kilomètres de diamètre : l'influent Mimas.

À 45 000 kilomètres seulement de la périphérie des anneaux principaux, Mimas y dessine à distance de nombreux motifs grâce au pouvoir de sa gravitation. Par le jeu des résonances, le satellite creuse en effet le sillon qui définit la bordure externe de l'anneau « B », c'est-à-dire le début de la division de Cassini. Les particules à ce niveau font deux tours de Saturne dans le même temps que Mimas en fait un seul (résonance de type 2 : 1), ce qui a pour effet de les en chasser.

Ce même anneau « B » voit sa bordure interne – sa séparation avec l'anneau intérieur « C » – tranchée de façon similaire par Mimas, sous le coup d'une seconde résonance, cette fois de rapport 3 : 1. Enfin, à l'extérieur des anneaux principaux, Mimas contrôle l'orbite de Pandore le long de l'anneau « F » par une résonance de rapport 3 : 2, et se permet de surcroît d'influencer l'anneau de poussières « G » qui lui est proche, par une résonance de valeur 7 : 6. Que de travail pour une lune !

En sus de gouverner le découpage des anneaux, Mimas rappelle l'histoire de leurs origines. Le scénario qui tient aujourd'hui la corde est qu'un satellite un peu plus gros que lui a volé en éclats lors d'un gros impact. Or, Mimas a failli connaître le même sort et porte les stigmates d'une violente collision : sa surface est creusée par un cratère de 130 kilomètres de diamètre, aux falaises pentues et au plancher profond de 10 kilomètres par endroits. La lune entière a été ébranlée par le choc, comme l'attestent les fractures qui se poursuivent jusqu'aux antipodes du point d'impact. De toute évidence, Mimas fut à deux doigts d'éclater lui aussi et d'apporter à Saturne un anneau supplémentaire.

Mimas a d'autres propriétés remarquables : malgré sa taille modeste, il est presque sphérique, son champ de pesanteur étant tout juste suffisant pour le compacter de façon uniforme et symétrique. Tout au plus remarque-

FIGURE 7.6 – La lune Mimas vue par la sonde *Cassini* (18 novembre 2007) à travers les fines particules de l'anneau « F ». Le téléobjectif de la caméra rapproche Mimas de l'anneau alors qu'en réalité près de 50 000 km les séparent.
(NASA/JPL/Space Science Institute.)

MÉTHONE, ANTHÉE ET PALLÈNE

Entre les orbites de Mimas et d'Encelade, trois minuscules satellites gravitent à des altitudes de 134 000, 138 000 et 150 000 kilomètres au-dessus de Saturne. Découverts par la sonde *Cassini*, ils ont reçu pour noms Méthone (3 kilomètres), Anthée (2 kilomètres) et Pallène (4 kilomètres). Leur masse est si faible que même les plus petits impacts de météorites leur arrachent de la poussière qui constelle leurs orbites de traînées de particules.
La grosse lune Mimas, à proximité, confère à ces trois petits satellites un mouvement de balancier – une oscillation de part et d'autre d'un point de leur orbite – qui se superpose à leur ronde normale autour de Saturne. C'est particulièrement net pour Anthée et Méthone, dont la traînée de particules ne dessine pas un anneau complet autour de Saturne, mais reste confinée en un arc d'une vingtaine de degrés de part et d'autre du satellite, arc qui souligne l'amplitude du mouvement de balancier imposé par Mimas.

t-on un léger étirement dans la direction de Saturne (axe plus long de 10 %), les forces de marée lui donnant un petit air de ballon de rugby.

Au-delà de Mimas, si l'on omet les trois petits blocs kilométriques Méthone, Anthée et Pallène *(voir encadré ci-dessus)*, il faut s'éloigner de Saturne de 50 000 kilomètres supplémentaires avant de rencontrer sa prochaine lune : l'étincelant Encelade.

Les geysers d'Encelade

Encelade est à peine plus gros que Mimas – environ 500 kilomètres de diamètre contre 400 kilomètres –, mais cela lui vaut d'être plus sphérique encore que son voisin. Il est également plus dense (1,6 tonne/m^3 contre à peine 1,2 pour Mimas), ce qui trahit une plus forte proportion de minéraux : 60 % de roche pour 40 % de glace. Les géologues soupçonnent que cette teneur minérale fut suffisante, avec sa dose homéopathique d'atomes radioactifs, pour échauffer les entrailles du jeune Encelade au point de séparer le roc de la glace, le roc sombrant au centre pour former un noyau. Il en résulte une enveloppe externe de glace extrêmement propre : débarrassée d'impuretés minérales, la surface d'Encelade est d'un blanc éclatant, ce qui en fait le corps le plus réfléchissant de tout le système solaire.

Les images en gros plan prises par les premières sondes confirment qu'Encelade est le royaume de la glace, mais avec une grande variété de terrains. Certains sont anciens, comme les moyennes et hautes latitudes

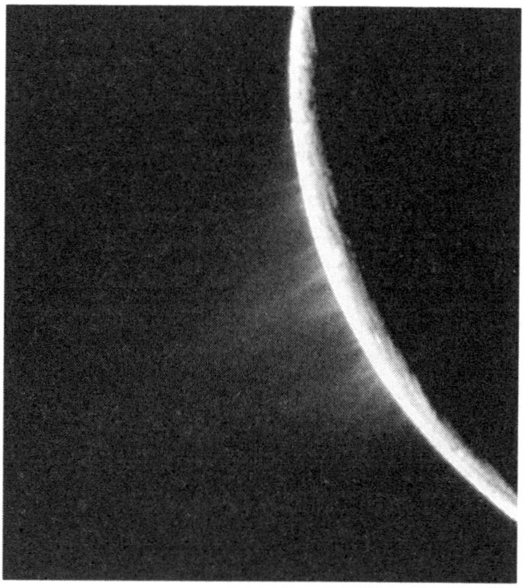

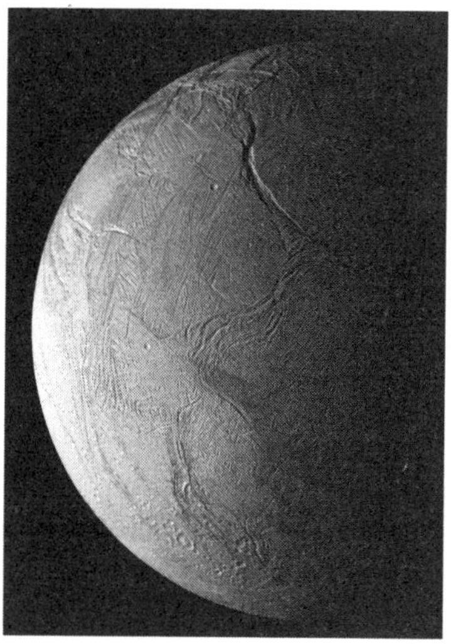

FIGURES 7.7 ET 7.8 – À gauche : geysers en activité sur Encelade, photographiés par la sonde *Cassini* le 27 novembre 2005. À droite : l'hémisphère Sud d'Encelade, photographié le 5 octobre 2008, avec en haut le profond rift curviligne de Labtayt Sulci, et en bas à droite les fractures sombres en escalier qui abritent les geysers. *(NASA/JPL/Space Science Institute.)*

---

de l'hémisphère Nord, qui comportent de nombreux cratères d'impact, alors que les zones équatoriales sont plus jeunes. En outre, des rifts déchirent la croûte glacée. L'activité tectonique est importante pour un corps d'aussi petite taille.

Mais c'est la région du pôle Sud, dévoilée par la sonde *Cassini*, qui étonne les spécialistes. Elle est virtuellement exempte de cratères d'impact, ce qui trahit un âge inférieur au million d'années : autant dire que cette zone est active aujourd'hui. Du reste, quatre fractures parallèles la déchirent, semblables aux rayures d'un tigre. Chacun de ces *tiger stripes*, long d'une centaine de kilomètres, consiste en un fossé médian, large de 2 kilomètres et profond de 300 à 500 mètres, encadré d'épaulements surélevés et entouré de dépôts glacés extrêmement jeunes – faits de cristaux à gros grains qui n'ont pas eu le temps d'être altérés par les micrométéorites et les rayons cosmiques.

Le premier survol rapproché d'Encelade, le 14 juillet 2005, révèle par ailleurs un nuage de vapeur d'eau au-dessus de la petite lune, qui semble provenir de cette région fracturée, ainsi qu'une température anormalement élevée près du pôle (– 160 °C), alors que le reste de la surface glacée ne dépasse pas – 190 °C. Les images recueillies lors du survol précédent, depuis une plus grande distance, montrent même un semblant de panache éruptif au-dessus de la région polaire, mais les scientifiques croient d'abord à une illusion d'optique.

Lors du survol d'octobre 2005, le doute n'est plus permis : les images montrent plusieurs jets de particules émanant de la zone australe, qui culminent en un nuage diffus à plus de 500 kilomètres au-dessus du satellite. Il s'agit apparemment de vapeur d'eau fusant dans l'espace et se condensant en cristaux de glace : de véritables geysers !

Encelade est ainsi le quatrième corps du système solaire à manifester des éruptions, après la Terre, Io (satellite de Jupiter) et Triton (satellite de Neptune). Reste à expliquer comment une lune aussi petite qu'Encelade peut receler l'énergie nécessaire à une telle activité.

Les chercheurs doutent qu'Encelade puisse renfermer suffisamment d'atomes radioactifs dans son noyau rocheux pour libérer les calories nécessaires ; ils invoquent plutôt un effet de marée déclenché par Saturne, effet qui engendrerait de la chaleur par déformation et friction de ses couches internes. Pour cela, Encelade doit être délogé d'une orbite circulaire et aiguillé sur une orbite excentrique, afin de ressentir une variation périodique du champ de gravité de Saturne. On se souvient que, autour de Jupiter, c'est l'attraction réciproque des lunes Io et Europe qui déforme leurs trajectoires et leur vaut l'effet de marée constaté. Dans le cas présent, c'est la lune Dioné qui interagit de la sorte avec Encelade, faisant 2 fois le tour de Saturne dans le même temps qu'Encelade en boucle un seul (résonance 2 : 1).

Cet effet de marée est-il suffisant pour chauffer le manteau glacé d'Encelade, au point de le faire fondre et d'engendrer un océan souterrain ? Ou bien la lune a-t-elle connu d'autres résonances dans le passé qui ont amplifié ses déformations internes ? En tout cas, il faut expliquer pourquoi c'est le pôle Sud – et uniquement le pôle Sud – qui montre un excès de chaleur et des geysers.

Le planétologue Robert Pappalardo propose comme solution un excès local de chaleur en profondeur, qui aurait pu se déclarer n'importe où : par exemple aux moyennes latitudes australes. Cela aurait provoqué une remontée de glace chaude et peu dense dans cette zone, qui aurait déstabilisé la rotation du satellite. Tout corps en rotation tend en effet à avoir ses masses les plus lourdes rassemblées autour de l'équateur. Encelade n'aurait pas apprécié d'avoir au contraire une « bouée » de faible densité à cet endroit. Sa croûte glacée aurait pivoté de plusieurs dizaines de degrés (par rapport à l'intérieur du globe) pour exiler la « bouée » légère au pôle Sud et la remplacer par de la matière plus dense près de l'équateur. Cette rotation est d'autant plus facile si un océan fluide découple la croûte pivotante de l'intérieur du globe, à la manière du lubrifiant d'un roulement à billes.

Dans la foulée de leur découverte, des survols rapprochés d'Encelade sont programmés pour étudier les geysers de près. Un premier survol en rase-mottes, à 200 kilomètres au-dessus de leur zone, a lieu le 12 mars 2008. Malheureusement, l'instrument chargé d'analyser les particules solides du panache sur la trajectoire de la sonde subit une anomalie de fonctionnement et reste muet. En revanche, le spectromètre chargé d'analyser les gaz remplit sa tâche : les geysers émettent principalement de la vapeur d'eau, mais aussi du dioxyde de carbone, de l'azote, du méthane et un soupçon de molécules organiques plus complexes, comme le propane et l'acétylène. La matière éjectée par Encelade s'apparente donc à celle d'une comète, ce qui est surprenant pour une lune née en principe dans la banlieue de Saturne.

Les données s'accumulent avec trois nouveaux survols au-dessus des geysers, les 11 août, 9 et 31 octobre 2008, là aussi à moins de 200 kilomètres d'altitude. À deux reprises, c'est la caméra qui est aux premières loges sur la plate-forme d'instruments : elle prend des images détaillées des fractures, montrant des blocs de glace de la taille de camions, éparpillés autour de certaines zones qui doivent être les évents éruptifs des geysers. D'autre part, les températures relevées par le spectromètre infrarouge sont de plus en plus élevées, à mesure que l'instrument se focalise sur des zones de plus en plus restreintes, centrées sur les fractures : –90 °C sinon plus, ce qui est très chaud pour Encelade. De telles températures suggèrent que les geysers sont alimentés par des poches d'eau tiède en profondeur.

ENCELADE ET L'ANNEAU « E »

L'anneau « E » est découvert en 1967 au-delà des anneaux principaux, sur des photographies prises à l'observatoire d'Allegheny aux États-Unis. Confirmation en est apportée par la sonde *Pioneer 11* en 1979 : il s'agit d'un tore de particules large de 300 000 kilomètres et épais de 10 000 kilomètres, qui englobe les orbites de Mimas, d'Encelade, de Téthys et de Dioné, et s'arrête au niveau de celle de Rhéa. Ses particules sont microscopiques et composées principalement de glace d'eau, mais aussi de glace d'ammoniac et de dioxyde de carbone, avec un soupçon de particules minérales.

C'est la lune Encelade qui fournit la matière de l'anneau, grâce aux éruptions de ses geysers : si la majorité des particules retombe sur le satellite, une partie atteint la vitesse de libération (860 km/h) et se retrouve en orbite autour de Saturne, se répandant de part et d'autre de la trajectoire d'Encelade.

Autre indice en faveur de réservoirs souterrains : en observant les geysers sous tous les angles, Candice Hansen et son équipe concluent qu'il s'agit d'étroits pinceaux fusant à des vitesses de l'ordre de 2 000 km/h, une énergie que la vaporisation d'eau liquide en profondeur serait capable de fournir, associée à une accélération de cette vapeur par étranglement dans la fissure éruptive (effet « tuyère » des moteurs-fusées). Du reste, les particules solides arrachées aux conduits éruptifs, et qui se retrouvent en orbite autour de Saturne *(l'anneau « E », voir encadré p. 213)*, contiennent des débris minéraux et carbonés : ceux-ci ont nécessairement une origine profonde – l'interface d'un océan avec son plancher minéral par exemple.

Avec la perspective d'un océan souterrain sous le pôle Sud d'Encelade, les biologistes tiennent un nouveau site potentiel, après Mars et Europe, susceptible d'abriter une vie primitive, ou du moins le développement de molécules organiques complexes. Mais en matière d'exobiologie, Encelade n'est pas le seul candidat prometteur autour de Saturne. Les biologistes fondent surtout leurs espoirs sur l'énorme lune Titan.

Les lunes extérieures : de Téthys à Titan

Avant de découvrir Titan – joyau des lunes de Saturne –, d'autres satellites méritent un bref détour, car tous ont une particularité remarquable.

Il y a d'abord Téthys et Dioné, 50 000 et 150 000 kilomètres au-delà d'Encelade, pratiquement aussi éloignés de Saturne que la Lune l'est de la Terre. Cela ne les empêche pas de faire le tour de la planète géante en seulement 2 et 3 jours respectivement, en raison de sa puissante force d'attraction. Les deux satellites circulent dans le nuage de particules crachées par les geysers d'Encelade (l'anneau « E »), ce qui les revêt d'un frimas étincelant.

Téthys en particulier est d'une blancheur presque aussi aveuglante qu'Encelade, et son corps est essentiellement constitué de glace, avec très peu de roche, d'où une faible densité (0,97 tonne/m^3). C'est aussi la première lune de Saturne que nous rencontrons qui dépasse 1 000 kilomètres de diamètre (1 060 exactement). Elle porte deux structures géologiques d'un grand intérêt.

En premier lieu, son hémisphère Nord est oblitéré par un bassin d'impact large de 450 kilomètres : le cratère Odyssée. Si le relief du bassin est aujourd'hui en partie estompé, car la croûte glacée du satellite a plastiquement rebondi, on peut imaginer que le choc fut terrible et que Téthys échappa de peu à la destruction (à l'instar de son petit frère Mimas), manquant fournir à Saturne la matière d'un anneau supplémentaire.

La seconde attraction de Téthys est un gigantesque rift qui court du nord au sud, sur la face tournée vers Saturne. Cet Ithaca Chasma boucle les deux tiers du tour de Téthys : 2 000 kilomètres de fossés tectoniques, d'une largeur moyenne de 100 kilomètres et d'une profondeur atteignant par endroits 5 000 mètres. Il pourrait résulter des ondes de choc qui ont secoué le satellite lors de l'impact du bassin Odyssée, formé grosso modo aux antipodes du rift, mais les planétologues suggèrent aussi qu'un océan souterrain a autrefois séjourné dans les couches supérieures de Téthys et que c'est le gel de cette eau – augmentant son volume – qui a fracturé et déchiré la croûte sus-jacente.

Dernière particularité de Téthys : il n'est pas seul sur son orbite. À 60 degrés en avant et en arrière de sa position (soit un sixième de circonférence orbitale) gravitent deux satellites compagnons : Télesto et Calypso. Cette configuration en escadrille n'est pas une surprise en astronomie : elle découle de la stabilité gravitationnelle des endroits en question, connus sous le nom de « points de Lagrange », d'après le mathématicien Joseph Louis Lagrange (1736-1813), qui en a prédit l'existence. Déjà connu à l'échelle d'une planète – Jupiter se fait ainsi accompagner par deux essaims d'astéroïdes appelés les Troyens et les Grecs –, le phénomène est nouveau dans le cas d'une lune. Découverts par deux équipes d'astronomes en 1980, Télesto et Calypso mesurent une vingtaine de kilomètres chacun.

Le phénomène se répète avec la prochaine lune de Saturne : Dioné. De même dimension que Téthys (1 118 kilomètres), Dioné se fait lui aussi accompagner par deux satellites troyens : Hélène, qui le précède, corps de 30 kilomètres découvert par Pierre Laques, Raymond Despiau et Jean Lecacheux à l'observatoire du pic du Midi en 1980, et le minuscule Polydeuces (Pollux en français), qui le suit, un bloc de 4 kilomètres découvert par la sonde *Cassini* en octobre 2004.

Dioné lui-même se distingue par une densité élevée (1,5 tonne/m^3), qui indique une importante proportion de minéraux (environ 50 %), et par une surface de glace criblée de cratères. Bizarrement, ce n'est pas la face de Dioné pointée dans le sens de la marche autour de Saturne qui porte le plus grand nombre de traces d'impact, comme la logique le voudrait, mais plutôt l'hémisphère arrière. Il n'en faut pas plus pour que les planétologues soupçonnent une « pichenette » dans la prime enfance de Dioné, qui aurait fait pivoter la lune et présenter sa face relativement épargnée dans le sens de la marche.

La seconde particularité de Dioné, ce sont les arabesques claires dessinées sur son hémisphère arrière, que les planétologues ont d'abord prises pour des dépôts volcaniques sur la foi des premières images de

Voyager. Les deux survols de Dioné par la sonde *Cassini*, en décembre 2004 et en octobre 2005, ont révélé qu'il s'agit plutôt de longues fractures qui exposent des falaises de glace aux parois réfléchissantes. On note une certaine ressemblance avec les fractures à geysers d'Encelade : il pourrait donc tout de même s'agir d'une région éruptive, mais éteinte depuis bien longtemps.

À environ 500 000 kilomètres de Saturne, Rhéa conclut le groupe de lunes et d'anneaux proches de la planète géante. Il marque d'ailleurs la frontière externe du dernier tore de particules – l'anneau « E » – que crachent dans l'espace les geysers d'Encelade. Au-delà commence la banlieue externe de Saturne, où règne un vide beaucoup plus poussé.

Rhéa est une lune bien plus grosse que celles que l'on a rencontrées jusqu'à présent, puisqu'elle mesure 1 528 kilomètres de diamètre. Ce n'est pas pour autant une priorité des sondes spatiales, et *Cassini* n'en a programmé que deux survols : un passage à 500 kilomètres d'altitude en novembre 2005 et un autre à 100 kilomètres d'altitude en mars 2010.

Rhéa est similaire à Dioné avec une carapace de glace, des cratères d'impact, et les mêmes arabesques claires sur sa face arrière, qui pourraient là aussi être des fractures exposant des falaises de glace. Mais comme tout satellite de Saturne a sa petite particularité, Rhéa ne déroge pas à la règle : il possède des anneaux ! C'est la seule lune du système solaire à imiter les grosses planètes géantes en arborant son propre disque de particules. La découverte est venue de la sonde *Cassini*, lors du survol de 2005 : elle a détecté une baisse du flux d'électrons de part et d'autre de la lune, apparemment stoppés par des obstacles, et identifié trois minima correspondant à trois anneaux. De l'avis des planétologues, ces derniers seraient composés de blocs centimétriques à métriques, comparables à ceux des anneaux principaux de Saturne, et pas seulement de la poussière ou des cristaux éjectés par des geysers ou de petites météorites. Peut-être Rhéa fut-il frappé dans un lointain passé par un gros astéroïde qui propulsa en orbite les débris observés ? Les calculs enseignent en tout cas qu'ils peuvent rester dans une configuration stable et assurer des anneaux permanents.

Au-delà de Rhéa, c'est le gouffre. Il faut s'éloigner à 1,2 million de kilomètres de Saturne – 3 fois la distance Terre-Lune – pour rencontrer le prochain satellite de la planète aux anneaux. Mais quel satellite ! Il s'agit de Titan, la deuxième plus grosse lune du système solaire après Ganymède, le compagnon de Jupiter. Avec ses 5 150 kilomètres de diamètre, Titan représente à lui seul 90 % de la masse totale de tous les satellites et anneaux de Saturne confondus. En outre, son champ de gravité a réussi à maintenir une épaisse couche de gaz froids autour de l'astre – principalement de l'azote –, ce qui en fait la seule lune du système solaire à posséder une atmosphère conséquente. Celle-ci exerce même une pression de 1,5 bar à la surface : 1,5 fois la pression atmosphérique terrestre !

Malgré la température très basse qui règne à une telle distance du Soleil, cette atmosphère, qui contient aussi des molécules organiques comme le méthane, fait rêver chimistes et biologistes, de sorte que Titan est devenu un objectif majeur de l'exploration de Saturne. La sonde *Cassini* fut dotée d'instruments consacrés à son étude, notamment un radar imageur, et même d'un module de descente pour analyser son atmosphère *in situ :* la sonde *Huygens.* Nous consacrons la fin de ce chapitre à l'exploration de ce monde étonnant.

Au-delà de Titan, le système de Saturne se termine par trois dernières lunes de taille respectable, et par un essaim de blocs qui ne mesurent que quelques kilomètres et circulent sur des orbites excentriques jusqu'à 22 millions de kilomètres de la planète.

Parmi les trois lunes respectables, il y a d'abord la modeste Hypérion *(voir encadré ci-dessous)*, satellite irrégulier de 360 kilomètres de longueur, un peu plus éloigné que Titan. Puis il faut doubler la distance et s'éloigner de 3,5 millions de kilomètres de la planète aux anneaux pour croiser sa dernière grosse lune glacée : Japet.

HYPÉRION

Découvert en 1848 par les astronomes William Lassell, William Bond et George Bond (le père et le fils), Hypérion est un satellite de forme irrégulière qui circule sur une orbite excentrique à environ 1,5 million de kilomètres de Saturne. Ce « patatoïde » de 360 kilomètres de long sur 225 de large, criblé de cratères, fut survolé par la sonde *Cassini* en septembre 2005. L'objet est vraisemblablement un éclat rescapé d'une collision qui a scindé une plus grosse lune, ou bien la réunion de plusieurs éclats. En effet, sa densité globale (0,6 tonne/m^3) est bien inférieure à celle de la glace – son principal constituant –, ce qui implique que l'objet est très poreux : près de 40 % de cavités, à l'image d'une grosse éponge.

C'est du reste une éponge assez sale en surface, car recouverte d'une fine matière sombre, tirant sur le rouge. Cette matière riche en carbone est chose courante dans la banlieue de Saturne, et les lunes extérieures Japet et Phoebé en recèlent aussi. Peut-être même cette matière a-t-elle une origine commune : Hypérion aurait pu en projeter sur Japet au cours de collisions, ou vice versa. Dernière particularité : Hypérion connaît une rotation chaotique, culbutant dans tous les sens sous l'influence perturbatrice des corps voisins, notamment de Titan.

L'étonnant Japet

Japet a une étrange histoire. Il est découvert par Jean Dominique Cassini en octobre 1671, à l'ouest de Saturne, dont il boucle le tour en près de 80 jours. Mais l'astronome ne parvient plus à le détecter lorsqu'il se trouve à l'est de la planète. Ce jeu de cache-cache dure plus de 30 ans, jusqu'à ce que Cassini mette au point une lunette améliorée qui lui permet enfin de repérer Japet à l'est de Saturne : il est près de 5 fois moins brillant du côté oriental de la planète, ce qui explique sa disparition apparente à chaque révolution.

Cassini en déduit qu'un hémisphère est plus sombre que l'autre et que la lune est en rotation synchrone autour de Saturne, nous montrant sa face claire lorsqu'elle est à l'ouest de la planète et sa face sombre lorsqu'elle se trouve à l'est. Cet hémisphère sombre est d'ailleurs celui qui fait face au « sens de la marche » de Japet sur son orbite, comme s'il ramassait sur sa trajectoire des particules tendant à l'assombrir, un peu comme une automobile verrait son pare-brise devenir de plus en plus sale en accumulant des impacts de moucherons.

Trois siècles plus tard, lorsque la sonde *Cassini* – la bien nommée – se satellise autour de Saturne, elle affine le portrait « noir et blanc » de Japet, la frontière curviligne entre terrains sombres et terrains clairs évoquant le symbole du yin et du yang. La partie sombre a été baptisée « Cassini Regio » en l'honneur de l'astronome, et la partie claire « Roncevaux Regio », la nomenclature de Japet étant principalement tirée de l'œuvre médiévale *La Chanson de Roland.*

Lors d'un survol rapproché en septembre 2007, les images de Japet en gros plan montrent que la matière sombre est épaisse de quelques dizaines de centimètres seulement et se rassemble de préférence au fond des cratères et des cuvettes, ayant du mal à rester accrochée aux versants trop pentus. Quant à sa composition, elle est à base de carbone et d'hydrogène, avec des molécules assez complexes comme les hydrocarbures aromatiques polycycliques (« HAP ») et peut-être même du cyanogène (HCN), molécules qui sont caractéristiques des comètes et autres corps formés aux confins du système solaire. Japet a eu ainsi sa face avant bombardée soit directement par des comètes, soit par des poussières dispersées autour de Saturne par des lunes d'origine cométaire, comme peut-être Hypérion ou la lointaine Phoebé *(voir encadrés p. 217 et 220).*

Autre particularité de Japet, découverte par la sonde *Cassini* : une spectaculaire ride montagneuse qui suit l'équateur sur près d'un tiers de sa circonférence, principalement au sein de Cassini Regio *(voir fig. 7.9).*

Large de plusieurs dizaines de kilomètres, la ride est extrêmement haute et culmine jusqu'à 13 kilomètres au-dessus du terrain environnant, rivalisant avec les volcans martiens pour le titre de plus haut relief du système solaire. De la part d'une aussi petite lune, c'est gonflé ! La chaîne est découpée en plusieurs segments qui ont pour noms montagnes de Carcassonne, de Tolède et de Tortelose, toujours en référence à *La Chanson de Roland*, et semble se poursuivre au-delà de Cassini Regio en un chapelet de pics isolés.

Reste à trouver l'origine de ce bourrelet équatorial qui donne à Japet l'aspect d'une noix, d'autant que la forme générale de la lune montre un ample renflement de l'équateur et un aplatissement des pôles. Cette forme globale est d'ailleurs la clef du mystère : elle indique que, lors de sa formation, Japet tournait très rapidement sur lui-même, la force centrifuge enflant son équateur et aplatissant les pôles. Pour cela, il fallait aussi que la lune soit malléable, ce qui était possible dans la mesure où

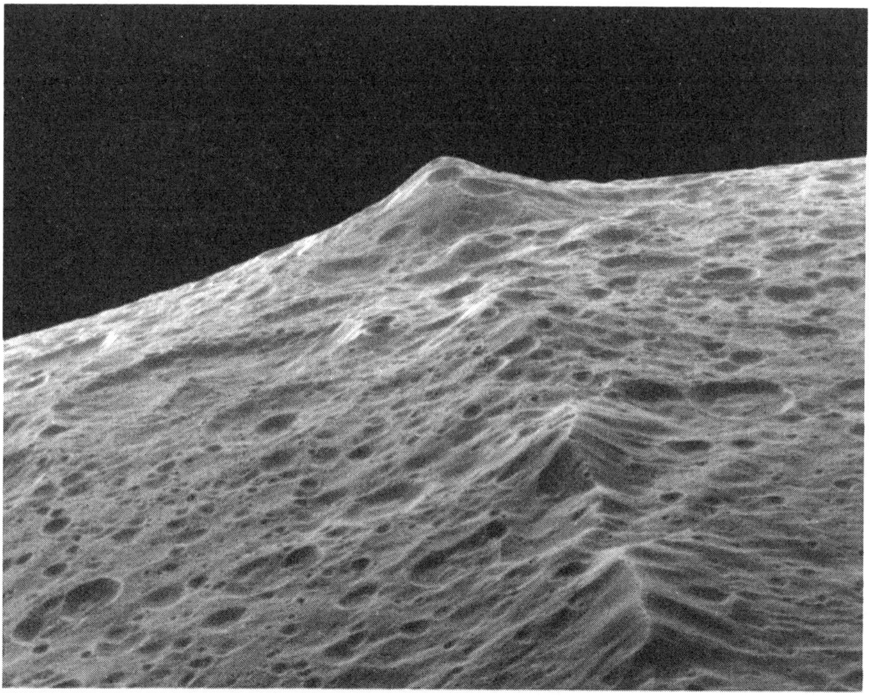

FIGURE 7.9 – Survol de Japet par la sonde *Cassini*, le 10 septembre 2007. La lune se distingue par un bourrelet équatorial haut de 13 000 m par endroits, qui témoigne d'une contraction de sa croûte de glace dans un lointain passé.
(NASA/JPL/Space Science Institute.)

PHOEBÉ ET SA RUCHE

La famille principale des lunes de Saturne s'arrête à Japet, qui orbite à 3,5 millions de kilomètres de Saturne. Au-delà, il faut traverser un véritable gouffre avant de croiser une trentaine de blocs kilométriques à décakilométriques, tournoyant sur des orbites excentriques. Variablement inclinés sur le plan de l'équateur – certains circulent même en sens inverse autour de Saturne –, ces petits satellites dessinent une véritable ruche extérieure, de 11 à 23 millions de kilomètres de la planète. La plupart sont vraisemblablement des objets capturés qui ne sont pas nés sur place.
Se dégageant du lot par sa grande taille, Phoebé mesure 220 kilomètres de diamètre et circule sur une orbite inclinée et rétrograde, à 13 millions de kilomètres de Saturne, dont elle boucle le tour en un an et demi. Le survol de Phoebé par *Cassini*, le 11 juin 2004, a révélé un monde torturé, criblé de cratères d'impact. C'est un monde d'une densité globale assez élevée (1,6 tonne/m^3), fait de roche et de glace en proportions à peu près égales, et revêtu d'un manteau de particules sombres, de plusieurs centaines de mètres d'épaisseur. Le spectromètre indique que ces dernières consistent en molécules organiques à base de carbone et d'azote, mêlées de poussières minérales contenant du fer. Cette composition originale classerait Phoebé parmi les Centaures – ces objets glacés qui circulent entre Jupiter et Neptune, mais qui seraient nés au-delà de l'orbite de Neptune.

son manteau de glace était chaud et plastique dans sa prime jeunesse. Puis la source de chaleur – vraisemblablement des atomes radioactifs à courte période – s'est tarie, Japet est devenu plus froid et plus rigide. Sa rotation a ralenti sous l'influence des marées de Saturne, et la lune a légèrement réajusté sa forme, mais sans pouvoir devenir parfaitement sphérique pour autant. Aujourd'hui, sa période de rotation dépasse 79 jours, mais les calculs indiquent qu'à l'époque de sa fluide jeunesse cette rotation se faisait en 5 ou 6 heures seulement.

Cela expliquerait l'aplatissement « fossile » de Japet ; mais qu'en est-il de l'étroit bourrelet montagneux ? Celui-ci serait dû au pincement de la croûte lorsque la lune a ralenti sa rotation et cherché à arrondir sa forme. L'ajustement s'est accompagné d'une réduction de superficie (la surface d'un ballon rond est plus petite que celle d'un ballon ovale de même diamètre), et il a bien fallu que la croûte glacée de Japet s'accommode de cette perte de terrain. La croûte se serait comprimée et chevauchée vers l'équateur, y construisant le bourrelet observé. C'est du moins l'explication la plus logique. Quoi qu'il en soit, Japet est le seul corps du système solaire à montrer pareil phénomène. Chaque lune de Saturne est décidément unique !

Atterrissage sur Titan

Pour ce qui est d'être unique, Titan remporte la palme. Plus gros que la planète Mercure (5 150 kilomètres, contre 4 878), entouré d'une épaisse atmosphère d'azote avec une dose non négligeable de méthane, Titan offre la promesse de réactions chimiques complexes, limitées il est vrai par les très basses températures : environ –200 °C. Autre particularité remarquable : à de telles températures et pressions (1,5 bar au sol), le méthane aurait tendance à se liquéfier, aussi les chercheurs se prennent-ils à rêver d'océans d'hydrocarbures clapotant sous les brumes de Titan.

Les spéculations sont allées bon train, car la surface de Titan est cachée par une brume rougeâtre qui serait constituée de grosses particules organiques. Entre 1979 et 1981, les premiers survols par les sondes *Pioneer 11* et *Voyager 1* et *2* n'ont fourni aucune image de la surface, ce qui, dès lors, n'a fait qu'aiguiser la curiosité des chercheurs – suffisamment pour que soit mise sur pied une mission de sonde spatiale destinée exclusivement à Titan, qui traverserait et analyserait son atmosphère jusqu'au sol. Développée par l'Agence spatiale européenne, cette sonde de 350 kg baptisée *Huygens* fut jumelée au gros vaisseau spatial *Cassini* de la NASA, avec pour mission de s'en détacher, une fois Saturne atteint, et de bifurquer vers Titan.

C'est ainsi qu'au terme d'un vol croisière de 7 ans, la sonde européenne *Huygens* se sépare de *Cassini* le jour de Noël 2004 et atteint sa cible trois semaines plus tard, le 14 janvier 2005. Abordant la haute atmosphère de Titan à 18 000 km/h, l'engin est d'abord brutalement décéléré par la friction des gaz. Vers 170 kilomètres d'altitude, le parachute principal est déployé pour réduire encore sa vitesse. Le lourd bouclier thermique est largué et les instruments de mesure sont mis en marche, dont une batterie de trois caméras couplées à des spectromètres infrarouges et à un photomètre ultraviolet, un ensemble de capteurs physiques pour mesurer température et pression, une pompe pour aspirer les particules solides de l'atmosphère et les identifier, enfin un chromatographe et un spectromètre de masse pour analyser les gaz.

Le temps est compté : la sonde est sur batteries et a une autonomie de quelques heures seulement, tout comme ne dure que 5 heures la liaison radio avec la sonde principale *Cassini* qui sert de relais vers la Terre et qui va disparaître derrière l'horizon de Titan. Ainsi, après un premier quart d'heure de mesures entre 150 kilomètres et 100 kilomètres d'altitude, la sonde se sépare de son parachute principal de 8 mètres de diamètre et le troque pour un parachute de 3 mètres, afin d'accélérer la descente et

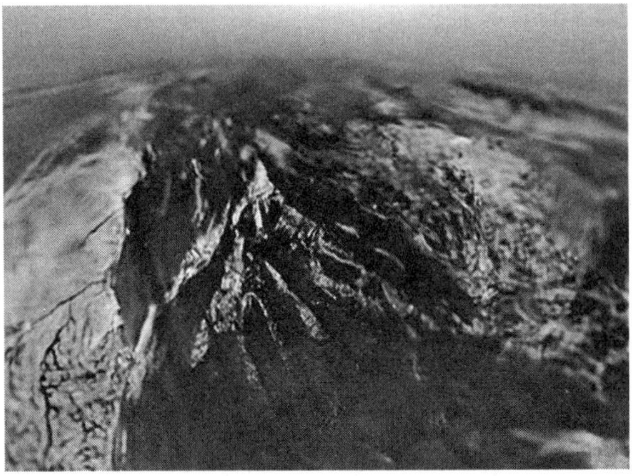

FIGURES 7.10 ET 7.11 – À gauche : les paysages de Titan photographiés en cours de descente par la sonde *Huygens* vers 15 000 m d'altitude, avec des crêtes au centre et des arborescences à gauche qui dénotent un réseau fluvial d'hydrocarbures liquides. À droite : le sol de Titan et ses galets de glace larges d'une dizaine de centimètres.
(ESA/NASA/JPL/University of Arizona.)

d'étudier toute l'atmosphère jusqu'au sol dans le temps imparti. En outre, des ailettes disposées autour de la sonde, qui a la forme d'un tambour, lui imposent une lente rotation qui permet aux caméras de balayer tous les points cardinaux.

La descente à travers l'atmosphère, une dizaine de degrés au sud de l'équateur, expose la sonde à de forts vents d'ouest en altitude – près de 400 km/h – puis les conditions se calment quelque peu, alors que les mesures vont bon train. En plus de l'azote (98,5 %) et du méthane (1,5 %), le spectromètre de masse détecte des traces d'argon, d'hydrogène et de monoxyde de carbone, d'éthane, d'acétylène et de propane, de cyanures, ainsi que de molécules organiques plus complexes. Ces dernières s'agglutinent pour atteindre une taille de plusieurs micromètres et former la brume rougeâtre qui cache la surface de Titan.

À 30 kilomètres d'altitude environ, la brume se dissipe et les caméras commencent à percevoir de vagues contrastes en contrebas : un terrain clair survolé par la sonde, strié de lignes plus foncées qui ressemblent à des lits de rivières, puis une nette frontière qui évoque une ligne côtière, ouvrant sur une plaine sombre que les géologues interprètent comme le fond asséché d'un ancien lac d'hydrocarbures.

Le panorama est particulièrement beau à 15 kilomètres d'altitude, où souffle une brise légère. Au cours de ces derniers kilomètres, les échantillons atmosphériques enregistrent un taux croissant de méthane, qui passe progressivement de 1,5 % à 5 % près du sol, ce qui s'explique si le gaz est émis par ce dernier. Confirmation en est donnée lors de l'atterrissage : percutant le sol à la vitesse de 15 km/h, la sonde en dégage une bouffée supplémentaire de méthane.

En analysant l'impact dans le détail, les chercheurs calculent que le sol a résisté environ trois centièmes de seconde avant de céder, de laisser la sonde s'enfoncer puis rebondir. La texture du sol est ainsi comparée à celle d'une crème brûlée, avec un fin glacis rigide qui recouvre une couche plus élastique renfermant le méthane.

Sur ce site (10° S, 192° O), qui se trouve à l'extrémité orientale d'un terrain clair baptisé Adiri, les caméras dévoilent un sol granulé dont la signature spectrale – plus vive dans le rouge que dans l'infrarouge – évoque de la glace d'eau mêlée à une substance mystérieuse, probablement organique mais non identifiée. Des galets de glace d'une dizaine de centimètres parsèment le site, et leur aspect arrondi évoque immanquablement un charriage avec des chocs répétés dans le lit d'une rivière. Reste à identifier la nature du fluide aujourd'hui disparu, mais vu la température sur le site (– 180 °C), il s'agit très certainement d'hydrocarbures légers comme le méthane et l'éthane, plutôt que d'eau.

Images et autres signaux émis par la sonde au sol sont recueillis 72 minutes durant, avant que l'orbiteur *Cassini* ne disparaisse derrière l'horizon et n'arrête la retransmission vers la Terre. Pour l'Europe, cette première tentative d'atterrissage sur un autre monde a réussi au-delà de tous les espoirs.

Titan dévoile ses paysages

En parallèle à l'atterrissage de *Huygens*, le bus orbital *Cassini* commence une longue campagne d'observation de Titan, dont elle croise l'orbite toutes les 2 à 3 semaines. Le 15 février 2005, *Cassini* accomplit son survol à moins de 1 600 kilomètres d'altitude et, en sus de sa mission photographique, entame une reconnaissance du sol au radar.

Deux instruments ne sont pas de trop pour découvrir les paysages de Titan. Il y a d'abord la caméra qui parvient à percer la brume en opérant dans le proche infrarouge autour de 0,9 micromètre de longueur d'onde. Dès 1994, des images infrarouges recueillies par le télescope spatial Hubble et par les grands télescopes d'Hawaï et du Chili avaient permis de visualiser une grande région claire sur l'équateur de Titan, entre 60 et 150 degrés de longitude ouest, baptisée Xanadu. De la taille de l'Australie, elle cède la place vers l'ouest à une région sombre dénommée Shangri-La, puis à une autre région claire baptisée Adiri, au bord de laquelle s'est posée la sonde *Huygens*. Depuis la Terre, ce ne sont que de vagues taches, et on attend bien sûr de la caméra de *Cassini* qu'elle fasse beaucoup mieux *(voir cahier couleurs fig.* XXVII*).*

Le deuxième instrument embarqué est le radar : opérant sur la fréquence de 14 gigahertz, ses ondes traversent également la brume, et les échos recueillis permettent de bâtir des images qui illustrent la nature, le relief et la rugosité du terrain survolé. Un terrain accidenté renvoie beaucoup d'échos vers la sonde et paraît donc clair, alors qu'un matériau lisse – comme un lac d'hydrocarbures – fait plutôt « déraper » les échos vers l'avant, l'absence de retour vers la sonde se traduisant au contraire par une zone sombre sur l'image.

Lors du survol du 15 février 2005, au-dessus de la région de Xanadu, le radar commence par balayer un portrait du plus gros cratère d'impact de Titan. Surnommé Circus Maximus (Menrva est son nom officiel), il s'agit d'un bassin de 440 kilomètres de diamètre, qui montre des signes flagrants d'érosion par un fluide, avec des chenaux entaillant ses remparts.

Ces chenaux sont d'ailleurs omniprésents sur Titan. *Huygens* en avait déjà photographié lors de sa descente au-dessus d'Adiri, et, sur les images de *Cassini*, les chercheurs en recensent plusieurs centaines au fil de la mission. Certains sont organisés en réseaux, attestant des précipitations passées qui ont lessivé des régions entières, d'autres consistent en un chenal unique qui parcourt des centaines de kilomètres avant de déboucher dans un bassin. D'autres encore se divisent en lits multiples qui s'entrelacent comme les tresses d'une plaine d'inondation.

Il ne fait aucun doute que des pluies d'hydrocarbures – méthane ou éthane – s'abattent épisodiquement sur Titan. Les géologues se risquent même à estimer précipitations et débits d'après le profil des vallées. Les chiffres sont importants. Même pour les plus petits « ruisseaux », comme ceux qui débouchent sur le site d'atterrissage de *Huygens*, on parle de plusieurs dizaines de mètres cubes par seconde, roulant des galets de glace au fond des lits. Ce n'est pas la brume qui peut générer de telles quantités de liquide : les calculs montrent qu'elle ne saurait précipiter au sol plus de 50 millimètres d'hydrocarbures par an – une misère. Pour nourrir les

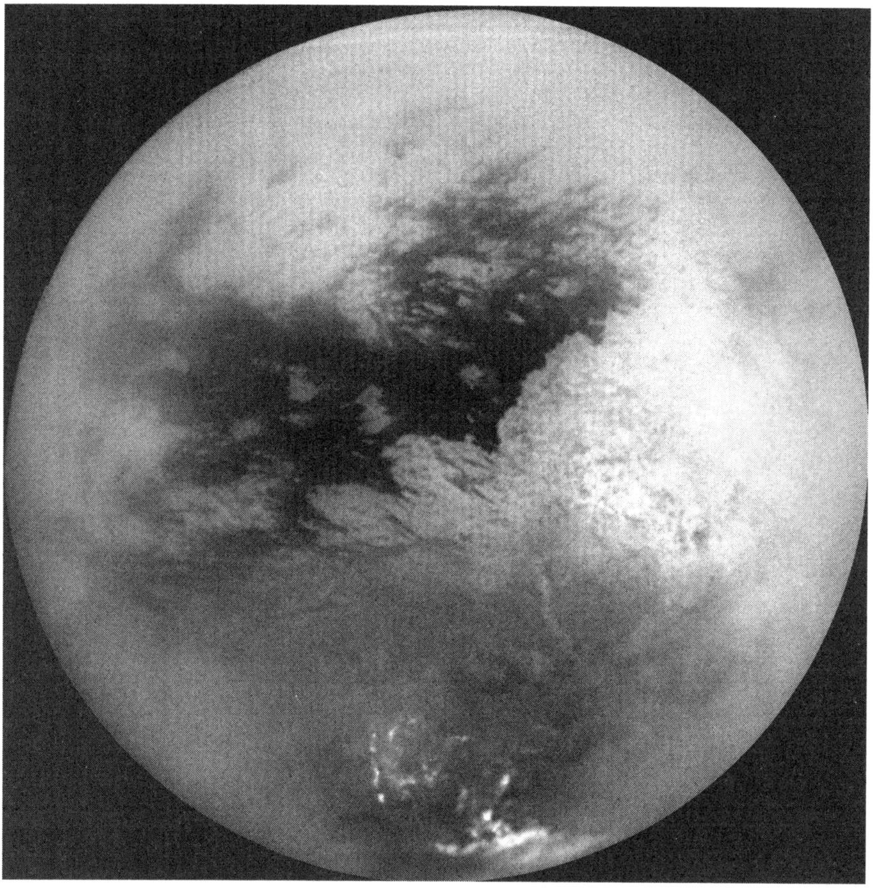

FIGURE 7.12 – La surface de Titan photographiée dans l'infrarouge par la sonde *Cassini* le 26 octobre 2004. La sonde *Huygens* s'est posée à gauche de la grande région sombre de Shangri-La. À droite : les terrains clairs de Xanadu. En bas : de brillants nuages d'hydrocarbures flottent au-dessus du pôle Sud.
(NASA/JPL/Space Science Institute.)

ruisseaux observés et déplacer des galets, c'est plutôt 50 millimètres/heure qui doivent s'abattre sur Titan, c'est-à-dire de violents orages.

Mais où est passé tout le fluide requis ? Avant la mission *Cassini*, les chercheurs s'attendaient à trouver sur Titan de véritables mers de méthane. Une telle quantité de ce gaz dans l'atmosphère (plus de 20 millibars de pression partielle) ne peut en effet s'expliquer que s'il est dégagé en permanence par des réservoirs, soit souterrains par l'entremise de volcans, soit superficiels par évaporation d'hydrocarbures liquides.

Pour ce qui est des volcans, les candidats sont rares. Il ne s'agit pas ici de volcans traditionnels constitués de laves basaltiques, à l'image des volcans terrestres et martiens, car le manteau de Titan est fait de glace et non de minéraux. Son échauffement engendrerait des remontées de glace visqueuse, contenant des produits dissous comme l'ammoniac et le méthane : en surface, des langues de cette glace hybride s'épancheraient au sortir des fissures, et les gaz quitteraient la glace pour fuser dans l'atmosphère.

Le premier volcan présumé de Titan est Tortola Facula, une colline brillante de 30 kilomètres de large en colimaçon, qui s'élève quelques centaines de mètres au-dessus des plaines sombres de Shangri-La. Le deuxième candidat, beaucoup plus convaincant, est un dôme de 180 kilomètres de large, situé au nord de la province de Xanadu. Baptisé Ganesa Macula, il possède un petit cratère sommital et des chenaux qui descendent ses versants, pour s'évaser dans la plaine en de brillantes langues de glace.

Les volcanologues sont d'autre part alertés par de brillants nuages qui sont apparus au-dessus de deux régions de ce même continent Xanadu : l'un juste au nord de Hotei Regio (28° S, 78° O), l'autre au nord de Tui Regio (7° S, 135° O), larges respectivement de 400 et 1 000 kilomètres. L'apparition de ces nuages est liée à la détection d'ammoniac, lequel n'est pas observé habituellement à la surface de Titan et constitue la signature de remontées de matière souterraine. Ce sont tous de sérieux candidats au titre de volcan et ils pourraient justifier, selon certains, la quantité de méthane observée dans l'atmosphère.

Mais les géologues misent surtout sur de grands lacs d'hydrocarbures comme sources du méthane atmosphérique. Les régions sombres observées à travers la brume, comme Shangri-La à l'ouest de Xanadu et Fensal à l'est, ont longtemps nourri leurs espoirs. Las ! Les premières images de ces régions obtenues au radar, dès février 2005, y montrent des lignes parallèles qui évoquent des « griffures de chat ». Ce ne sont pas des vagues sur un lac, mais des dunes de matière sombre, hautes d'une centaine de mètres, qui courent parallèlement à l'équateur sur plusieurs centaines de kilomètres – des dunes longitudinales qui n'ont rien à envier à celles de l'Arabie ou de la Namibie. Elles ont laissé un temps les spécialistes perplexes : ils n'imaginaient pas que les vents soient assez forts à la surface de Titan pour charrier des particules et dresser des dunes. Mais force fut d'admettre que les puissantes marées soulevées dans l'atmosphère de Titan par Saturne donnent naissance à des alizés qui convergent vers l'équateur et fusionnent avec les vents d'ouest pour y entasser les monticules constatés.

Quant à la nature des grains entassés, ce n'est bien sûr pas du sable siliceux tel qu'on le connaît sur Terre, mais soit des grains de glace enrobés de matière organique, soit de la matière organique à l'état brut, coagulée en billes de plusieurs millimètres. Quoi qu'il en soit, dans un cas comme dans l'autre, il faut de fortes pluies pour marteler le sol, dégager, sculpter et mobiliser des grains de cette taille. Et puisque précipitations il y a, on en revient à la lancinante question : où donc se cachent les réserves liquides d'hydrocarbures ?

Lacs d'hydrocarbures sur Titan

À défaut de trouver des lacs d'hydrocarbures remplis, les géologues commencent par repérer certaines zones dans les hautes latitudes de l'hémisphère Sud qui ressemblent aux rivages de lacs asséchés. Leurs contours séparent des terrains clairs, parcourus de chenaux, de terrains sombres, bas et plats, où ces chenaux débouchent. C'est le cas notamment d'une grande étendue sombre, baptisée lac Ontario car elle a les dimensions du grand lac nord-américain. Renforçant l'analogie d'une ligne de rivage, son contour présente des renfoncements qui évoquent baies et criques, ainsi que des bandes parallèles rappelant les niveaux successifs d'un lac qui se serait vidé.

Que les lacs de l'hémisphère Sud se soient évaporés est logique, car les premières prises de vue sont faites alors que l'été règne dans cet hémisphère. Comme Saturne et ses lunes font le tour du Soleil en 30 ans, chaque saison dure 7,5 ans, et l'automne austral ne débutera sur Titan qu'en 2010. Tous les espoirs se tournent donc vers les hautes latitudes boréales, où c'est au contraire l'hiver et où il fait suffisamment froid – quelques degrés de moins qu'en été – pour ralentir drastiquement l'évaporation d'hydrocarbures liquides et favoriser au contraire les précipitations. Une épaisse calotte de brume recouvre d'ailleurs le pôle Nord, doublée de gigantesques nuages d'éthane *(voir encadré p. 228)*. Si la caméra de *Cassini* n'est pas d'un grand secours dans ces conditions – car de surcroît il fait nuit noire sur le pôle –, le radar ne se soucie en revanche ni des nuages ni de l'obscurité. Encore faut-il survoler la zone polaire d'assez près, ce qui devient possible à partir du 22 juillet 2006, la sonde effectuant à l'approche de Titan une torsion de trajectoire qui la sort du plan équatorial de Saturne et de ses lunes.

Lors de cette manœuvre qui lui fait survoler le pôle Nord de Titan à 950 kilomètres d'altitude, le radar de *Cassini* balaye une bande de terrain où apparaissent des taches sombres que les spécialistes identifient comme étant les lacs pleins tant recherchés ! Les taches sont en effet bien plus foncées en imagerie radar que celles qui furent identifiées auparavant dans l'hémisphère Sud, avec un dégradé de bandes concentriques plus claires autour de leur centre, qui évoquent une moindre profondeur en se rapprochant du rivage. Plus de 70 lacs sont recensés dans ce premier coup de filet, le plus grand mesurant 70 kilomètres de long – la taille du lac Léman – et les plus petits 2 ou 3 kilomètres seulement. Et ce n'est qu'un début.

Dès les survols suivants, en septembre et en octobre 2006, la région du pôle Nord révèle de nouveaux lacs en imagerie radar, leur total frisant alors la centaine, avec des formes variées qui éclairent les géologues sur leur origine. Certains sont abrités dans des dépressions circulaires qui évoquent des caldeiras volcaniques, ce qui laisse à penser que du méthane liquide est monté du sous-sol à travers des fissures pour les remplir. D'autres sont clairement alimentés par des chenaux qui convergent des alentours. D'autres enfin ont la forme allongée et tortueuse de vallées inondées, qui rappellent le lac Powell en Arizona ou le lac Nasser sur le Nil, en amont du barrage d'Assouan.

NUAGES ET ORAGES SUR TITAN

Dans le cycle des hydrocarbures qui s'évaporent puis précipitent sur Titan, les chercheurs s'attendaient à repérer de gros nuages de méthane et d'éthane dans l'atmosphère. L'éthane en particulier se doit d'être abondant, car il se forme rapidement par décomposition du méthane.

Une calotte nuageuse d'éthane est effectivement détectée par la caméra-spectromètre de *Cassini*, dès ses premiers survols de Titan : centrée autour du pôle Nord plongé dans la nuit, elle descend jusqu'à 50 degrés de latitude nord et apparaît dans la partie éclairée du satellite. À ces latitudes, la couverture d'éthane flotte entre 30 et 60 kilomètres d'altitude. Comme des courants d'air froid descendent au-dessus du pôle Nord, il est à parier que les particules d'éthane condensé – mesurant 1 à 3 micromètres de taille – y neigent, voire y pleuvent pendant l'hiver.

La calotte polaire Sud n'est pas en reste, malgré la saison estivale. Une brume d'hydrocarbures s'étend jusqu'à 40 degrés de latitude sud, latitude où se forment des nuages en seulement 1 ou 2 heures. Ces nuages s'étirent vers l'est sous l'action des vents. Leur formation rapide et leur dissipation font penser à des nuages d'orage, ce qui coïncide avec le modèle atmosphérique du chercheur français Pascal Ranou et de son équipe. C'est en effet à cette latitude que doivent souffler des vents ascendants sur Titan : se condensant en gagnant de l'altitude, éthane et méthane s'abattraient alors en violents orages sur les régions sous le vent.

Le recensement de ces réservoirs d'hydrocarbures entre dans une nouvelle phase lors du survol du 22 février 2007, toujours au-dessus des régions boréales, mais cette fois par 310 degrés de longitude ouest. Le radar y dévoile une étendue sombre d'au moins 100 000 km^2, avec une île brillante au milieu ; cette étendue mérite plus le titre de mer que celui de lac : sa superficie dépasse en effet celle de la Manche. En outre, il s'agit d'une taille minimale : l'image recueillie par le radar ne couvre que partiellement la zone, et les images infrarouges à plus grande échelle montrent que la tache sombre sort de la nuit polaire et descend jusqu'à 55 degrés de latitude nord. S'il s'agit toujours du même réservoir d'hydrocarbures, alors sa superficie atteindrait celle de la mer Caspienne ou de la mer Baltique, ce qui est d'autant plus spectaculaire que Titan est 8 fois plus petit que la Terre en superficie.

Le pôle Nord de Titan, qui sort de l'hiver, tient donc toutes ses promesses. Et pour ne pas être en reste, même le pôle Sud, où les chercheurs craignaient que tous les lacs se soient évaporés en cette fin d'été, laisse entrevoir trois petits lacs pleins, lors du survol du 2 octobre 2007. Cerise sur le gâteau : le lac Ontario, le premier lac soupçonné au début de la mission *Cassini*, mais dont les chercheurs n'étaient pas sûrs qu'il fût plein, révèle son contenu lors du survol du 20 décembre 2007. Comme il est éclairé par le soleil, le spectre de sa lumière peut être analysé par la sonde, et l'instrument détecte de l'éthane liquide : c'est la première confirmation chimique, quoique personne n'en doutât plus, que les taches sombres sont bien des lacs d'hydrocarbures liquides.

Les proportions d'éthane (C_2H_6) et de méthane (CH_4) y sont certainement variables. Le méthane s'évapore plus facilement que son associé plus lourd, de sorte qu'au fil de l'été le niveau des lacs baisse et la proportion d'éthane augmente dans le liquide résiduel. D'après les calculs, le taux d'évaporation atteindrait plusieurs dizaines de mètres par an, mais nul doute qu'en leur centre la plupart des grands lacs observés conservent encore une profondeur allant de plusieurs dizaines de mètres à plus d'une centaine de mètres. Quant aux hydrocarbures évaporés, ils changent d'hémisphère au gré des vents pour précipiter au pôle opposé, plongé dans l'hiver et dans l'obscurité.

Au terme de la mission principale de *Cassini* – 4 ans d'observations, de juillet 2004 à juillet 2008 – vient l'heure des premiers bilans. Les quelque 400 lacs d'hydrocarbures répertoriés (et la liste est loin d'être close) représentent plusieurs centaines de fois les réserves de pétrole et de gaz naturel de la planète Terre !

Évaporation, précipitation, ruissellement et stockage des hydrocarbures sur Titan constituent un cycle naturel qui mime le cycle hydrologique ter-

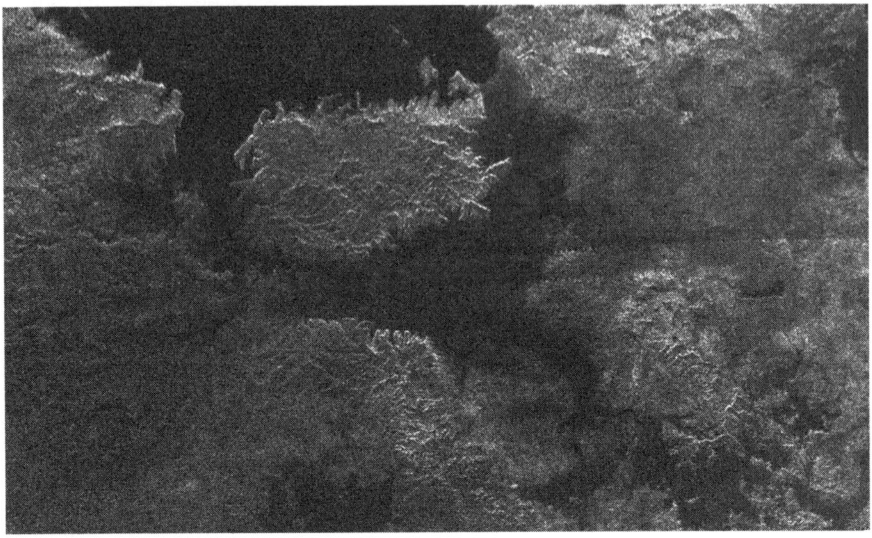

FIGURE 7.13 – Lac d'hydrocarbure près du pôle Nord de Titan, scanné au radar le 22 février 2007 par la sonde *Cassini*. Un chenal (en bas) débouche dans le lac en contournant une « île » de la taille de Hawaï (150 × 90 km).
(NASA/JPL.)

restre et anime aussi bien le climat que l'érosion et le façonnement des paysages. Leur potentiel chimique est énorme, car la circulation des hydrocarbures laisse entrevoir une foule de réactions intéressantes, menant à des composés organiques complexes – sinon biologiques, du moins biochimiques. L'étude de la haute atmosphère par la sonde *Cassini* a ainsi mis en évidence des polymères qui contiennent plusieurs milliers d'atomes (leur masse atomique dépasse 10 000 fois celle de l'hydrogène). On peut certes émettre un bémol, dans la mesure où cette chimie se déroule au ralenti, vu la température extrêmement basse de l'atmosphère et du sol (– 180 °C), mais Titan nous réserve une dernière surprise : les chercheurs sont convaincus qu'un océan d'eau liquide existe en profondeur sous sa croûte glacée.

Titan est en effet un monde de roche et de glace, différencié en couches distinctes. L'étude de son moment d'inertie ainsi que les modèles théoriques lui attribuent un noyau rocheux occupant les trois quarts de son rayon, enveloppé d'une carapace de glace de 700 kilomètres d'épaisseur. Or, si les calculs de température et de pression indiquent que cette glace est bien solide à sa base, elle laisserait place à un océan d'eau liquide enrichi en ammoniac (les spécialistes parlent d'un bihydrate d'ammoniac) entre

400 kilomètres et 100 kilomètres de la surface, surmonté d'une croûte glacée dans les 100 derniers kilomètres.

La confirmation de ce modèle d'océan, palpitant pour les biochimistes, est venue d'un constat insolite, alors que la sonde *Cassini* balayait la surface de Titan au radar, bande après bande. En cherchant à assembler ces bandes disparates, recueillies sur deux ans, dans le but d'obtenir des mosaïques à plus grande échelle, les chercheurs se sont aperçus que là où les bandes se recoupaient, les repères marquants du paysage, comme les lacs et les montagnes, étaient décalés d'une année sur l'autre par rapport à la grille de coordonnées géographiques. Ils avaient apparemment bougé d'une bonne quinzaine de kilomètres par an ! La « dérive » est bien réelle, et son explication la plus plausible est que la croûte de glace, porteuse des reliefs en question, est découplée de l'intérieur de Titan par un océan souterrain qui agit comme un lubrifiant dans un roulement à billes : la croûte pourrait alors bouger et elle le ferait sous la simple action des vents ! L'épaisse atmosphère en mouvement croche dans le relief comme le vent dans une voile et parvient à entraîner la coquille glacée de Titan dans son mouvement, jusqu'à la faire pivoter de plusieurs dixièmes de degré d'arc par an – une quinzaine de kilomètres au niveau de l'équateur. Être géographe sur Titan n'est pas un métier facile !

Hormis cette façon originale de détecter un océan souterrain, les chercheurs espèrent confirmer son existence à travers l'influence qu'aurait un liquide salé sur le champ magnétique de Titan – après tout, c'est ainsi qu'ont été repérés les océans souterrains d'Europe et des autres satellites de Jupiter. Mais dans le cas de Titan, c'est plus dur : en l'absence d'un noyau de fer fondu, la lune ne doit pas générer de champ magnétique bien fort, et ce champ hypothétique est de toute façon noyé dans celui de Saturne, qui façonne le vent solaire et « éclabousse » Titan de particules ionisées. Les physiciens gardent tout de même espoir qu'à partir de 2010 l'alignement différent des astres et le renversement du champ de Saturne par rapport à Titan leur donneront une ouverture : en soustrayant les valeurs observées de celles qui ont été recueillies au début de la mission *Cassini*, le champ de Saturne devrait s'annuler et celui de Titan apparaître, qui confirmerait ou non la présence d'un océan souterrain.

Sans attendre cette confirmation, nombre de chercheurs sont d'ores et déjà convaincus de l'existence d'un tel océan. Tiède et truffé de molécules organiques, il se doit d'être un formidable laboratoire de l'évolution chimique, biochimique, voire biologique. Les chercheurs ne sont donc pas près de lâcher Titan, et rêvent déjà d'une nouvelle mission vers la lune vedette de Saturne.

CHAPITRE 8

Uranus et Neptune

Uranus

Au-delà des géantes gazeuses Jupiter et Saturne règnent deux géantes de glace : Uranus et Neptune. Elles sont de dimensions plus modestes que leurs consœurs, leur gros cocon gazeux d'hydrogène et d'hélium est moins développé, et leur composition est dominée par des éléments plus lourds, qui forment des glaces : l'eau, l'ammoniac et le méthane. Quant à l'atmosphère qui leur reste, très froide à de telles distances du Soleil, elle montre peu de formations intéressantes en ce qui concerne Uranus, mais quelques belles tempêtes tout de même sur Neptune.

Les deux géantes de glace ont aussi la particularité d'avoir été découvertes avec des télescopes aux XVIIIe et XIXe siècles, alors que les autres planètes étaient connues depuis l'Antiquité, puisque visibles à l'œil nu. Elles n'ont été visitées, et de façon fort sommaire, que par une seule sonde spatiale, *Voyager 2*, en 1986 et en 1989. Enfin, elles aussi ont un système d'anneaux et un cortège de lunes qui renferment plusieurs mondes intéressants.

Uranus se distingue par sa posture fantaisiste. Au lieu d'être « vertical », son axe de rotation est couché à l'horizontale (à 8 degrés près) dans le plan de son orbite autour du Soleil. Accomplissant une rotation, ainsi couché, en 17 heures et 15 minutes (sa journée), Uranus donne l'impression de « rouler » autour de l'astre du jour. Comme l'axe des pôles reste fixe dans l'espace, la planète se présente différemment au Soleil tout au long de son année, qui dure la bagatelle de 84 années terrestres. Lors du solstice, elle pointe un pôle vers le Soleil, alors que l'autre est plongé dans l'obscurité des années durant. Lors des équinoxes, c'est au contraire de façon transversale qu'Uranus prête le flanc au Soleil, sa rotation se faisant alors en configuration « rôtissoire » – autant que l'on puisse parler de rôtissoire compte tenu des températures glaciales qui règnent à de telles distances –, la lumière tombant surtout sur les régions équatoriales et tropicales.

Les anneaux d'Uranus, situés dans le plan de son équateur, connaissent aussi des géométries variées tout au long des 84 années de son parcours orbital. Depuis le Soleil et la Terre, ils sont vus de face durant les solstices, en cerceaux concentriques, alors qu'aux équinoxes ils sont vus de profil dans le plan vertical. C'est d'ailleurs pendant ces périodes d'équinoxe, lorsque les anneaux sont vus par la tranche, que leur éclat diminue et que les astronomes peuvent distinguer de petites lunes ou d'autres tores de poussière plus discrets autour de la planète, ce qui s'est produit en 2007. De fait, Uranus est entrée depuis 2003 – date des premières observations avec le télescope spatial Hubble – dans une période de découvertes particulièrement faste.

Uranus : de Herschel à *Voyager*

L'étude d'Uranus a commencé en 1781, date de sa découverte par l'astronome anglais d'origine allemande William Herschel. La septième planète du système solaire était inconnue des Anciens, car trop éloignée pour être visible à l'œil nu… ou presque. En fait, c'est un astre de magnitude comprise entre 5,6 et 5,9, donc visible sans instrument dans de bonnes conditions (la limite est de 6,5), mais un éclat aussi faible et la grande lenteur de son mouvement, vu sa distance au Soleil, ne facilitaient pas son identification en tant que planète.

Ainsi, aux commandes des premiers télescopes et lunettes, les astronomes le prennent pour une étoile. Il est possible que Galilée lui-même ait pu l'apercevoir durant l'hiver 1612-1613, du fait de sa proximité dans le ciel avec Jupiter, que le Florentin observait à l'époque. Mais c'est John Flamsteed qui le consigne pour la première fois sur les cartes du ciel en 1690, lui donnant le matricule stellaire de *34 Tauri*. L'astronome français Pierre Le Monnier le prend aussi pour une étoile, l'observant à plusieurs reprises entre 1750 et 1769.

Avec un télescope réflecteur de sa fabrication, muni d'un miroir de 150 millimètres, William Herschel tombe lui aussi sur la planète furtive dans les Gémeaux, le 13 mars 1781, alors qu'il dresse un catalogue d'étoiles doubles. Changeant d'oculaire pour grossir l'objet, il note son aspect nébuleux et pense qu'il s'agit d'une comète – découverte fort prisée des astronomes. Il communique les coordonnées de l'objet à l'astronome royal de Greenwich, Nevil Maskelyne, mais celui-ci est intrigué par l'absence de queue cométaire et se demande s'il ne s'agit pas plutôt d'une nouvelle planète. L'astronome allemand Johann Bode est du même avis : il remarque que son orbite est pratiquement circulaire, alors que les comètes affectionnent les orbites excentriques.

C'est d'ailleurs Bode qui propose de nommer la nouvelle planète Uranus (Herschel tente de la baptiser « planète Georgienne » en l'honneur du roi d'Angleterre, mais la proposition est plutôt froidement accueillie sur le continent). Le nom d'Uranus remporte les suffrages, car dans la mythologie grecque ce dieu du Ciel (Ouranos) est le père de Saturne (Chronos), lui-même père de Jupiter (Zeus), ce qui respecte une certaine logique dans la nomenclature.

Alors que Saturne boucle le tour du Soleil en 30 ans, la nouvelle venue évolue 2 fois plus loin de l'astre du jour – environ 3 milliards de kilomètres –, ce qui explique sa période bien plus longue (84 ans). À ce rythme de sénateur, Uranus met donc 7 ans pour traverser une constellation du zodiaque : dans les Poissons de 2003 à 2010, il traversera ensuite le Bélier jusqu'en 2018.

Uranus livre peu de détails dans une lunette d'amateur et ne dévoile guère plus dans les grands instruments, sinon un disque couleur cyan (bleu-vert), zébré de deux bandes plus foncées aux latitudes tempérées. Une calotte brumeuse recouvre les régions polaires.

L'absence de détails ponctuels, qui pourraient servir de marqueurs, ne facilite pas la tâche des astronomes lorsqu'il s'agit de mesurer la rotation de la planète. Longtemps, on pensa qu'Uranus tournait sur lui-même en quelque 11 heures, comme Saturne, puis on lui trouva une rotation supérieure à 16 heures.

OBSERVER URANUS AU TÉLESCOPE

Uranus est visible à l'œil nu uniquement si le ciel est parfaitement sombre, l'atmosphère limpide, et en connaissant exactement sa position au moyen d'éphémérides (il se trouvera dans la constellation du Bélier de 2010 à 2018). La planète a un diamètre apparent de 4 secondes d'arc et ne dévoile guère de détails dans une lunette d'amateur, si ce n'est une teinte légèrement verdâtre. Il faut une ouverture d'au moins 150 millimètres pour distinguer son disque couleur cyan, assombri sur les bords, et un télescope de 250 millimètres pour apercevoir ses discrètes bandes nuageuses, ainsi que pour repérer ses lunes les plus grosses : Titania et Obéron (magnitude 14). Les anneaux d'Uranus ne sont pas visibles dans un instrument d'amateur.

En raison de son axe couché dans le plan de son orbite, Uranus se présente sous un angle différent au fil des ans. Ayant passé son point d'équinoxe en 2007, il nous présente le flanc, se dévoilant entièrement au cours de sa rotation en 17 heures et 15 minutes. Son aplatissement est alors bien visible (1/50). Lors du prochain solstice, en 2028, Uranus pointera au contraire son axe de rotation dans notre direction, nous offrant une vue plongeante sur son pôle Nord et sur l'hémisphère boréal.

En parallèle, les études spectroscopiques permettent de préciser la composition de son atmosphère. Outre l'hydrogène et l'hélium dominants, l'astronome Gerard Kuiper détecte du méthane dès 1950, comme il l'avait fait quelques années plus tôt pour Titan. C'est cette abondance de méthane qui explique la couleur bleu-vert d'Uranus. En plus petites quantités, de l'ammoniac est également identifié. Les brumes et les bandes discrètes de la planète sont donc interprétées comme des nuages de méthane en fines gouttelettes, alors que l'ammoniac doit se condenser en cristaux de glace aux basses températures qui règnent dans la troposphère (– 180 °C).

Hormis ces informations de base, il faut attendre la première et seule sonde spatiale à destination d'Uranus – *Voyager 2* en 1986 – pour que notre connaissance de la géante glacée progresse de manière décisive. Décidé à la fin des années 1960, le projet de survoler les lointaines planètes Uranus et Neptune découle de l'alignement idéal des planètes qui se profile en cette fin de XXe siècle. Uranus et Neptune ne se trouvent dans le même axe qu'une fois tous les 175 ans environ, et la NASA ne laisse pas passer l'occasion, d'autant qu'elle vient de découvrir tout le profit qu'elle peut tirer d'un alignement planétaire pour accélérer et fléchir la trajectoire d'une sonde, afin de voguer d'une planète à l'autre. Baptisée « Grand Tour », puis « Voyager », la mission multiplanétaire est entreprise par deux sondes qui décollent de Cap Canaveral en août et en septembre 1977. Alors que *Voyager 1* se contente de viser Jupiter et Saturne, *Voyager 2* continue sa route au-delà des deux géantes pour atteindre Uranus le 24 janvier 1986, passant à 80 000 kilomètres de sa surface.

Lors de ce passage éclair à la vitesse relative de 53 000 km/h, *Voyager 2* accomplit l'essentiel de ses observations en moins de 6 heures. Les images prises sont d'ailleurs une prouesse technique, vu la vitesse de défilement et le faible éclairage du Soleil, l'insolation étant 400 fois plus faible qu'au niveau de la Terre.

Même à bout portant, le disque d'Uranus reste décevant. La sonde ne détecte qu'une dizaine de formations nuageuses dans tout l'hémisphère Sud, éclairé par le Soleil, et une bande atmosphérique légèrement plus brillante que la moyenne entre 45 et 50 degrés de latitude sud. Elle correspondrait à une région plus riche en nuages de méthane, flottant légèrement sous le niveau zéro de l'atmosphère, c'est-à-dire à une pression légèrement supérieure à 1 bar. À plus grande profondeur, hors de vue des instruments, les modèles suggèrent des nuages de cristaux d'ammoniac entre 3 et 10 bars de pression, d'hydrosulfure d'ammonium entre 20 et 40 bars, et enfin des nuages d'eau entre 50 et 100 bars.

Quant à la haute atmosphère – la stratosphère –, elle se distingue par des traces d'hydrocarbures synthétisés par le rayonnement ultraviolet du Soleil.

Ces traces d'éthane et d'acétylène contribueraient à la couche de brume qui enveloppe Uranus et qui rend si difficile son observation. Heureusement, la planète glacée possède d'autres atouts qui ont occupé la sonde *Voyager 2* et son équipe de chercheurs : son cortège de lunes et d'anneaux.

Les anneaux d'Uranus

Par un clin d'œil du destin, les anneaux d'Uranus furent découverts le 10 mars 1977, 5 mois avant le décollage de *Voyager 2* : un objectif supplémentaire pour la sonde.

Comme c'est le cas pour de nombreuses découvertes en science, celle-ci est le fruit du hasard, les astronomes James Elliot, Edward Dunhan et Douglas Mink entreprenant une analyse de l'atmosphère d'Uranus lors de son passage devant une étoile (une occultation). Les modifications de la lumière stellaire, rasant et traversant l'atmosphère de la planète sur son limbe, devaient les renseigner sur la nature des gaz constituants. Or, en analysant les résultats, les astronomes notent que, avant de disparaître derrière Uranus et son atmosphère, l'étoile connaît

URANUS EN CHIFFRES

Caractéristiques physiques

Diamètre équatorial :	51 118 km
Masse :	14,5 Terres
Densité :	1,27 (1 270 kg/m^3)
Pesanteur :	0,89 *g*
Température de « surface » :	– 197 °C (à 1 bar)
Période de rotation :	17 h 14 min 24 s
Inclinaison de l'axe :	97,8°
Atmosphère :	H_2 : 83 % ± 3 % ; He : 15 % ± 3 % ; CH_4 : 2,3 %

Caractéristiques orbitales

Aphélie :	3 004,4 millions de kilomètres
Périhélie :	2 876,7 millions de kilomètres
Excentricité :	0,04
Période de révolution :	84,3 ans
Inclinaison (sur l'écliptique) :	0,8°
Nombre de lunes :	27

cinq petites baisses de luminosité. En sortant de son occultation, de l'autre côté d'Uranus, l'étoile répète son clignotement périodique. Le doute n'est pas permis : il s'agit de cinq anneaux qui ont intercepté la lumière stellaire de part et d'autre d'Uranus.

Ces anneaux sombres et étroits reçoivent les matricules α (*alpha*), β (*bêta*), γ (*gamma*), δ (*delta*) et ε (*epsilon*), les cinq premières lettres de l'alphabet grec *(voir cahier couleurs, fig. XXVIII)*. À la lumière des données passées au peigne fin, les astronomes repèrent par la suite 4 anneaux supplémentaires, qu'ils numérotent 4, 5, 6 et η (*êta*), portant leur total à 9. Les anneaux s'échelonnent entre 15 000 kilomètres de la surface du globe et plus de 25 000 kilomètres, limite extérieure correspondant à 2 rayons planétaires. Comme il s'agit d'une limite provisoire – d'autres anneaux encore plus discrets peuvent s'étendre au-delà –, les responsables de la mission *Voyager* ont soin de programmer un passage à distance respectable de la planète pour le survol d'Uranus par leur sonde en janvier 1986.

La menace d'une collision ne se concrétise pas, mais *Voyager 2* repère deux nouveaux anneaux à l'intérieur de ceux qui sont déjà connus : l'anneau λ (*lambda*), ainsi qu'une faible piste de poussières tout à l'intérieur du système, qui reçoit le matricule 1986 U2R. *Voyager 2* évite tout de même, sans le savoir, deux anneaux de poussières à plus grande distance de la planète – la sonde passera à moins de 5 000 kilomètres de leur bordure externe ! – et qui seront découverts bien plus tard, en 2003, sur des images prises par le télescope spatial Hubble. En retraitant les images de *Voyager*, on finira d'ailleurs par en trouver la trace : ils ont reçu les matricules μ (*mu*) et ν (*nu*).

Si ces anneaux extérieurs ne contiennent que de la poussière, la plupart des anneaux principaux se distinguent au contraire par son absence. D'après les analyses en lumière visible, ultraviolet et ondes radio, l'anneau ε se compose surtout de gros blocs, aux dimensions comprises entre 20 centimètres et 20 mètres, très serrés les uns contre les autres dans le plan de leur orbite : l'épaisseur de l'anneau est inférieure à 150 mètres. Un vaisseau spatial qui tenterait de traverser cette piste large de 100 kilomètres serait immanquablement pulvérisé, puisque la séparation entre les blocs de taille métrique ne dépasse pas 2 ou 3 mètres.

L'absence de poussières fines entre ces blocs s'explique par l'influence de la haute atmosphère d'Uranus, dont les atomes d'hydrogène s'étendent très loin dans l'espace. Ils exercent une friction sur le mouvement des particules de poussière, freinant leur course jusqu'à les faire descendre en spirale pour rentrer se consumer dans la stratosphère. Seules les poussières au-delà de 50 000 kilomètres – les anneaux extérieurs μ et ν – survivent durablement à ce coup de balai.

Quant aux blocs eux-mêmes, ce sont de toute évidence les morceaux d'une ou de plusieurs lunes qui auraient éclaté sous la frappe de comètes – de petites lunes au demeurant, car la masse du plus gros anneau, ε, ne dépasse pas 10 000 milliards de tonnes, soit l'équivalent d'un corps de glace de 17 kilomètres de diamètre. Les anneaux α et β ont eux-mêmes des masses comparables à celles de lunes d'une quinzaine de kilomètres.

Le calcul des probabilités indique que de telles lunes subiraient une collision fatale tous les milliards d'années en moyenne, ce qui explique que des anneaux soient encore présents aujourd'hui : les stocks de particules sont épisodiquement renouvelés.

L'aspect extrêmement sombre de tous ces débris, pourtant faits de glace, pourrait surprendre : ils sont plus noirs que du charbon, avec un albédo de seulement 2 %. On explique ce manque d'éclat par le bombardement des atomes d'hydrogène de la haute atmosphère, ionisés et accélérés par le champ magnétique d'Uranus. Les calculs enseignent que leurs impacts noircissent les particules de glace en moins d'un million d'années – un clin d'œil à l'échelle des temps cosmiques.

La pérennité et le confinement des anneaux en étroits cordons sont également source d'étonnement. Les astronomes savent bien que, laissés à eux-mêmes, les anneaux s'étaleraient en de larges disques, semblables à ceux de Saturne, mais beaucoup plus ténus en raison de leur faible masse et de leur noirceur. Ce n'est manifestement pas le cas : les anneaux d'Uranus restent visibles et sagement groupés en étroits troupeaux.

Il faut donc des bergers. Depuis les travaux fondateurs de Peter Goldreich et Scott Tremaine, on sait que de petites lunes orbitant à l'intérieur et à l'extérieur d'un anneau l'empêchent de se disperser par le jeu de leur gravitation : il faut pour cela qu'elles aient une masse double ou triple de l'anneau en question. Pour le brillant anneau ε, les bergers ont été repérés par *Voyager 2* : il s'agit de deux petits satellites de 26 et 32 kilomètres, baptisés respectivement Cordélia (à l'intérieur) et Ophélia (à l'extérieur). Les deux comparses cumulent d'ailleurs les fonctions, puisque, par le jeu des résonances, Cordélia confine également à distance le bord externe de l'anneau δ, alors qu'Ophélia fait de même avec le bord de l'anneau γ.

Pour les autres anneaux principaux, les satellites bergers restent encore à découvrir ; ils mesurent probablement moins de 10 kilomètres de diamètre. Quant aux deux anneaux extérieurs μ et ν, ils ont une autre dynamique, puisqu'il s'agit de fines poussières étalées en de larges tores. Si l'anneau ν, qui mesure 3 800 kilomètres de large, est bien encadré par deux petits satellites – Portia et Rosalinde –, l'anneau μ n'est pas confiné et atteint 17 000 kilomètres de large. Il est toutefois centré sur un petit satellite de 25 kilomètres de diamètre, baptisé Mab, qui l'alimente en poussières.

D'autres petits satellites circulent entre les anneaux et les tores de poussières. Un premier quatuor – Bianca, Cressida, Desdémone et Juliette – rassemble des corps mesurant entre 50 et 100 kilomètres et circulant entre l'anneau principal ε et le tore de poussières ν. Entre ce dernier et le tore de poussières μ circule une seconde escadrille – le trio Cupidon, Perdita et Belinda –, ainsi que l'objet le plus gros de la troupe : le satellite Puck, de 160 kilomètres de diamètre. Photographié à distance par la sonde *Voyager 2*, ce dernier compte de nombreux cratères, dont le plus grand mesure 45 kilomètres de diamètre. Cela confirme, s'il en était besoin, que les anneaux d'Uranus résultent des débris de tels satellites, pulvérisés par des impacts.

Les lunes d'Uranus

Si les petits satellites associés aux anneaux furent surtout repérés lors du survol de *Voyager 2*, les lunes principales d'Uranus furent découvertes bien avant l'ère spatiale. Comptant déjà la planète à son tableau de chasse, William Herschel épingla Titania et Obéron en 1787, le Britannique William Lassell découvrit Ariel et Umbriel en 1852, et l'Américain (d'origine néerlandaise) Gerard Kuiper repéra la petite Miranda en 1948.

Les deux plus grosses lunes, Titania et Obéron, mesurent 1 578 et 1 523 kilomètres de diamètre, et orbitent à 436 000 et 584 000 kilomètres de leur planète mère – éloignement légèrement supérieur à la distance Terre-Lune. Si elles sont plus petites que notre propre satellite, elles sont tout aussi sombres, ce qui surprend, car elles sont faites à moitié de glace. Mais comme la matière des anneaux, elles subissent un noircissement important sous le bombardement intensif des noyaux d'hydrogène accélérés par le champ magnétique d'Uranus.

De Titania, *Voyager 2* ne photographia que l'hémisphère Sud pointé vers le Soleil. Saturé de cratères de taille moyenne, le paysage fait place vers l'équateur à un bassin d'impact baptisé Gertrude, de 326 kilomètres de diamètre, et surtout à un grand rift tectonique qui rappelle Ithaca Chasma sur Téthys (lune de Saturne) et dont une bonne moitié est plongée dans la nuit. On n'en sait guère plus, vu le peu d'images obtenues de Titania depuis une distance supérieure à 350 000 kilomètres, images dont la résolution fut pour cette raison plus que médiocre.

Moins bien photographiée encore fut la lune Obéron, croisée par *Voyager 2* à plus de 450 000 kilomètres de distance. On y distingue néanmoins de nombreux cratères d'impact, ainsi qu'un rift sur le limbe équatorial, apparemment moins développé que sur Titania. Un relief d'une dizaine de kilomètres de hauteur est également visible sur le limbe sud-est du disque : il représente sans doute le pic central d'un bassin d'impact de plus de 300 kilomètres de largeur. Quant aux plus grands cratères visibles, qui avoisinent 200 kilomètres de diamètre, ils possèdent des planchers particulièrement sombres, qui témoignent de leur grand âge ou bien de la remontée d'une matière foncée dans leurs bassins. Ces cratères ont pour noms Hamlet et Othello, Macbeth et Roméo – la nomenclature d'Uranus et de ses lunes étant tirée des pièces de Shakespeare et de *La Boucle dérobée*, œuvre du poète anglais Alexander Pope.

Ce sont deux personnages de Pope qui ont donné leurs noms aux deux grosses lunes intérieures du système : Ariel (1 158 kilomètres de diamètre) et Umbriel (1 170 kilomètres). Orbitant à moins de 200 000 kilomètres de la planète, Ariel ne se trouve pas trop loin de la trajectoire de *Voyager 2* – moins de 150 000 kilomètres – lorsque la sonde traverse le système d'Uranus : elle bénéficie donc d'une assez bonne couverture photographique. C'est toujours l'hémisphère Sud qui est dévoilé, et, pour la troisième fois en trois lunes, apparaît un réseau considérable de rifts. Les plus importants se croisent sous les tropiques, et leurs noms s'inspirent des lutins, farfadets et autres esprits de la terre et du ciel chers à Shakespeare, à l'image de Leprechaun Vallis et de Korrigan Chasma. Ces fossés, comme ceux des lunes Titania et Obéron, résultent de l'expansion du manteau de glace sous la croûte, due vraisemblablement au gel d'un antique océan souterrain. Peut-être même de la glace est-elle remontée par les failles pour ramper au fond des fossés, car on y distingue des formations sinueuses, ainsi Sprite Vallis qui ondule au fond de Brownie Chasma – nommés non pas d'après une boisson carbonatée et un gâteau, mais d'après des lutins irlandais. Le petit nombre de cratères d'impact dans tous ces fossés témoigne de leur jeunesse relative.

À l'inverse des trois lunes précédentes, Umbriel est relativement monotone. Il ne montre pas d'activité tectonique comparable à celle de ses congénères – pas de rift apparent – et cumule les vieux cratères au sein d'une surface particulièrement sombre. Seule une formation brillante sur le limbe de l'équateur, vraisemblablement un cirque d'impact d'environ 140 kilomètres de diamètre et baptisé Wunda, atteste un événement plus récent qui aurait dégagé de la glace fraîche du sous-sol.

Reste une dernière lune principale, beaucoup plus petite que les quatre autres et plus proche d'Uranus, que *Voyager 2* photographie à une distance particulièrement avantageuse (29 000 kilomètres) : il s'agit de Miranda, le satellite découvert par Gerard Kuiper en 1948. On s'attendait à ce qu'il soit le moins intéressant des cinq en raison de sa petite taille. C'est en fait le plus surprenant.

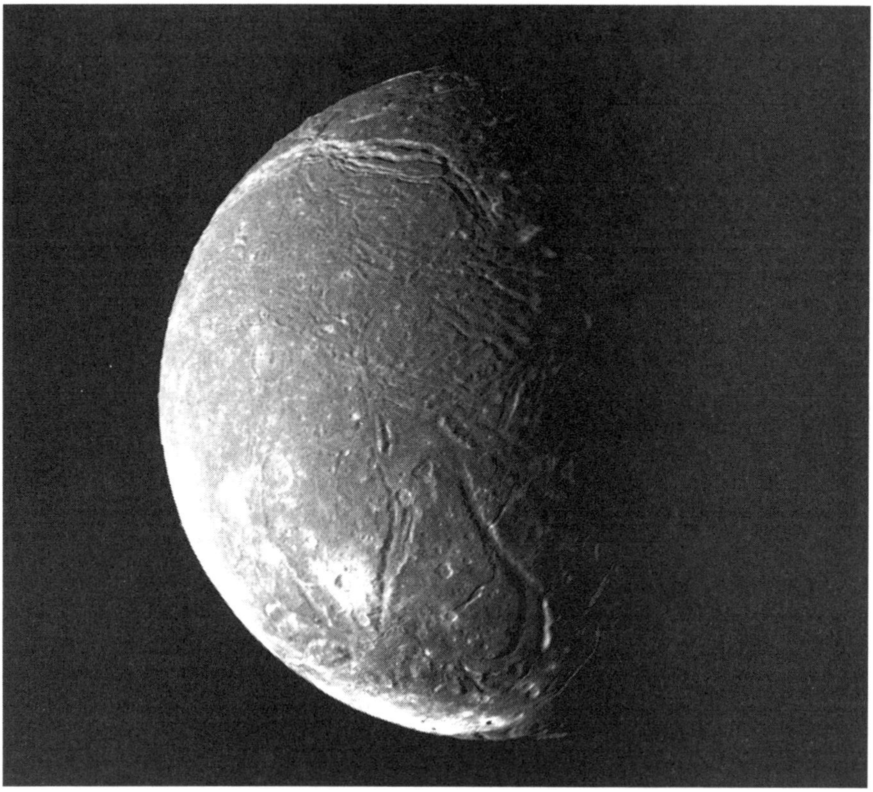

FIGURE 8.1 – La lune Ariel (1 158 km de diamètre) photographiée par la sonde *Voyager 2* en 1986. En haut à gauche, la balafre claire de Kachina Chasmata. En bas sur le terminateur, la vallée sombre et fourchue de Korrigan Chasma. Les taches claires sont des affleurements de glace plus fraîche.
(NASA/JPL.)

Circulant à 130 000 kilomètres de la surface d'Uranus, juste au-delà des anneaux et des tores de poussières, Miranda mesure un peu moins de 500 kilomètres : c'est dire qu'elle est 15 à 30 fois moins massive que Titania, Obéron et consorts. Mais son aspect est étonnant. Mi-roc, mi-glace, Miranda est loin d'être une sphère et affiche des angles qui font penser à un berlingot géant. Du bonbon, elle possède aussi les facettes striées : d'extraordinaires structures rectangulaires à ovales, auxquelles les spécialistes ont donné le nom de *coronae*. Leur pourtour est marqué de sillons parallèles qui évoquent un champ de courses, l'analogie étant renforcée par des virages serrés aux quatre coins. Dans l'hémisphère Sud – le seul éclairé et photographié par la sonde –, les cartographes ont

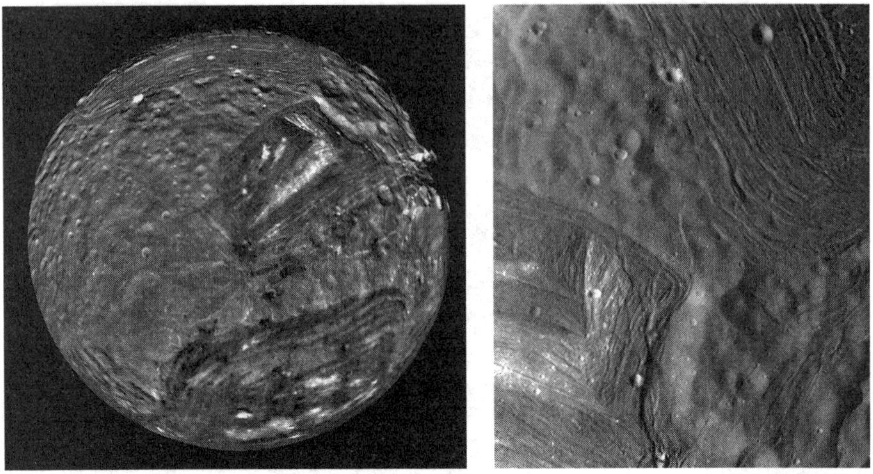

FIGURES 8.2 ET 8.3 – La lune Miranda (480 km de diamètre) photographiée par la sonde *Voyager 2* en 1986. À gauche, vue d'ensemble dominée par trois structures tectoniques en « berlingot » : Elsinore Corona (en haut sur le limbe), Inverness Corona (du centre jusqu'à la position « 2 h »), et Arden Corona (en bas). À droite : gros plan (200 km de large) de la jonction entre Inverness (en bas à gauche) et Elsinore (en haut à droite). *(NASA/JPL/USGS.)*

identifié trois structures principales : Inverness Corona, centré sur le pôle Sud, Elsinore Corona et Arden Corona, sur l'équateur *(voir fig. 8.2 et 8.3)*. Chacune mesure de 300 à 400 kilomètres de large, soit le quart du périmètre de la petite lune. On suppose que des formations similaires existent dans l'hémisphère Nord.

Les géologues ont peiné à leur trouver une explication. Ils ont d'abord cru à un assemblage de fragments venus se fracasser ensemble pour constituer la petite lune, les *coronae* traduisant la jonction des morceaux. Mais les structures ovales et leurs sillons évoquent plutôt une extension à la suite d'une poussée provenant de l'intérieur de Miranda. Cela s'expliquerait si de la glace était montée vers la surface en étirant la croûte – ce que les géologues appellent un diapir. Les sillons et les crêtes parallèles seraient l'expression de cette extension en surface et marqueraient l'arête de blocs basculés au cours de l'étirement.

Reste à expliquer quelle énergie aurait chauffé et soulevé les glaces d'un corps aussi petit, incapable d'accomplir un tel tour de force sans une aide extérieure. Les planétologues en viennent à supposer que Miranda s'est trouvée en résonance autrefois avec la lune Umbriel dans un rapport 3 : 1, son orbite étant tiraillée au point de connaître un échauffement par effet de marée. Puis la perturbation aurait atteint une telle amplitude que Miranda se serait retrouvée éjectée sur son orbite actuelle, son activité géologique ayant alors cessé. Cette théorie a l'avantage d'expliquer l'inclinaison actuelle de l'orbite de Miranda (4,34 degrés par rapport à l'équateur d'Uranus), difficile à justifier autrement.

Quoi qu'il en soit, Miranda impressionne. Sur les images, certains blocs basculés à la périphérie des *coronae* montrent des faces striées de lignes verticales, comme gravés par leur friction l'un contre l'autre, ce que les géologues appellent des miroirs de faille. Ces faces abruptes accusent par endroits plus de 5 000 mètres de dénivelé, ce qui les range parmi les falaises les plus abruptes du système solaire. Pas mal pour une aussi petite lune…

Du nouveau sur Uranus

Depuis la visite de *Voyager 2* en 1986, il n'a pas été prévu d'assigner une autre sonde à Uranus dans un avenir prévisible. Mais les télescopes ont fait d'énormes progrès, non seulement avec la mise en orbite du télescope spatial Hubble, en 1990, mais aussi avec la mise en service de grands instruments au sol (dits à optique adaptative), munis de miroirs segmentés et ajustables sur vérins hydrauliques pour compenser en direct l'effet néfaste des turbulences atmosphériques.

La chronologie de ces améliorations est d'autant plus heureuse qu'Uranus se présente sous un angle de plus en plus favorable depuis le survol de la sonde. Alors qu'à l'époque il passait sur son orbite au point du solstice, pointant uniquement son hémisphère Sud vers le Soleil et donc vers la Terre, Uranus s'est dirigé en deux décennies vers son point d'équinoxe, atteint le 7 décembre 2007. Par rapport à nous, il a donc basculé sa perspective jusqu'à se présenter de profil, montrant ses deux hémisphères à la fois. Du coup, il a aussi fermé l'angle de ses anneaux jusqu'à ce qu'ils ne dessinent plus qu'un trait – vertical, puisque Uranus a son axe de rotation couché dans le plan de son orbite et qu'équateur et anneaux lui sont perpendiculaires.

Les premières dépêches en provenance des observatoires tombent bien avant l'équinoxe. C'est d'abord l'annonce, en 1997, de deux nouveaux satellites découverts avec le célèbre télescope de 5 mètres d'ouverture du mont Palomar, en Californie. Baptisés Caliban et Sycorax – personnages de Shakespeare –, ce sont les deux premiers satellites irréguliers d'Uranus, c'est-à-dire des objets capturés, plutôt que formés dans le

> **UN CHAMP MAGNÉTIQUE EN TIRE-BOUCHON**
>
> Le champ magnétique d'Uranus, presque aussi puissant que celui de la Terre avec une intensité moyenne de 23 microteslas, a une double particularité. D'une part, l'axe du dipôle magnétique est incliné de 59 degrés par rapport à l'axe de rotation de la planète (contre 11 degrés dans le cas de la Terre). D'autre part, le centre du dipôle ne coïncide pas avec le centre de la planète, mais en est décalé d'un bon tiers de rayon planétaire, ce qui le place non pas dans le noyau, mais dans le manteau, sous l'hémisphère Sud. De ce fait, les lignes de champ sont particulièrement serrées à la surface de cet hémisphère, et l'intensité du champ y est 10 fois plus forte en proportion.
> Dernière particularité du champ : le vent solaire interagit avec le champ en rotation pour dessiner une magnétosphère en colimaçon derrière la planète – une sorte de « queue de cochon » magnétique…

disque d'accrétion de la planète. D'une centaine de kilomètres chacun, ils circulent sur des orbites lointaines et très excentriques – doublant leur éloignement à Uranus entre périastre et apoastre –, décrites en respectivement 2 ans et 4 ans, et ils sont tellement inclinés par rapport au plan de rotation de la planète qu'ils sont en fait rétrogrades, circulant en sens inverse des autres satellites.

En 1999, c'est au tour du télescope franco-canadien d'Hawaï, au sommet du volcan Mauna Kea, de repérer trois nouveaux candidats d'une cinquantaine de kilomètres de diamètre (Stéphano, Prospéro et Sétébos), circulant sur des orbites elles aussi rétrogrades et excentriques, entre 10 et 25 millions de kilomètres d'Uranus. Deux ans plus tard, en 2001, un sixième satellite irrégulier est découvert depuis l'observatoire de Cerro Tololo, au Chili. Il prend pour nom Trinculo. Sa découverte est suivie entre 2001 et 2003 par celle des satellites Marguerite, Francisco et Ferdinand, tous nommés d'après des personnages de Shakespeare.

Enfin, c'est au tour du télescope spatial Hubble d'observer non pas la lointaine banlieue d'Uranus, mais sa proximité immédiate. C'est juste à l'extérieur des anneaux que sont ainsi découvertes en 2003 (et confirmés en 2005) les petites lunes Mab et Cupidon, ainsi que les tores de poussières que nous avons déjà évoqués : les anneaux ν et μ. Pour faire bonne mesure, les astronomes repèrent également un satellite détecté dans les anneaux du temps de *Voyager 2*, mais perdu de vue depuis : la bien nommée Perdita. Ils notent aussi que Cupidon et Perdita circulent sur des orbites très proches de Belinda, ce qui laisse penser qu'ils lui ont été arrachés par une collision.

Uranus se retrouve donc avec 5 lunes principales, 13 autres circulant parmi les anneaux et les tores de poussières, et un essaim de 9 lunes irrégulières, pour un total de 27 en date de 2009. Nul doute que la liste s'allongera avec les progrès incessants des grands télescopes terrestres.

Ces progrès ont également permis de mieux observer Uranus lui-même, les images recueillies depuis le sol n'ayant plus rien à envier à celles de *Voyager 2*. À ce jeu, le télescope Keck, au sommet du Mauna Kea, à Hawaï, avec son miroir de 10 mètres d'ouverture à optique adaptative, remporte la palme. Ses images prises en 2004 dans la bande infrarouge montrent 18 systèmes nuageux, totalisant plus d'une trentaine de formations individuelles, alors que *Voyager 2* en photographia deux fois moins lors de son survol de 1986.

Ce beau score tient à la qualité des nouveaux instruments, mais aussi au réveil de l'activité d'Uranus à l'approche de l'équinoxe. C'est en effet toute l'atmosphère qui est désormais chauffée par le Soleil, maintenant que la planète se présente de profil en mode « rôtissoire », plutôt qu'un seul hémisphère. Certains systèmes nuageux sont éphémères, tel un long chapelet étiré sur 30 000 kilomètres dans l'hémisphère Nord, soit le quart de la circonférence de la planète. Détecté en juillet 2004, il se dissipe dès le mois suivant. D'autres phénomènes sont plus stables, notamment une formation dans l'hémisphère Sud qui perdure depuis des années.

L'INTÉRIEUR D'URANUS

Pour un volume 86 fois supérieur à celui de la Terre, Uranus n'est que 15 fois plus massif : c'est la moins dense des planètes (1,27) après Saturne, ce qui indique un minuscule noyau rocheux (moins d'une masse terrestre) enrobé de glaces légères à base d'eau, d'ammoniac et de méthane, et d'une enveloppe atmosphérique principalement constituée d'hydrogène et d'hélium.

La température au centre, héritée de la naissance de l'astre et des atomes radioactifs de son noyau, avoisine sans doute 5 000 °C. C'est dire que l'épais manteau de glace reçoit une dose importante de chaleur et doit circuler en lentes boucles de convection. Dans un état quasi liquide mais à haute pression, chargé en sels, il serait à l'origine du champ magnétique, ce qui expliquerait la position décalée du dipôle, situé dans le manteau plutôt qu'au centre de la planète.

Cela étant, la chaleur interne ne parvient à la surface qu'au compte-gouttes. À l'inverse de Jupiter et de Saturne, Uranus émet moins de chaleur venue de l'intérieur du globe qu'il n'en reçoit et en réémet en provenance du Soleil.

Tout en faisant le tour de la planète – les vents sur Uranus atteignent 400 km/h –, elle oscille de 5 degrés en latitude, sans que l'on sache vraiment pourquoi.

Que de telles tempêtes perdurent plusieurs années est étonnant en soi, vu la faible chaleur insufflée par le Soleil dans l'atmosphère d'Uranus pour alimenter ses systèmes nuageux. On s'attendrait à ce que ceux-ci s'essoufflent rapidement, par simple friction de leurs masses en mouvement, ce qui fait dire aux chercheurs que l'atmosphère en question doit être extrêmement fluide.

Une autre surprise fut l'apparition en août 2006 d'un grand nuage sombre, photographié par le télescope spatial *Hubble*, mesurant 3 000 kilomètres de long sur 1 700 kilomètres de large. C'est la première fois qu'une tache aussi sombre est repérée sur Uranus, et bien qu'on l'imagine causée par un tourbillon dans les couches profondes de l'atmosphère, son mécanisme précis échappe aux chercheurs. Toujours est-il qu'à l'occasion de l'équinoxe, Uranus redore son blason et se montre sous un jour bien plus intéressant que lors des décennies précédentes. Il est grand temps, car il se faisait voler la vedette par sa jumelle plus distante, mais pourtant très active : la planète Neptune.

Neptune

La découverte de Neptune

Si la découverte d'Uranus fut fortuite, celle de Neptune est l'une des plus belles aventures de l'astronomie. C'est en effet la première planète du système solaire – et d'ailleurs la seule – dont l'existence fut déduite par le calcul.

L'aventure commence en 1821, lorsque sont publiées les tables du mouvement d'Uranus, compilées plus de 20 ans durant par le Français Alexis Bouvard. Or, les observations ultérieures ne concordent pas avec les prévisions, pas plus qu'avec les nouvelles tables, dressées en 1845 par son neveu Eugène, également astronome. L'idée commence à germer qu'une huitième planète au-delà d'Uranus perturbe son mouvement et que la position de la responsable pourrait être calculée à partir de ces perturbations.

Deux astronomes s'attellent à la tâche de chaque côté de la Manche, sans avoir connaissance des efforts de l'autre. En Angleterre, le jeune John Adams est le premier à accoucher d'un résultat. Il le communique en octobre 1845 au vétéran William Lassell, qui dispose de l'un des meilleurs télescopes du moment, pour qu'il entreprenne la recherche de la planète à l'endroit calculé. L'ironie du sort veut que Lassell se soit foulé la cheville : il promet de rechercher l'objet dès qu'il sera remis sur pied ; mais, dans l'intervalle, il perd la lettre d'Adams et se désintéresse du problème. Quant à l'astronome royal sir George Airy, qu'Adams a également contacté, il demande des précisions supplémentaires. Adams, découragé, abandonne.

À la même époque en France, l'astronome François Arago, directeur de l'Observatoire de Paris, assigne au jeune mathématicien Urbain Le Verrier, de l'École polytechnique, la tâche de calculer la position de cette fameuse huitième planète. Au bout de 10 000 pages de calculs bouclés en une année, Le Verrier présente ses premiers résultats à l'Académie des sciences le 1er juin 1846, localisant la planète aux alentours du 325e méridien céleste – c'est-à-dire dans la constellation du Verseau –, tout en précisant sa masse, sa période et sa distance au Soleil.

Mais, là aussi, Le Verrier se heurte à l'indifférence de ses pairs. Il finit par perdre patience et, puisque les astronomes français ne semblent pas pressés de rechercher la planète à l'endroit indiqué, il écrit à l'astronome allemand Johann Galle, à l'Observatoire de Berlin, lui communiquant les coordonnées de l'objet. Le 23 septembre 1846, le jour même où il reçoit la lettre, Galle dirige sa lunette vers l'endroit désigné et, avec l'aide de son assistant Heinrich Louis d'Arrest, vérifie la position des étoiles observées sur une carte du ciel. Soudain d'Arrest s'exclame : « Cette étoile ne figure pas sur la carte ! » La huitième planète vient d'être découverte, à moins d'un degré d'arc de la position calculée par Le Verrier.

La découverte provoque une certaine amertume au Royaume-Uni, où l'astronome royal George Airy se mord les doigts de ne pas avoir écouté John Adams. En fait, Airy avait senti le coup venir lorsqu'il eut vent des calculs de Le Verrier en juin 1846. Davantage convaincu par les travaux du Français que par ceux d'Adams l'année précédente, il avait chargé en toute hâte le directeur de l'observatoire de Cambridge, James Challis, de rechercher la planète. Challis s'en était acquitté durant l'été 1846 sans grande conviction, car ses notes montrent qu'il observa la planète à deux reprises sans s'en rendre compte, plusieurs semaines avant la découverte franco-allemande.

A posteriori, la presse anglaise tente elle aussi de rattraper l'affaire en mettant en avant les travaux antérieurs – moins précis et non publiés – de John Adams. La paternité de la planète devient un enjeu national. Nommer la huitième planète est tout autant disputé, Johann Galle proposant Janus, alors qu'en Angleterre James Challis suggère Oceanus, et qu'Urbain Le Verrier soutient pour sa part Neptune, non sans avoir tenté d'imposer son propre nom : la planète Le Verrier !

Le nom de Neptune finit par rallier les suffrages, tout comme l'animosité franco-britannique finit par retomber, le crédit de la découverte revenant de façon indivise à Le Verrier, Galle et Adams.

Clin d'œil de l'histoire, la découverte de Neptune aurait pu échoir au pionnier Galilée plus de deux siècles auparavant, précisément le 28 décembre 1612, lorsque l'astronome observait Jupiter avec sa lunette rudimentaire. Il nota un astre à proximité, qu'il prit pour une étoile, car il ne le voyait pas bouger. L'ironie du sort voulut en effet que Neptune fût ce mois-là en conjonction avec la Terre, qui la dépassait « à la corde ». La perception de son mouvement autour du Soleil, par rapport aux étoiles en arrière-plan, s'en trouvait pratiquement annulée par un effet de perspective. Galilée aurait même observé Neptune une seconde fois, un mois plus tard, toujours sans reconnaître qu'il s'agissait d'une planète !

En 1846, William Lassell aurait pu lui aussi découvrir Neptune s'il ne s'était pas foulé la cheville et n'avait perdu la lettre de John Adams, qui lui précisait la région du ciel à observer. Lassell se rattrapa en découvrant

OBSERVER NEPTUNE AU TÉLESCOPE

Avec une magnitude de +8, Neptune est invisible à l'œil nu, mais repérable aux jumelles ou avec une petite lunette, à condition de savoir où il se trouve sur la carte du ciel. Très lent dans son déplacement à cause de sa distance au Soleil, il fait le tour du zodiaque en 165 ans, passant une douzaine d'années dans chaque constellation. Il fut découvert dans le Verseau en 1846, et c'est de nouveau dans cette constellation qu'on le retrouvera une révolution plus tard, de mars 2010 à avril 2022.

Une lunette de 60 millimètres ou un réflecteur de 115 millimètres sont nécessaires pour distinguer son disque bleuté – un bleu plus profond que le bleu-vert d'Uranus –, d'un diamètre apparent de 2,3 secondes d'arc seulement, sans qu'aucun détail ne soit discernable. Avec un réflecteur de 250 millimètres, les amateurs se consoleront en tentant de repérer sa grosse lune Triton (magnitude 13,5), qui fait le tour de la planète en 6 jours.

Triton, la principale lune de Neptune, 17 jours seulement après l'annonce de la découverte. L'astronome anglais crut également voir des anneaux, mais il s'agissait certainement d'une illusion d'optique. De fait, à part la couleur bleutée de son disque minuscule et le point lumineux de son satellite Triton, Neptune ne livre pratiquement aucun détail dans les instruments ordinaires *(voir encadré ci-dessus).*

La découverte des anneaux

En 1977, la découverte fortuite d'anneaux autour d'Uranus, lors d'une occultation d'étoile, encourage les astronomes à utiliser la même technique pour vérifier si Neptune est pareillement encerclé de particules. Un anneau avait d'ailleurs déjà été soupçonné en 1968 lors d'une occultation, mais la nouvelle n'avait pas ému grand monde à l'époque. Les occultations d'étoiles étant rares, il faut attendre 1981 pour un nouveau test au résultat peu convaincant – une petite baisse de luminosité d'un côté de Neptune, mais pas de l'autre –, puis 1983, avec un résultat franchement négatif, et enfin le 22 juillet 1984, lorsque Neptune passe devant une belle étoile rouge dans la constellation du Sagittaire. Plusieurs équipes d'astronomes observent cette occultation, notamment l'équipe du Français André Brahic à l'observatoire de La Silla au Chili, et celle de William Hubbard à l'observatoire voisin de Cerro Tololo.

Si William Hubbard ne constate rien d'intéressant *a priori*, André Brahic observe pour sa part une curieuse atténuation du signal : elle atteint

32 % durant 1,2 seconde, mais, de nouveau, elle n'est constatée que d'un côté de la planète (à 38 000 kilomètres de sa surface) et pas de l'autre. Ce n'est évidemment pas de la sorte que doit se comporter un anneau en bonne et due forme, mais Brahic a une idée : il propose que Neptune possède bien un anneau, mais d'épaisseur variable, comme un chapelet de saucisses (l'astronome est gastronome), avec des renflements et des étranglements. La lumière de l'étoile serait atténuée par un tel renflement d'un côté de Neptune, mais pas de l'autre.

L'observation de l'équipe de Brahic et son interprétation sont d'abord accueillies avec scepticisme, jusqu'au mois de décembre 1984 lorsque William Hubbard, ayant refait l'analyse de son observation à Cerro Tololo par acquit de conscience, voit lui aussi émerger une atténuation asymétrique qu'il n'avait pas relevée à l'origine. Les deux équipes publient conjointement leurs résultats, donnant aux hypothétiques renflements le nom d'arcs. La communauté scientifique va d'ailleurs bientôt en avoir le cœur net, car la sonde *Voyager 2* est sur le point de survoler Neptune, dernière étape de son voyage à travers le système solaire, le 25 août 1989.

Deux semaines avant son arrivée, le 11 août, ce sont bien deux, puis trois arcs que la sonde photographie depuis une distance de plusieurs millions de kilomètres. En se rapprochant davantage, la sonde révèle que les arcs font bien partie d'un anneau complet, avec les trois renflements raccordés par des sections beaucoup plus ténues. Une fois la planète dépassée et photographiée à contre-jour, les images révèlent deux autres anneaux plus proches de la planète.

À l'heure de les baptiser, on pense à honorer les astronomes qui ont découvert Neptune. Du plus proche de la planète au plus lointain, les trois anneaux sont ainsi nommés Galle, Le Verrier et Adams. Une extension poussiéreuse de l'anneau Le Verrier reçoit le nom de Lassell en l'honneur de l'astronome qui a découvert la lune Triton. Au final, c'est l'Anglais Adams qui hérite de l'anneau le plus intéressant, celui qui comporte les célèbres renflements. Comme le survol de *Voyager 2* a lieu durant l'été 1989 – bicentenaire de la Révolution française –, André Brahic et ses confrères, au centre de contrôle de la NASA, sont prompts à suggérer que les trois arcs doivent être baptisés Liberté, Égalité et Fraternité. Puis les chercheurs découvrent un quatrième arc, qu'ils nomment Courage, et notent une subdivision dans le premier, dont les sections sont rebaptisées Égalité 1 et Égalité 2.

Les anneaux et les arcs de Neptune sont formés de blocs glacés, dus à la fragmentation d'une petite lune, et surtout d'une grande quantité de poussière, ce qui les rapproche davantage des anneaux de Jupiter que des anneaux de Saturne ou d'Uranus. Comme ceux d'Uranus, en revanche,

FIGURE 8.4 – Les anneaux de Neptune photographiés à contre-jour par la sonde *Voyager 2* en 1989 : l'anneau Le Verrier (intérieur) et l'anneau Adams (extérieur). Ce dernier est souligné par trois renflements (en haut), arcs longs de 5 000 à 10 000 km chacun et intitulés, de gauche à droite : Fraternité (Courage inclus), Égalité, et Liberté (en bord cadre).
(NASA/JPL.)

---

ils sont sombres – leurs particules étant vraisemblablement recouvertes d'une matière carbonée – et leur teinte tire légèrement sur le rouge.

L'anneau intérieur Galle est une piste de poussières relativement large (2 000 kilomètres) qui s'étend de 16 000 kilomètres à 18 000 kilomètres de la surface de Neptune. En progressant vers l'extérieur, un hiatus sans anneau est occupé par trois petites lunes d'une centaine de kilomètres de diamètre : Naïade, Thalassa et Despina. Puis vient l'anneau Le Verrier, étroit cordon de particules (110 kilomètres de large), dont le confinement est probablement assuré par une résonance avec Despina, qui circule à 800 kilomètres seulement de son bord interne. Le bord externe de l'anneau Le Verrier, beaucoup moins confiné, se prolonge par un plateau ténu de poussières, qui a pris le nom, comme on l'a vu, d'anneau Lassell. Sa bordure externe est soulignée par une petite hausse d'éclat, ce qui vaut à cette bordure d'hériter d'un nom particulier dans certains écrits : l'anneau Arago, en hommage à François Arago, de l'Observatoire de Paris, qui fut le commanditaire des travaux de Le Verrier.

Après un nouveau hiatus de 5 000 kilomètres, on trouve l'anneau extérieur Adams, qui s'étire à 38 000 kilomètres de la surface de Neptune. Comme on l'a dit, il se distingue par une luminosité très inégale, avec des segments beaucoup plus brillants que la moyenne – les fameux arcs –, qui sont regroupés sur 47 degrés de circonférence, soit 13 % du pourtour de l'anneau. Dans son ensemble, cet anneau Adams mesure seulement entre 15 et 30 kilomètres de large selon les endroits, ce qui s'explique, comme dans le cas de l'anneau Le Verrier, par le travail d'un satellite berger. Ici, il s'agit de la petite lune Galatée, à 1 000 kilomètres du bord interne de la structure, qui fait 43 fois le tour de la planète dans le même temps que les particules de l'anneau en font 42 (résonance 42 : 43). Elle dessine d'ailleurs tout au long de l'anneau une onde comportant 42 crêtes et 42 creux.

Au sein de l'anneau Adams, ce sont bien sûr les arcs, tous regroupés d'un seul côté, qui font le plus jaser les astronomes. Le plus grand, Fraternité, s'étend sur 10 degrés, soit 10 000 kilomètres le long de la circonférence orbitale. Devant lui, après un hiatus de 5 000 kilomètres sans grand contenu, l'arc Égalité, formé de deux segments distincts, s'étire sur une tranche de 5 000 kilomètres (5 degrés). Suit une nouvelle lacune de près de 10 000 kilomètres avant le prochain renflement, l'arc Liberté, qui s'étend sur 4 000 kilomètres (4 degrés). Enfin, tout à l'avant de ce train de particules se trouve le petit arc Courage, long de 1 000 kilomètres (1 degré) et qui mène le peloton.

Le processus qui découpe et confine ces arcs de matière n'est pas bien compris, mais il est très probablement l'œuvre du satellite berger Galatée, dont la résonance avec l'anneau définit tout au long de son orbite un certain nombre de positions stables – 84 exactement, chacune longue d'un peu plus de 4 degrés – où la matière peut se concentrer sans être dérangée. Dans le détail, les choses sont plus compliquées, puisque les arcs n'occupent que quatre ou cinq de ces sites : pourquoi ceux-là et pas les autres ? Une théorie différente fait intervenir d'autres satellites bergers qui aident Galatée dans le rassemblement du troupeau, mais qui sont trop petits pour apparaître sur les photographies.

Pour pimenter le tout, les arcs de l'anneau Adams ont la bougeotte. Depuis les premières images capturées par la sonde *Voyager* en 1989, les grands télescopes terrestres ont pris le relais. Ils montrent des variations d'éclat, avec notamment une brillance accrue de l'arc Courage en 1998,

NEPTUNE EN CHIFFRES

Caractéristiques physiques

Diamètre équatorial :	49 528 km
Masse :	17 Terres
Densité :	1,6 (1 638 kg/m^3)
Pesanteur :	1,14 *g*
Température de « surface » :	−200 °C (à 1 bar)
Période de rotation :	16 h 6 min 36 s
Inclinaison de l'axe :	28,3°
Atmosphère :	H_2 : 80 % ± 3 % ; He : 19 % ± 3 % ; CH_4 : 1,5 % ± 0,5 %

Caractéristiques orbitales

Aphélie :	4 554 millions de kilomètres
Périhélie :	4 453 millions de kilomètres
Excentricité :	0,01
Période de révolution :	165 ans
Inclinaison (sur l'écliptique) :	1,77°
Nombre de lunes :	13

des variations conjuguées des arcs Égalité et Fraternité (comme s'ils échangeaient de la matière), et une chute de luminosité de l'arc Liberté, pratiquement invisible en 2003. Mais le clou du spectacle est le bond en avant du petit arc Courage, qui a pris 8 000 kilomètres d'avance (8 degrés) sur le reste du peloton, comme s'il avait progressé de deux « cases » de 4 degrés dans le chapelet de sites stables qui s'échelonnent tout autour de l'anneau. Assurément, une situation à suivre de près.

Les vents de Neptune

Les anneaux ne sont pas la seule attraction de la planète Neptune. Malgré la grande distance au Soleil, son atmosphère montre une activité surprenante, surtout si on la compare à l'atmosphère relativement monotone d'Uranus.

Le dynamisme de Neptune, qui ne pouvait être deviné depuis la Terre, fut révélé par la sonde *Voyager 2*, alors qu'elle approchait de la planète pour son survol historique du 25 août 1989. Dès le milieu du mois, les images prises depuis une dizaine de millions de kilomètres de distance montrent sur son disque bleuté une grande formation orageuse dans l'hémisphère Sud, presque aussi grande que la Grande Tache rouge de Jupiter (13 000 kilomètres sur 8 000 kilomètres), mais moins vivement colorée : elle prit le nom de Grande Tache sombre. Puis la sonde détecte une seconde tache plus petite et plus claire, dont la vitesse de déplacement est tellement rapide qu'elle est surnommée le « Scooter ». Une troisième tache, photographiée plus près du pôle Sud, hérite du nom de Petite Tache sombre *(voir fig. 8.5)*.

Les vents de Neptune, qui propulsent ces taches, sont impressionnants. Alors que la planète tourne sur elle-même d'ouest en est (le sens normal), en 16 heures et 7 minutes d'après les indications du champ magnétique, les vents les plus violents soufflent au contraire d'est en ouest. Dans le détail, c'est à l'équateur que leur direction est inverse du sens de rotation de la planète et qu'ils atteignent les plus hautes vitesses : près de 1 500 km/h au sommet des couches nuageuses, avec des pointes proches de 2 000 km/h à proximité de la Grande Tache sombre, ce qui en fait les vents les plus rapides du système solaire. En se rapprochant des pôles, la vitesse chute jusqu'à changer de direction et à adopter un sens normal, pour remonter à des valeurs proches de 1 000 km/h.

Ces vents affectent les hautes couches atmosphériques et sont certainement causés par les subtiles différences de température dues à l'énergie reçue du Soleil. Mais quand on sait que cette insolation ne vaut que le millième de celle qui est reçue au niveau de la Terre, force est de constater que l'atmosphère de Neptune se contente d'un minimum d'énergie : les spécialistes parlent d'un environnement pratiquement dépourvu de friction.

La structure verticale de l'atmosphère est sans surprise. Comme pour les autres planètes gazeuses, elle est constituée d'hydrogène (80 %) et d'hélium (19 %), avec un peu de méthane, d'ammoniac, de soufre et d'eau. Les éléments les plus volatils se condensent en nuages d'altitude (méthane), surmontés d'une brume d'éthane et d'acétylène (résultant de la dissociation du méthane par les rayons ultraviolets du Soleil), alors que plus bas, où règnent de plus fortes températures et une pression accrue, on imagine la présence de nuages d'ammoniac, d'hydrosulfure d'ammonium, et enfin de gouttes d'eau à plus de 0 °C et 50 bars de pression.

Les taches sombres photographiées par *Voyager* sont des formations tourbillonnaires qui paraissent sombres parce que les brumes et les nuages d'altitude sont absents, laissant apparaître les niveaux atmosphériques plus profonds. Alors que la Grande Tache sombre de 1989 est un anticyclone, la Petite Tache sombre, plus proche du pôle, est un cyclone.

Cela étant, ces formations sont éphémères. Cinq ans après le passage de la sonde, lorsque le télescope spatial Hubble est braqué sur Neptune

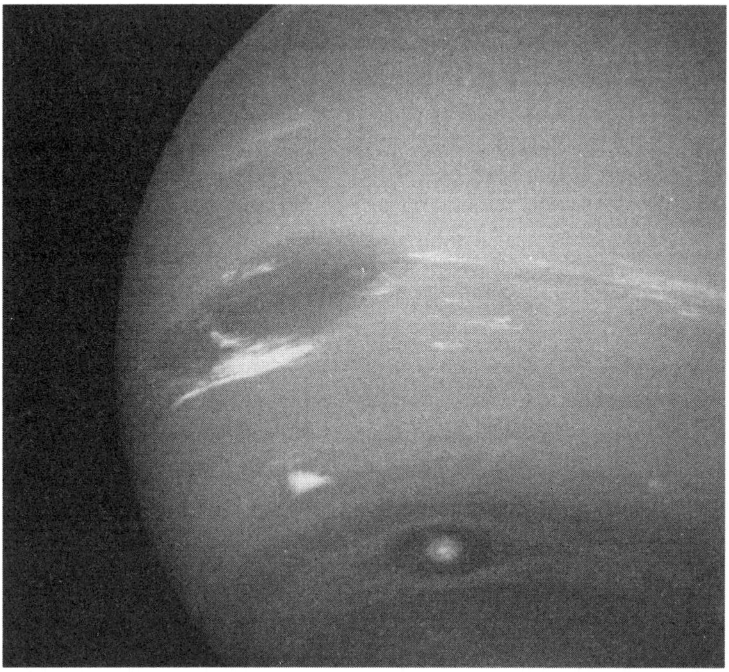

FIGURE 8.5 – Les trois systèmes nuageux de Neptune photographiés en 1989 par *Voyager 2* : la Grande Tache sombre (en haut à gauche), anticyclone bordé au sud et prolongé à l'est par des nuages clairs ; le « Scooter », petite formation triangulaire blanche (en bas à gauche) ; et la Petite Tache sombre, un cyclone en forme d'œil (en bas au centre).
(NASA/JPL.)

en 1994, la Grande Tache sombre de l'hémisphère Sud a disparu, alors qu'une autre est apparue dans l'hémisphère Nord.

Des observations répétées avec Hubble, tous les 2 ans environ, montrent en outre des bandes nuageuses de plus en plus brillantes dans l'hémisphère Sud, notamment en 1996, 1998 et 2002. Comme c'est l'été qui pointe dans cet hémisphère – chaque saison durant plusieurs décennies sur Neptune en raison de la longue orbite à boucler –, il est probable que l'on assiste à un réchauffement estival et à une hausse de température de quelques degrés, suffisante pour amplifier la convection et la formation de nuages dans l'hémisphère austral. La tendance devrait durer jusqu'en 2020.

Avec un axe de rotation incliné de 28 degrés sur la perpendiculaire à l'écliptique, soit légèrement plus que l'inclinaison de l'axe terrestre, le pôle Sud de Neptune est particulièrement affecté. Des mesures infrarouges

IL PLEUT DES DIAMANTS SUR NEPTUNE

Les alchimistes tiennent leur revanche ! Voilà que l'on peut fabriquer des diamants à partir d'une molécule vulgaire : le gaz naturel (ou méthane, le plus léger des hydrocarbures). C'est la conclusion à laquelle sont parvenues deux équipes de chimistes en recréant les conditions qui sévissent à plusieurs milliers de kilomètres de profondeur dans le manteau glacé de Neptune.

Neptune contient de 1,5 à 3 % de méthane dans sa basse atmosphère et sans doute plus de 10 % dans son manteau de glace. Or, aux températures et pressions qui règnent à partir de 2 500 kilomètres de profondeur, le méthane se dissocie en carbone et en hydrogène, et le carbone comprimé se transforme en microdiamants.

Ce n'est pas qu'une théorie. En 1999, une équipe de l'université de Berkeley, en Californie, a obtenu une poussière de diamants en comprimant du méthane dans une cellule haute pression et en le chauffant avec un laser. Dix ans plus tard, en 2009, une équipe du laboratoire Sandia de Los Alamos a confirmé ces travaux en explorant le comportement du carbone à haute pression dans un autre contexte (recherches sur la fusion nucléaire).

Cette formation de diamants dans le chaud manteau de glace de Neptune expliquerait sa mystérieuse surchauffe : les diamants chuteraient lentement à travers le manteau, libérant l'énergie potentielle de leur chute.

recueillies en 2007 à l'observatoire européen VLT (*Very Large Telescope*) au Chili montrent que le pôle affiche 10 °C de plus que la moyenne de –200 °C enregistrée autre part sur la planète (au niveau zéro de l'atmosphère, correspondant à 1 bar de pression).

Si les faibles variations d'insolation affectent la météorologie de la haute atmosphère, on note que Neptune dispose aussi d'un chauffage interne particulièrement efficace – plus efficace en tout cas qu'à l'intérieur d'Uranus, l'autre géant de glace. Alors que ce dernier rayonne autant de chaleur interne qu'il en reçoit du Soleil, Neptune émet 2,5 fois plus de chaleur interne qu'il ne réémet de chaleur solaire, ce qui apporte un éclairage intéressant sur sa structure interne.

Comme son congénère Uranus, Neptune doit abriter un noyau rocheux en son centre, d'une masse comparable à la Terre, enveloppé d'un épais manteau de glace d'eau, d'ammoniac et de méthane, avec de hautes températures et une forte pression. Se comportant comme un fluide, cette glace chaude et comprimée est vraisemblablement brassée par des courants de convection, responsables d'ailleurs d'un champ magnétique centré dans le manteau, comme dans le cas d'Uranus.

En revanche, la remontée d'une quantité de chaleur supérieure vers la surface implique un mécanisme différent, une piste intéressante étant explorée par les physiciens. Comme Neptune se distingue par une proportion de méthane plus importante dans sa basse atmosphère et probablement dans son manteau de glace chaude, les chercheurs explorent l'hypothèse que c'est le méthane qui dégage de la chaleur, par un processus surprenant : la fabrication et la chute énergétique de microdiamants *(voir encadré ci-contre)*. Se chauffer aux diamants : il faut oser !

Une lune venue d'ailleurs

Découvert le 10 octobre 1846 par William Lassell, Triton fut longtemps le seul satellite connu de Neptune. Pour cette raison, on n'avait même pas besoin de lui donner un nom : simplement appelé « lune de Neptune », il ne reçut son nom de Triton qu'en 1880, à l'initiative de Camille Flammarion. Mais il fallut attendre le lendemain de la Seconde Guerre mondiale pour que le nom s'impose. Cela devenait nécessaire, car un second satellite venait d'être découvert par Gerard Kuiper le 1er mai 1949, qui fut baptisé pour sa part Néréide.

Alors que Triton mesure 2 706 kilomètres de diamètre, cette seconde nymphe de Neptune atteint à peine 350 kilomètres. Cette chute de calibre est impressionnante : on ne l'observe autour d'aucune autre planète géante, que ce soit Jupiter, Saturne ou Uranus, qui disposent tous de plusieurs lunes dépassant 1 000 kilomètres d'envergure. Le système de Neptune est donc bien particulier.

Lors de son survol en 1989, la sonde *Voyager 2* parvient à détecter d'autres satellites de petite taille dans la région des anneaux : Protée à l'extérieur, qui surclasse Néréide en taille avec un diamètre moyen de 420 kilomètres, puis Larissa, Galatée, Despina, Thalassa et Naïade, qui mesurent tous moins de 200 kilomètres de diamètre. Encore plus petits sont les satellites extérieurs, circulant à des millions de kilomètres de Neptune : découverts en 2002 et 2003 avec les grands télescopes terrestres, Halimède, Sao, Laomédie, Psamathée et Néso ne mesurent qu'une cinquantaine de kilomètres chacun et sont certainement des corps capturés. On notera au passage que ce sont les satellites les plus distants de leur planète jamais observés, car le Soleil exerce une si faible attraction au niveau de Neptune qu'il laisse la planète étendre son empire gravitationnel d'autant plus loin : Psamathée et Néso circulent à près de 50 millions de kilomètres de Neptune et bouclent le tour de leur planète en plus de 25 ans !

Le contraste entre Triton et la poignée de petites lunes qui complètent le système s'explique si l'on se penche sur l'origine de la première. Triton n'est pas seulement massif, il est également le seul gros satellite du système solaire à circuler en sens inverse autour de sa planète. En outre, son plan orbital est incliné à 24 degrés par rapport au plan équatorial de Neptune. Ces deux paramètres indiquent qu'il s'agit d'un planétoïde capturé, et non d'une lune née dans le disque d'accrétion de la planète.

Du coup, tout s'explique : lors de sa capture, Triton est venu bouleverser tous les satellites préexistants comme un éléphant dans un jeu de quilles, les engloutissant ou les éjectant du système. Son orbite de capture fut certainement hautement excentrique, et le seul rappel à l'ordre auquel Triton s'est plié fut de circulariser son orbite, sous l'effet de la friction des gaz ténus et autres poussières qu'il labourait dans son mouvement à contresens autour de Neptune. Les marées exercées par la planète ont elles aussi contribué à cette circularisation – elles continuent à affecter la lune aujourd'hui. Elles rapprochent progressivement Triton de Neptune, au point où la lune devrait voler en éclats en franchissant la limite de Roche, d'ici à 3,6 milliards d'années environ. Neptune se retrouvera alors avec le plus beau système d'anneaux du système solaire.

Entre-temps, Triton a encore de beaux jours devant lui. C'est une bonne chose, car c'est une lune du plus grand intérêt, et cela sur deux plans. D'une part, en tant que corps capturé venu du fin fond du système solaire, il est de la même taille que Pluton et, s'il faut en croire leur spectre lumineux similaire, de même composition. Triton serait donc un représentant, aujourd'hui enchaîné à Neptune, de cette ceinture d'objets discrets et glacés qui peuplent la périphérie du système solaire et appelée « ceinture d'Edgewood-Kuiper », du nom des astronomes qui ont postulé son existence, ou encore « objets transneptuniens ». Nous passerons cette famille en revue dans le prochain chapitre.

Triton est également intéressant en soi. Sur une trajectoire serrée autour de Neptune (355 000 kilomètres, soit *grosso modo* la distance Terre-Lune), Triton est stabilisé par effet de marée, accomplissant sa révolution et sa rotation en un peu moins de 6 jours. Il se tient bien droit sur son orbite (inclinaison nulle de l'axe des pôles), mais l'orbite elle-même est inclinée de 24 degrés par rapport au plan équatorial de Neptune. Comme le plan équatorial de Neptune est lui-même incliné (28 degrés) par rapport à sa marche autour du Soleil, la combinaison des deux angles fait que la lune se retrouve pratiquement couchée par rapport au Soleil (à 38 degrés de l'être complètement) et présente donc un pôle au Soleil pendant un bon quart de l'année neptunienne, et l'autre pendant le quart opposé. Triton connaît donc des saisons contrastées.

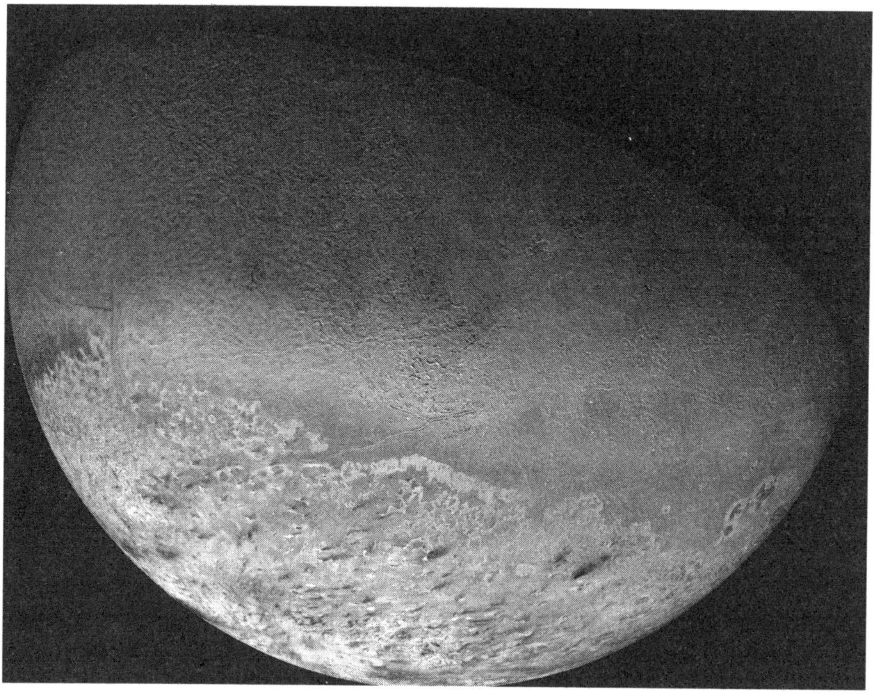

FIGURE 8.6 – La lune Triton photographiée par *Voyager 2* en 1989, avec sa texture en peau de melon (en haut à gauche), une brillante bande de givre d'azote (au centre), et sa calotte australe claire mouchetée de taches sombres (en bas).
(NASA/JPL.)

Son paysage est lui-même contrasté, bien que *Voyager 2* n'ait photographié que l'hémisphère Sud, faisant face au Soleil, lors de son survol. La rareté des cratères d'impact est manifeste – 179 seulement apparaissent sur les photographies –, ce qui indique que la surface est particulièrement jeune et constamment remodelée par une activité géologique notable. Ce n'est pas étonnant, quand on considère qu'avec une densité voisine de 2 000 kg/m^3, Triton possède un corps rocheux dont les minéraux ont nécessairement des atomes radioactifs. Si ce n'est pas suffisant pour faire fondre la roche, ça l'est apparemment pour chauffer le manteau de glace qui la recouvre et faire lentement circuler celle-ci en boucles de convection jusqu'à la surface.

Le phénomène s'exprime particulièrement dans la moitié occidentale de la face photographiée, qui présente un étonnant paysage de petits bassins d'une trentaine de kilomètres de taille, séparés par un tortueux réseau de « nervures » tectoniques qui lui donne l'apparence d'une peau

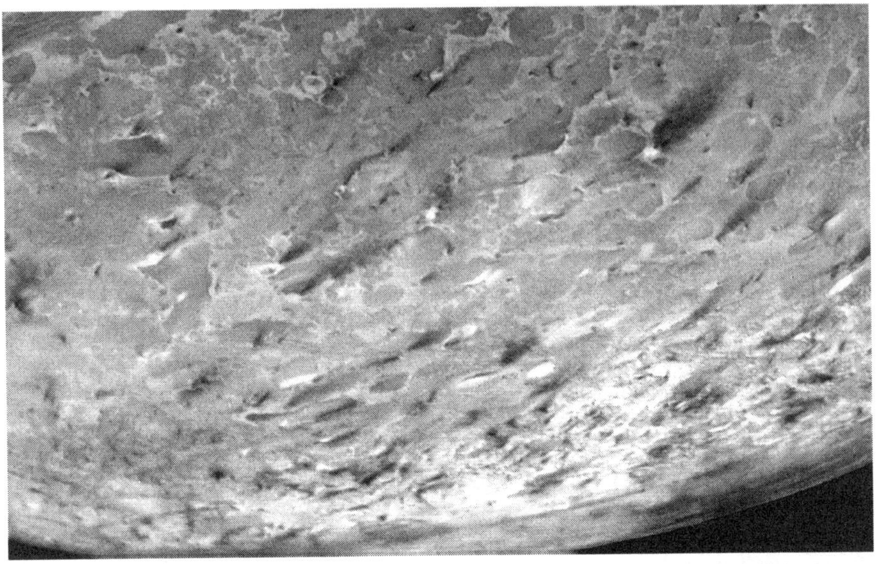

FIGURE 8.7 – La calotte australe de Triton, parcourue de traînées sombres qui sont la marque au sol de geysers d'azote, avec un alignement dû au vent dominant.
(NASA/JPL.)

---

rugueuse de melon d'Espagne. Cette texture serait l'expression d'une multitude de petits panaches de glace perçant la surface et répandant leur matière dans les « pores » du terrain.

La partie orientale de la face photographiée offre un contraste saisissant, puisqu'elle est beaucoup plus lisse, comme si la glace y avait fait éruption de façon plus massive, inondant et nivelant le relief. On y trouve des dépressions circulaires ressemblant à des caldeiras, larges d'une centaine de kilomètres, à l'image de Leviathan Patera, voire des plaines encore plus grandes, entourées d'un subtil rebord crénelé.

Quant à la calotte polaire australe – la seule visible –, elle est recouverte d'une fine pellicule d'azote et de méthane congelés. C'est dans ces hautes latitudes que les spécialistes ont repéré sur les images ce qui ressemble à des geysers en activité, notamment deux fines colonnes qui montent jusqu'à 8 000 mètres d'altitude, à en croire l'ombre qu'elles projettent sur le sol. C'est une surprise de taille et, pour l'expliquer, les spécialistes évoquent un phénomène superficiel, limité à la fine pellicule d'azote glacé qui recouvre le sol. Transparente, cette glace d'azote laisse passer la lumière qui chauffe le sol au-dessus de ses –235 °C naturels.

Le rayonnement infrarouge émis en sens contraire étant arrêté par le couvercle de glace comme par une vitre, cette glace chauffe par effet de serre « solide » et se sublime partiellement en azote gazeux qui circule dans le panneau de glace, se rassemble et se rue dans toute fracture ouverte, jaillissant alors en geyser.

Outre les deux hauts geysers pris en flagrant délit par la caméra de *Voyager 2*, et baptisés Hili et Mahilani, six autres geysers sont repérés, qui montent à 3 000 mètres d'altitude, d'après leur ombre portée. De nombreuses traces au sol témoignent d'éruptions passées, alignées dans le même sens comme si les panaches d'azote avaient été rabattus par un vent dominant *(voir fig. 8.7)*.

Car vent il y a, sur Triton. Malgré sa petite taille, la lune de Neptune entretient par sublimation de ses glaces une très fine atmosphère d'azote mêlée d'un soupçon de méthane, avec une pression au sol qui n'atteint que 2 pascals, soit 2 centièmes de millibar. C'est tout de même suffisant pour soutenir des particules d'un micromètre de taille, comme celles des geysers. On voit même des nuages d'azote condensé, entre 1 000 et 3 000 mètres d'altitude, qui dérivent au-dessus de la surface de Triton, ainsi qu'une fine brume probablement constituée de molécules organiques.

Depuis l'unique et rapide survol de Triton par *Voyager 2* en 1989, les planétologues restent sur leur faim. Ils savent que la lune a une météorologie active, comme en témoignent les changements de teinte observés depuis la Terre. Durant les 12 années précédant le survol de la sonde, les analyses de la lumière de Triton avaient indiqué un éclaircissement de sa couleur rougeâtre, que l'on interprète aujourd'hui comme la précipitation d'un frimas d'azote sur le sol. Depuis le passage de la sonde, au contraire, les occultations d'étoiles par Triton ont montré des fluctuations de la lumière stellaire sur son limbe : elles indiquent une atmosphère qui s'est remise à s'épaissir légèrement, jumelée à une augmentation de la température de 5 % entre 1989 et 1998, ce qui représente une bonne dizaine de degrés. Il semblerait ainsi que Triton connaisse dans son hémisphère austral un été particulièrement chaud (si on peut qualifier de « chaude » une température de −225 °C) en raison d'un pointage judicieux, grâce à la précession des équinoxes, qui ne se produit qu'une fois tous les quelques siècles.

Triton offre un aperçu captivant du spectacle que l'on est en droit d'attendre lorsqu'on atteindra Pluton, dernière planète du système solaire. Sa taille et sa densité, sa couleur et sa composition lui sont similaires. Mais bien sûr, le meilleur moyen de découvrir Pluton est encore de s'y rendre. Trente ans après *Voyager*, un nouvel engin est donc parti vers Pluton afin de repousser les limites de notre exploration.

CHAPITRE 9

Pluton et les planètes naines

Au-delà des planètes géantes commence l'« arrière-boutique » du système solaire, à plus de 5 milliards de kilomètres du Soleil. C'est le repaire des comètes – boules de glace et de poussière –, dont certains membres, boutés hors de leur nurserie par des perturbations gravitationnelles, se rapprochent du Soleil et vaporisent leurs glaces en queues étincelantes.

Les astronomes rêvaient de trouver dans ces lointaines contrées une neuvième, voire une dixième planète qui les rendraient célèbres. Car après les découvertes d'Uranus en 1781 et de Neptune en 1846, qu'est-ce qui empêchait de découvrir d'autres corps imposants cachés dans les profondeurs du système solaire ?

C'est ainsi que l'astronome américain Clyde Tombaugh découvrit la planète Pluton en 1930, au terme d'une exploration systématique du ciel. Cette neuvième planète est la seule que les sondes spatiales n'ont pas encore visitée, mais cette négligence est en passe d'être réparée : lancée en janvier 2006, la sonde *New Horizons* de la NASA vogue vers Pluton, qu'elle survolera en juillet 2015 avant de poursuivre sa route, car il y a d'autres mondes à découvrir. En effet, Pluton n'est pas la dernière planète du système solaire. C'est plutôt le premier individu d'un nouveau bestiaire de petits corps que les astronomes découvrent grâce à des télescopes dédiés, équipés de capteurs CCD et de programmes automatiques de détection.

Au passage, Pluton a perdu son statut de planète, au sens strict du terme. Sa petite masse, inférieure à celle de la Lune, avait déjà fait tiquer les chercheurs. La découverte d'une multitude de cousins à partir de 1992, dont un légèrement plus gros, a scellé son sort au gré d'une redéfinition du terme « planète » par l'Union astronomique internationale en 2006. Seuls désormais les corps assez massifs pour balayer leur pas de porte et ne pas partager leurs environs avec une multitude d'objets de taille comparable sont considérés comme des planètes à part entière. La liste s'arrête donc à Neptune.

Pluton ne perd rien au change. Plutôt que d'être la dernière et la plus chétive des planètes, il est devenu l'un des membres fondateurs – et même le président d'honneur – d'un nouveau club : celui des « planètes naines ». Ainsi, une multitude de petits objets papillonnent dans les environs de Neptune à la manière de Pluton : ils sont rassemblés sous la désignation de « plutinos ». D'autres corps glacés, les Centaures, se rapprochent de Saturne et même de Jupiter. Quant à la grande majorité de ces petits corps glacés, ils orbitent au-delà de Neptune et sont simplement appelés « objets transneptuniens » : en 2009, on en connaissait près de 1 300 ; et leur nombre devrait exploser à l'avenir, grâce à de nouvelles campagnes de repérage.

Au-delà de cette zone richement peuplée, la ceinture d'Edgewood-Kuiper (en hommage aux deux astronomes qui ont prédit son existence), commence la banlieue plus lointaine encore des comètes, ultime gare de triage de tous ces blocs de glace qui datent des premiers jours du système solaire. Enfin, une catégorie supplémentaire de petits corps nous intéresse au premier chef, car elle se déploie près de la Terre : la ceinture des astéroïdes ; ceux-ci sont principalement cantonnés entre Mars et Jupiter, mais certains membres « égarés » viennent croiser notre orbite et se prêtent à une étude rapprochée, tout en menaçant de nous percuter au passage.

Mais, à tout seigneur, tout honneur : commençons par Pluton – le représentant charismatique de cette armée de petits mondes –, en relatant les péripéties de sa découverte, de sa disgrâce et de sa rédemption.

La découverte de Pluton

Après les découvertes d'Uranus par Herschell en 1781 et de Neptune par le trio Le Verrier, Adams et Galle en 1846, les astronomes du monde entier s'étaient mis à rêver d'une neuvième planète dont la découverte les propulserait eux aussi dans l'histoire. L'espoir était d'autant plus grand que les irrégularités du mouvement d'Uranus n'étaient pas complètement expliquées par les perturbations de Neptune ; l'effet d'une planète supplémentaire, encore plus lointaine, leur semblait nécessaire. La découvrir mathématiquement posait toutefois problème, car on ne pouvait même pas compter sur la planète Neptune, qu'elle devait également influencer : cette dernière était suivie depuis trop peu de temps pour que son orbite soit connue avec toute la précision nécessaire à des calculs déductifs.

La chasse à la neuvième planète commença néanmoins au tout début du XXe siècle par deux prévisions de l'endroit où devait se trouver la suspecte, l'une par l'astronome danois Hans E. Lau, l'autre par le Français

Gabriel Dallet. Toutes deux furent transmises à l'observatoire de Harvard : les régions désignées furent photographiées par l'astronome américain William H. Pickering en 1900 et en 1901, sans succès.

L'idée fit tout de même impression dans les milieux de Harvard, et le Bostonien Percival Lowell – déjà très impliqué et quelque peu discrédité dans l'histoire des canaux martiens – trouva là un nouveau cheval de bataille. À partir de 1906, à son observatoire situé à Flagstaff, en Arizona, il se lança dans des calculs et des campagnes photographiques destinés à démasquer l'insaisissable « planète X ». Cantonnant sa recherche au plan de l'écliptique, Lowell impressionna plus de 200 plaques photographiques, doublant chaque pose à plusieurs jours d'intervalle et les comparant pour repérer tout astre qui aurait bougé dans l'intervalle. Aucun suspect ne se déclara. William H. Pickering entra lui-même dans la course en 1908, depuis son observatoire d'Arequipa, au Pérou, sans davantage de succès. Lowell redoubla d'efforts de 1913 à 1915, signant au passage un mémoire sur l'hypothétique planète transneptunienne, prévoyant sa masse, sa distance au Soleil et quelques indications sur son emplacement exact. Mais l'astronome controversé mourut en novembre 1916, et son observatoire tout comme son projet s'enlisèrent dans des conflits d'héritage durant près d'une décennie.

C'est grâce à l'intervention d'Abbott Lowell, frère du défunt, et de son neveu Roger Putnam que l'observatoire fut sauvé et des fonds débloqués pour la construction d'un nouveau télescope en 1925, en vue de reprendre la traque de la neuvième planète. Le directeur de l'observatoire, Vesto Slipher, confia la campagne photographique à son jeune assistant Clyde Tombaugh, fraîchement débarqué de sa ferme du Kansas et qui s'était fait embaucher grâce à son travail d'astronome amateur, talentueux et méticuleux.

C'est ainsi qu'en 1929, à l'âge de vingt-trois ans, Tombaugh se retrouva en charge du projet « Planète X » et aux commandes du nouveau télescope. Après les prises de vue, il disposait d'une visionneuse permettant de comparer rapidement deux photographies prises à plusieurs jours d'intervalle et de repérer tout astre ayant bougé entre-temps. Photographiant systématiquement chaque portion du ciel le long du zodiaque, Tombaugh passa 10 mois à scruter près de 2 millions d'étoiles à la visionneuse, avant de tomber sur un candidat prometteur dans la constellation des Gémeaux.

Sur deux images prises les 23 et 29 janvier 1930, un point avait bougé. La comparaison avec une troisième image scella le verdict : il s'agissait bien d'un objet planétaire à grande distance du Soleil, d'autant plus troublant qu'il se trouvait à 6 degrés d'arc seulement de l'une des deux positions calculées par Percival Lowell pour sa fameuse « planète X ».

La découverte fut annoncée en grande pompe par l'observatoire le 13 mars, et la nouvelle planète identifiée par de nombreux observatoires sur leurs propres photographies. La luminosité de l'objet, 10 fois inférieure à celle prédite par Lowell, dérangeait toutefois la communauté des astronomes : comment un astre apparemment bien plus petit qu'Uranus ou Neptune pouvait-il influencer autant ses voisins ?

Il fallait aussi lui donner un nom. Les suggestions plurent, soit inspirées de la mythologie à l'instar d'Atlas, de Prométhée ou de Cronos, soit plus personnelles, la veuve de Percival Lowell voulant nommer la planète du nom de son mari, puis lui donner son propre prénom, Constance.

La proposition la plus séduisante vint toutefois d'outre-Atlantique et d'une source des plus inattendues. Petite-fille d'un bibliothécaire de l'université d'Oxford, c'est la jeune Venetia Burney, âgée seulement de onze ans, qui proposa Pluton en référence aux ténèbres et au froid qui devaient régner sur un royaume aussi distant du Soleil. Le nom fut adopté à l'unanimité par l'équipe de Flagstaff. Et dans les mois qui suivirent, Walt Disney marqua l'occasion en étendant le patronyme au nouveau personnage qu'il venait de créer : Pluto, chien de Mickey, devint la coqueluche des enfants. Moins populaire, l'élément chimique plutonium,

À LA POURSUITE DE LA « PLANÈTE X »

La découverte de Pluton en 1930 ne conclut pas pour autant la chasse à l'hypothétique « planète X ». De nombreux astronomes, à commencer par Clyde Tombaugh lui-même, considéraient que Pluton était trop petit pour expliquer les irrégularités du mouvement d'Uranus. Tombaugh continua de photographier le ciel 12 ans durant, de plus en plus loin du plan de l'écliptique, examinant plus de 90 millions de points lumineux avec sa visionneuse. Il découvrit des astéroïdes et des comètes, mais pas de dixième planète.

D'autres campagnes d'observation fondées sur le mouvement suspect d'Uranus furent lancées, notamment par l'astronome Robert Harrington dans les années 1980, sans plus de succès.

Le pot aux roses fut découvert en 1993 par le mathématicien Myles Standish, en recalculant les perturbations imposées sur Uranus par Neptune, mais en assignant à la masse de ce dernier une nouvelle valeur dérivée du survol de *Voyager 2* en 1989, inférieure de 0,5 % à celle qui avait été utilisée dans les calculs précédents. Du coup, il n'y avait plus de différence entre l'orbite théorique d'Uranus et celle qui était observée dans les faits : l'illusion d'une seconde planète perturbatrice était due à cette mesure longtemps imparfaite de la masse de Neptune.

découvert en 1941, doit aussi son nom à la planète, tout comme furent nommés avant lui l'uranium et le neptunium en honneur des planètes Uranus et Neptune.

La planète qui rétrécit

Dans leur quête d'une planète située au-delà de Neptune, les astronomes espéraient trouver un objet de taille comparable. Percival Lowell avait parié sur 10 masses terrestres (70 % de la masse de Neptune), ce qui aurait conféré à l'astre une magnitude de + 13, voire + 12. Avec sa magnitude bien plus faible de + 15, Pluton n'atteignait pas le dixième de l'éclat escompté, et sa masse devait être bien faible, comparable à celle de la Terre plutôt qu'à celle d'une géante de glace. Cette première estimation tint plusieurs décennies, d'autant que les télescopes de l'époque n'étaient pas d'un grand secours : quel que soit le grossissement, Pluton demeurait un simple point, au diamètre angulaire proche d'un dixième de seconde d'arc seulement.

Cette absence de détail n'empêcha pas les astronomes de calculer sa période de rotation. La lumière de l'astre fluctuait en effet d'environ 30 % sur une durée d'une semaine, comme si Pluton tournait sur lui-même en ce laps de temps, pointant tour à tour vers le Soleil des zones d'éclat différent. La période de rotation fut précisément mesurée à 6,4 jours.

Toutefois, au fil des mesures et notamment des occultations d'étoiles par Pluton, la taille de la neuvième planète diminuait. En 1971, Pluton vit de nouveau sa masse divisée par 10 : on parla désormais d'une planète de la taille de Mars. Puis, en 1976, l'analyse de sa lumière convainquit les astronomes que Pluton est intrinsèquement brillant à cause de la présence de glace à sa surface. En d'autres termes, son éclat est fourni par une surface encore plus petite que dans les calculs précédents, ce qui réduit sa masse à un centième de celle de la Terre, soit du même ordre de grandeur que la masse de la Lune !

Cette cure de minceur n'était pas terminée. En examinant des plaques photographiques prises avec l'excellente lunette de l'US Naval Observatory sur le site de Flagstaff, l'astronome James W. Christy s'aperçut en 1978 que le point lumineux de Pluton, quelque peu « étalé » par la turbulence atmosphérique, montrait une sorte d'excroissance qui changeait de côté selon les prises de vue. La compilation des images lui indiquait que cette excroissance faisait le tour de la planète en environ une semaine, ce qui cadre avec sa période de rotation. Plutôt qu'une brillante tache au sol ou qu'une immense éruption volcanique, Christy fit le pari qu'il s'agissait d'une lune tournant de façon synchrone autour de Pluton, ajoutant sa propre tache lumineuse à celle de la planète. La découverte fut annoncée le 7 juillet 1978, l'astronome donnant au satellite le nom de Charon, d'après le batelier mythique qui transporte l'âme des morts à travers le Styx jusqu'au royaume de Pluton.

Charon n'est pas une petite lune. Au cours des années qui suivent, les astronomes calculent que sa surface et sa luminosité atteignent le quart de celles de Pluton. Entre 1985 et 1990, le hasard a en effet voulu que Charon passe à plusieurs reprises devant et derrière Pluton en une série d'occultations : celles-ci ont renseigné les astronomes sur la taille relative des deux corps par analyse de leur courbe de lumière (qui s'additionnent et se soustraient tour à tour), tout comme elles leur ont indiqué le rayon de l'orbite de Charon, qu'ils ont trouvé inférieur à 20 000 kilomètres.

Charon se révèle donc bien précieux. Connaissant dorénavant à la fois sa distance orbitale et sa période de révolution, les astronomes peuvent calculer la masse de Pluton, grâce aux lois de Kepler et de Newton. Du coup, Pluton rétrécit encore, les calculs lui attribuant une masse non plus comparable au centième de la masse de la Terre, mais plutôt au cinq centième de celle-ci ! Quant au diamètre de la planète, les astronomes le définissent aussi lorsque Charon passe derrière Pluton, en chronométrant le temps écoulé avant que la lune ne réapparaisse de l'autre côté de la planète. Par cette méthode, ils trouvent que le « masque » de Pluton mesure 2 300 kilomètres de diamètre. Quant à Charon, sa taille est elle-même obtenue lorsqu'il occulte une étoile : d'après la durée d'interruption du signal, son diamètre est mesuré à 1 200 kilomètres, soit la moitié du diamètre de Pluton.

Le ballet de Pluton et de Charon

Les astronomes sont surpris par la taille importante de Charon par rapport à sa planète mère : sa masse vaut un huitième de celle de Pluton, une proportion démesurée, que l'on ne constate nulle part ailleurs dans le système solaire. Loin en deuxième position, le couple Terre-Lune affiche un écart 10 fois plus important, avec un rapport de masse non pas de 1 à 8, mais de 1 à 80 entre le satellite et la planète principale. Et le couple Terre-Lune est déjà lui-même une exception, puisqu'on se prend à l'appeler « planète double » ! C'est plutôt un rapport de 1 à 10 000 qui existe d'ordinaire entre un satellite naturel et sa planète, comme pour Ganymède vis-à-vis de Jupiter ou Titan vis-à-vis de Saturne.

On a vu que, pour le couple Terre-Lune, la masse de notre satellite est telle qu'il ne tourne pas autour du centre de la Terre, mais autour d'un barycentre qui est décalé dans sa direction, quoique encore situé à l'intérieur de la Terre (à 1 700 kilomètres sous la surface). Le rapport de masse encore plus équilibré du couple Pluton-Charon fait que le barycentre se trouve en dehors de Pluton, à 1 000 kilomètres environ au-dessus de sa surface dans la direction de Charon. Pluton et sa lune bouclent le tour de ce centre de gravité commun en 6,4 jours.

Le couple Pluton-Charon mérite donc bien le titre de planète double. Leur genèse est vraisemblablement similaire à celle du couple Terre-Lune : deux objets de taille comparable ont dû se percuter ou se frôler durant les premiers jours du système solaire, sans doute assez « doucement » pour ne pas vaporiser toutes leurs glaces, tout en se capturant mutuellement. Peut-être même un troisième corps était-il impliqué dans ce jeu de billard cosmique, corps qui aurait pris la tangente après avoir favorisé ce mariage forcé.

Le mouvement du couple autour du Soleil est lui-même remarquable. Son orbite est la plus excentrique de toutes les orbites planétaires, avec une inclinaison qui le fait monter et descendre 17 degrés au-dessus et en dessous de l'écliptique (le plan de référence de l'orbite de la Terre autour du Soleil). En outre, cette trajectoire est loin d'être circulaire : la distance

PLUTON EN CHIFFRES

Caractéristiques physiques

Diamètre équatorial :	2 300 kilomètres
Masse :	0,02 Terre
Densité :	2,03 (2 030 kg/m^3)
Pesanteur :	0,06 *g*
Température de surface :	−210 °C à −240 °C
Période de rotation :	6 j 9 h 18 min
Inclinaison de l'axe :	120°
Atmosphère :	presque inexistante (maximum de 0,3 Pa) N_2, CH_4

Caractéristiques orbitales

Aphélie :	7 375,9 millions de kilomètres
Périhélie :	4 436,8 millions de kilomètres
Excentricité :	0,25
Période de révolution :	248,1 ans
Inclinaison (sur l'écliptique) :	17,1°
Nombre de lunes :	3

au Soleil varie de 4,4 à 7,4 milliards de kilomètres tout au long de l'orbite, dont le tour est bouclé en 248 ans.

Lorsqu'il se rapproche du périhélie, le couple Pluton-Charon passe donc tout juste sous la barre des 4,5 milliards de kilomètres qui définit l'orbite de Neptune : durant une période d'une vingtaine d'années, le couple est plus proche du Soleil que ne l'est la géante de glace, et c'est Neptune qui hérite du titre de planète la plus lointaine du système solaire. Ce fut le cas entre février 1979 et février 1999, suite à quoi Pluton a repris sa position de lanterne rouge, qu'il gardera jusqu'à sa prochaine incursion en deçà de l'orbite de Neptune, à partir de 2226.

Cela étant, on aurait tort de croire que leurs orbites se croisent. Ce serait le cas si les planètes circulaient dans un même plan ; mais sur son orbite inclinée, le couple Pluton-Charon grimpe plus d'un milliard de kilomètres au-dessus de l'écliptique lorsqu'il est proche du périhélie : il « survole » alors Neptune sans risque de collision, comme deux avions qui se croisent à des altitudes différentes. Lorsque Pluton redescend et croise le plan de l'écliptique, c'est bien au-delà de l'orbite de Neptune, et les deux planètes ne peuvent se rencontrer.

La trajectoire de Pluton est même synchronisée avec celle de Neptune pour un surcroît de sécurité. Pluton est en effet en résonance avec la planète glacée, bouclant deux tours du Soleil dans le même temps que Neptune en boucle trois (résonance 3 : 2). Ainsi, quand bien même le plan orbital de Pluton se coucherait sur l'écliptique pour permettre un croisement réel de sa trajectoire avec celle de Neptune, la petite planète et sa lune ne se trouveraient jamais à proximité de la géante de glace. Lors d'un croisement, le couple Pluton-Charon se trouve soit 50 degrés en avant de Neptune – environ un septième de circonférence autour du Soleil –, soit 50 degrés derrière Neptune à la révolution suivante. Ils ne se rapprochent donc jamais à moins de 2,5 milliards de kilomètres !

Ce n'est bien sûr pas un hasard : Neptune a forcé l'orbite de Pluton pour le parquer dans cette configuration stable. C'est d'ailleurs une évidence : si la planète géante ne l'avait pas fait, Pluton et Charon n'auraient jamais survécu à leurs passages près de Neptune – ils auraient été soit avalés, soit éjectés !

Une dernière particularité de Pluton est la forte inclinaison de son axe de rotation. Au lieu de tourner « debout » autour du Soleil, Pluton a un axe de rotation pratiquement couché dans son plan orbital, faisant avec lui un angle de 30 degrés seulement. Tout comme Uranus, Pluton présente donc tour à tour son pôle Nord et son pôle Sud au Soleil lorsqu'il passe par les points de solstice de son orbite. Entre les deux – les points d'équinoxe –, il est positionné sur le flanc en mode « rôtissoire », tournant comme un poulet sur sa broche face au Soleil. Vu depuis la Terre, sa ligne d'équateur est alors pratiquement verticale, et sa lune Charon, qui orbite dans ce plan équatorial, monte et descend devant et derrière Pluton.

C'est d'ailleurs une aubaine que nous ayons pu jouir d'une telle période d'équinoxe entre 1985 et 1990, la seule où Pluton et Charon s'occultent mutuellement à nos yeux. Nous avons vu comment ces occultations ont permis de calculer par chronométrage le diamètre de Pluton. Mais il y a mieux : l'analyse de la courbe de lumière, répétée sur plusieurs occultations, permet de dresser une carte grossière de la brillance des différentes régions de Pluton, puisque Charon masque des zones différentes de la planète à chaque passage. Ces calculs astucieux permettent de déduire que la petite planète a une calotte australe brillante, des latitudes moyennes contrastées et une zone équatoriale relativement sombre. La brillance moyenne est toutefois fort élevée : les spécialistes parlent d'un albédo de 0,58 (58 % de réflectivité).

Cette distribution des brillances est directement confirmée en 1994 par le télescope spatial Hubble qui parvient à recueillir une image réelle de Pluton, contenant une centaine de pixels (chacun mesurant 200 kilomètres de côté, soit la taille de la Belgique). Une douzaine de zones de brillances différentes sont identifiées dans cette mosaïque.

On est loin de savoir ce que ces zones représentent. Il ne s'agit probablement pas de formations géologiques comme des plateaux ou des bassins, mais plus vraisemblablement d'effets de surface. La lumière de

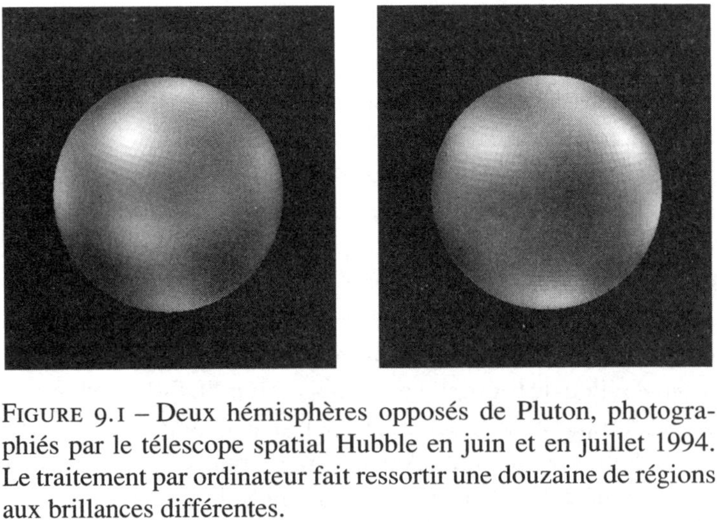

FIGURE 9.1 – Deux hémisphères opposés de Pluton, photographiés par le télescope spatial Hubble en juin et en juillet 1994. Le traitement par ordinateur fait ressortir une douzaine de régions aux brillances différentes.

(Alan Stern/Southwest Research Institute, Marc Buie/Lowell Observatory, NASA & ESA.)

Pluton révèle dans l'infrarouge le spectre de la glace de méthane, facilement reconnaissable, de la glace d'azote (sans doute 98 % du total), ainsi que des traces de glace d'eau et de monoxyde de carbone.

Les régions les plus brillantes pourraient être de la glace d'azote fraîchement déposée, les régions de brillance moyenne de la glace de méthane, et les régions les plus sombres de la glace d'eau, noircie par des molécules organiques synthétisées au fil du temps par les rayons ultraviolets du Soleil, tels des hydrocarbures. Dans ce scénario, les régions sombres pourraient être les plus anciennes et les régions claires celles qui ont récemment reçu une couverture de glace fraîche. Cela implique des précipitations et une certaine activité atmosphérique sur ce tout petit monde. Or ce n'est pas impossible, vu les saisons contrastées que connaît Pluton sur son orbite excentrique, avec son axe de rotation penché à l'extrême.

Passé au point d'équinoxe en 1988, Pluton a surtout présenté sa région équatoriale et ses latitudes moyennes au Soleil ces derniers temps, ce qui explique que les glaces s'y soient volatilisées et aient découvert des couches plus « sales », riches en poussières et en molécules organiques. À l'inverse, ce sont ses pôles qui ont été le mieux préservés de la lumière, et la présence de glace fraîche n'y est pas étonnante. Dans les années qui viennent, c'est le pôle Sud qui va être de plus en plus tourné vers le Soleil, et l'on s'attend à ce que ses glaces se vaporisent pour migrer et se redéposer dans l'hémisphère Nord.

Il ne faut pas oublier toutefois qu'à ce mécanisme saisonnier se superpose un éloignement progressif de Pluton sur son orbite : passé au périhélie en 1989, il va voir sa distance au Soleil croître de 4 à 7 milliards de kilomètres, avec une chute associée de la température. Déjà très basse (de −211 à −238 °C selon la brillance du terrain), celle-ci perdrait encore quelques degrés : ce serait le coup de grâce pour une atmosphère qui se condenserait totalement au sol en attendant des jours meilleurs, vers l'an 2200…

De nouveaux horizons

Le passage de Pluton au périhélie en 1989 et la découverte de son atmosphère *(voir encadré p. 272)* coïncidèrent avec la fin de la mission *Voyager* et son survol de Neptune. C'est donc tout naturellement que les planétologues imaginèrent une nouvelle mission qui aurait pour cible Pluton.

Astucieusement, les chercheurs firent valoir que Pluton s'éloignait du Soleil sur son orbite excentrique, et qu'en l'espace de quelques années son intéressante atmosphère retomberait au sol. En outre, la planète venait de passer son point d'équinoxe – lorsque toutes les latitudes sont

L'ATMOSPHÈRE DE PLUTON

Pluton diffuse une fine atmosphère lorsqu'il se rapproche du Soleil et que sa température de surface augmente, sublimant une partie de ses glaces. Cette atmosphère fut détectée pour la première fois le 19 août 1985, lorsque la planète occulta une étoile et que la lumière de celle-ci chuta de façon graduelle avant de disparaître derrière son disque. Confirmation en fut apportée le 9 juin 1988 lors d'une autre occultation d'étoile, suivie en altitude depuis un avion de la NASA (ce qui permet de s'affranchir des turbulences atmosphériques de la Terre), le *Kuiper Airborne Observatory*. Chutant progressivement sur une dizaine de secondes, le signal montre que la pression vaut environ 0,15 pascal au sol, soit un millionième de la pression atmosphérique terrestre. Quant à la nature du gaz, on estime que c'est de l'azote avec un soupçon de méthane. Cette atmosphère « subliminale » est chauffée par effet de serre à – 170 °C, alors que la température au sol reste comprise entre – 210 et – 240 °C.

Une autre occultation d'étoile en 2002, suivie par le Français Bruno Sicardy et ses confrères américains, a relevé une pression double, de l'ordre de 0,3 pascal, ce qui est étonnant, car entre-temps Pluton s'est éloigné du Soleil. Il s'agit vraisemblablement d'un effet saisonnier qui l'emporte sur l'éloignement : Pluton présente en effet au Soleil sa calotte polaire sud, dont les glaces abondantes se subliment.

éclairées en mode « rôtissoire » et que l'on peut encore les photographier –, et plus on attendrait, plus l'hémisphère Nord disparaîtrait dans l'ombre en tournant le dos au Soleil. C'était donc maintenant qu'il fallait monter une expédition !

En 1995, après plusieurs études avortées, la NASA mit sur pied le projet de sonde *Pluto Express* en collaboration avec la Russie. Mais les dépassements budgétaires eurent vite raison du projet, qui fut ajourné en septembre 2000.

Ce fut l'émoi. Pluton était investi d'une telle charge émotionnelle auprès du public américain (voir plus loin la controverse quant à son titre de planète) et représentait un tel intérêt pour les scientifiques que la NASA reprit le dossier en main. L'agence lança un appel d'offres à l'industrie aérospatiale, avec pour objectif de proposer un projet de sonde qui tiendrait dans une enveloppe budgétaire de 500 millions de dollars. En novembre 2001, l'affaire était bouclée avec la mise en chantier d'une sonde à bas coût, baptisée *New Horizons*, dont le lancement aurait lieu en 2004. Encore quelques retards, et la sonde décolla finalement de Cap Canaveral le 19 janvier 2006, avec une arrivée dans la banlieue de Pluton prévue pour juillet 2015.

La sonde emporte une caméra montée sur un télescope de 21 centimètres d'ouverture pour prendre des vues rapprochées de Pluton et de Charon, ainsi qu'un télescope auxiliaire de 6 centimètres muni de deux caméras – l'une pour les prises de vue en couleurs, l'autre pour analyser le rayonnement infrarouge du couple et y détecter les signatures de l'azote, du méthane, du monoxyde de carbone et de la vapeur d'eau. Un spectromètre ultraviolet et un compteur ionique complètent les instruments de bord, ainsi qu'un récepteur radio pour suivre les signaux de la Terre à travers l'atmosphère de Pluton et mesurer ainsi sa densité. Pour la petite histoire, une capsule fixée sur la sonde contient des cendres de Clyde Tombaugh, le découvreur de Pluton, mort en 1997.

La sonde *New Horizons* ne s'arrêtera pas là. Après un survol en trombe à travers le système de Pluton et Charon, elle continuera sur sa lancée en mettant le cap sur un objectif encore plus distant. Car Pluton n'est pas la borne terminale du système solaire. C'est plutôt le poste frontière d'un nouveau royaume dont la découverte ne fait que commencer : celui des objets transneptuniens.

La logique voudrait en effet que d'autres objets similaires à Pluton circulent dans les profondeurs du système solaire. L'astronome irlandais Kenneth Edgeworth fut le premier à s'interroger sur la question, soulignant dans un article de 1943 qu'à de grandes distances du Soleil l'espace est trop vaste pour que glaces et poussières s'y rencontrent avec

LUNES DE PLUTON : ET DE TROIS !

Après la découverte en 1978 de Charon, grosse lune de Pluton, on aurait pu penser close la liste de ses satellites. Mais en exploitant le télescope spatial Hubble aux limites de ses possibilités, les astronomes Hal Weaver et Alan Stern découvrent le 15 mai 2005 deux points lumineux au-delà de Charon, dont ils confirment l'existence par une nouvelle observation le 15 février 2006. Baptisés Nix et Hydra, les deux petits satellites mesurent environ 50 kilomètres de diamètre chacun et tournent dans le même plan équatorial que Charon, à respectivement 48 700 et 64 800 kilomètres du barycentre. Leurs périodes orbitales sont presque des multiples de celle de Charon, dans des rapports approximatifs de 4 : 1 et 6 : 1, l'écart avec une résonance exacte restant à expliquer. La présence même de ces lunes est une énigme. Ce ne sont apparemment pas des corps capturés, car ils décrivent sagement des orbites circulaires dans le plan équatorial, ce qui est plutôt la marque d'une genèse conjointe avec Pluton et Charon. Dans l'hypothèse d'une collision géante qui aurait engendré ces derniers, Nix et Hydra seraient-elles des miettes du cataclysme ?

FIGURE 9.2 – Pluton et ses lunes, Charon, Hydra et Nix, photographiés par le télescope spatial Hubble le 15 février 2006.
(NASA, ESA, H. Weaver/JHU/APL, A. Stern/SwRI, HST Pluto Companion Search Team.)

---

assez d'efficacité pour bâtir de grosses planètes. Elles formeraient plutôt des centaines de milliers, voire des millions d'embryons planétaires de quelques dizaines à quelques centaines de kilomètres de taille, sans doute à l'origine des comètes.

L'Américain Gerard Kuiper en vient à la même conclusion dans les années 1950, tout en ajoutant qu'une telle ceinture d'objets distants au-delà de Neptune aurait été dispersée au fil du temps par Pluton, considéré à l'époque comme une grosse planète. D'autres astronomes comme l'Uruguayen Julio Fernandez, dans les année 1980, calculent toutefois que l'apparition fréquente de comètes à courte période (à l'orbite bouclée en moins de 200 ans) ne peut s'expliquer que si un tel réservoir existe encore.

Pour en avoir le cœur net, il reste à chercher cette ceinture d'objets au-delà de Neptune et de Pluton. Un premier objet bizarre avait d'ailleurs été détecté par accident dès 1977 par l'Américain Charles Kowal, mais beaucoup plus près du Soleil que prévu. Alors qu'il cherchait de nouvelles lunes autour des planètes géantes, l'astronome repéra un corps de 200 kilomètres de diamètre qui circulait sur une orbite excentrique autour du Soleil, se rapprochant de l'orbite de Jupiter au périhélie et de celle d'Uranus à l'aphélie. D'abord matriculé 1977 UB, il reçut de Kowal le nom plus accrocheur de Chiron (à ne pas confondre avec Charon, lune de Pluton), un Centaure de la mythologie grecque. Comme un Centaure est une créature hybride, mi-homme, mi-cheval, le nom était particulièrement bien choisi : l'orbite de Chiron évoque à la fois celle d'un astéroïde et celle d'une comète...

À partir de 1987, l'astronome David Jewitt et son étudiante Jane Luu se lancent dans une étude systématique du ciel à la recherche d'objets plus lointains, d'abord à l'observatoire de Kitt Peak, en Arizona, puis à celui de Mauna Kea, à Hawaï, remplaçant l'ancienne technologie des plaques photographiques par de nouveaux détecteurs numériques. Bien leur en prend : le 30 août 1992, ils repèrent un objet de petite taille, d'environ 150 kilomètres de diamètre, orbitant sagement au-delà de Neptune entre 6 et 7 milliards de kilomètres du Soleil. Il reçoit le matricule 1992 QB_1.

Ce n'est qu'un début. Six mois plus tard, Jewitt et Luu découvrent un deuxième objet de taille similaire, matriculé 1993 FW. L'année n'est pas terminée qu'ils en détectent quatre de plus, dont la particularité est qu'ils croisent l'orbite de Neptune au périhélie, affichant la même résonance 3 : 2 avec la géante de glace que celle de Pluton. Ainsi, ce dernier se découvre une multitude de compagnons...

Pluton destitué

Au cours des années qui suivent, la découverte de ces petits objets transneptuniens s'accélère : on atteint une vingtaine de nouveaux candidats par an, dont un bon quart imitent Pluton en venant chatouiller l'orbite de Neptune. Le 28 novembre 2000, un objet plus lointain, sur une orbite quasi circulaire, va faire sensation. Photographié à l'observatoire de Kitt Peak, en Arizona, ce nouveau corps, baptisé Varuna, suggère par son éclat qu'il doit mesurer près de 1 000 kilomètres de diamètre ! Découvert 5 mois plus tard à l'observatoire de Cerro Tololo, au Chili, c'est un imitateur de Pluton baptisé Ixion – en résonance 3 : 2 avec Neptune – qui vient chatouiller la barre des 1 000 kilomètres. Et en juin 2002, au mont Palomar est découvert le massif Quaoar (nommé d'après le dieu de la Création d'une tribu nord-américaine), qui établit un nouveau record : 1 300 kilomètres de diamètre, soit plus de la moitié du diamètre de Pluton.

Le monde de l'astronomie est en effervescence. Des voix s'élèvent pour réclamer une nouvelle classification des corps du système solaire, Pluton apparaissant de moins en moins comme une planète à part entière, mais plutôt comme un membre parmi tant d'autres d'une grande famille d'embryons planétaires qui n'ont jamais grandi au-delà d'une certaine taille. Cette remise en question du statut de Pluton défraye la chronique, surtout aux États-Unis, car il s'agit de la seule « planète » découverte par un Américain, au demeurant fils de fermier devenu astronome grâce à son talent et à son labeur, comme dans toute histoire à succès qui se respecte. Qu'un personnage de Walt Disney, chéri des enfants, ait rendu la planète encore plus célèbre n'est pas étranger non plus à cette levée de boucliers.

Les astronomes reçoivent une avalanche de courrier de la part de personnes offusquées par cette remise en cause du statut planétaire de Pluton. Les écoliers ne sont pas en reste, des classes entières écrivant de vibrantes plaidoiries pour défendre « leur » planète. Les humoristes s'en mêlent, décrétant que la tomate va pareillement être déchue de son statut de fruit pour devenir un légume, que le beige et le mauve sont déclassés en tant que couleurs, et que le Liechtenstein, trop petit, va être rayé de la carte de l'Europe.

Mais ce sont les astronomes eux-mêmes qui sont les plus virulents. D'un côté se rangent ceux qui défendent la légitimité planétaire de Pluton, à l'image d'Alan Stern, codécouvreur de ses lunes Nix et Hydra et responsable scientifique de la sonde *New Horizons*. De l'autre se positionnent les astronomes qui trouvent qu'il est grand temps de faire le ménage dans le système solaire et de trouver une classification rationnelle de tous les corps qui s'y trouvent. Enfin, il y a les diplomates, à l'image de Brian Marsden – responsable de la liste des astéroïdes et autres « planètes mineures » du système solaire –, qui proposent pour Pluton la « double nationalité », à savoir qu'il garde son identité de neuvième planète pour des raisons historiques et qu'il reçoive également le titre de petit objet transneptunien.

Les partisans du statut planétaire de Pluton font valoir que sa taille dépasse celle de tous les autres petits objets découverts, comètes et astéroïdes compris, et qu'il possède en outre une grosse lune – et même trois –, ce qui est l'apanage des planètes. Mais ces certitudes sont ébranlées avec l'annonce, en juillet 2005, de la découverte de deux objets approchant 1 500 kilomètres de diamètre – Haumea et Makemake, le premier étant accompagné de deux petites lunes – et surtout de l'imposant Éris. Circulant loin du Soleil sur une orbite très inclinée sur l'écliptique, Éris voit son diamètre épinglé à 2 500 kilomètres par les télescopes spatiaux Hubble et Spitzer, à une centaine de kilomètres près. D'un cheveu, le nouvel objet dépasse le diamètre de Pluton (2 300 kilomètres). D'autre part, Éris possède une petite lune baptisée Dysnomie, qui est une véritable aubaine pour les chercheurs : d'après sa distance à Éris et le temps qu'elle met à en faire le tour, les lois de la gravitation permettent de calculer la masse du corps attractif, comme on l'a vu pour le couple Pluton-Charon. Or les chiffres sont formels : Éris est plus massif que Pluton d'environ 30 %.

Pluton vacille sur son piédestal. Il ne faut pas un an pour que l'Union astronomique internationale nomme une commission de sept experts – dont l'historien des sciences Owen Gingerich et les astrophysiciens français André Brahic et Catherine Césarsky – pour débattre de la définition du mot « planète ». Au cours de l'assemblée générale de l'Union, le 16 août 2006, à Prague, la commission transmet ses recommandations : mérite officiellement le titre de planète tout corps en orbite autour du Soleil (ou d'une autre étoile) qui est assez massif pour prendre une forme sphérique sous l'effet de sa gravitation (ou une forme ellipsoïdale, s'il est en rotation rapide).

Selon cette définition, Pluton garderait son titre de planète et d'autres corps sphériques comme Éris le rejoindraient sur la liste. Mais les astronomes réunis à Prague décident de compléter la définition par un critère supplémentaire, à savoir qu'une planète doit dominer son environnement en le balayant de tous objets de taille comparable, faute de quoi il reste simplement un « objet » orbital parmi tant d'autres.

Cet amendement à la définition de planète est voté le 24 août 2006 par une majorité écrasante (90 %) des 424 suffrages exprimés. Du coup, Pluton perd son titre de planète, puisqu'il partage sa zone orbitale avec des dizaines d'objets comparables, et se trouve relégué dans la catégorie des « planètes naines », classe nouvellement créée pour accueillir tous les objets quasi sphériques qui n'ont pas nettoyé leurs parages orbitaux. Pluton n'a même pas la consolation d'en être la tête de liste, privilège qui revient à Éris. C'est doublement vexant.

Il restera toujours des esprits nostalgiques pour défendre Pluton et sa grandeur passée, notamment les astrologues qui voient leurs horoscopes chamboulés par le remaniement planétaire et affirment que ce déclassement n'altère en rien le pouvoir qu'exerce Pluton sur notre fortune et notre vie amoureuse. Quant à la résolution votée le 8 mars 2007 par la Chambre des représentants du Nouveau-Mexique – État américain où se trouvent de nombreux observatoires et patrie d'adoption de Clyde Tombaugh –, elle décrète avec humour que Pluton restera une planète à l'intérieur des frontières de l'État. Le 13 mars, date de sa découverte, y est d'ailleurs déclaré journée commémorative de la *planète* Pluton.

Même chez les astronomes, un lobbying implacable a fait qu'en 2008 l'Union astronomique internationale a accouché d'un nouveau titre,

FIGURE 9.3 – Quelques candidats au titre de « planètes naines » : Éris et Pluton mesurent 2 500 et 2 300 km de diamètre, Makemake et Sedna 1 500 km, Quaoar 1 300 km et Varuna 500 km. En bas : la Terre pour échelle.
(NASA/wikipedia.)

comme s'il n'y en avait pas suffisamment, en qualifiant de « plutoïde » toute planète naine plus distante que Neptune. Sont inclus dans ce nouveau club les objets sphériques comme Éris – tête de liste provisoire avec ses 2 500 kilomètres –, Haumea et Makemake, et bien sûr Pluton. Sont également en liste d'attente Quaoar et Varuna, Sedna, Orcus et Ixion, qui sont sans doute sphériques eux aussi. Et d'autres suivront. Les astronomes estiment qu'une quarantaine de corps aujourd'hui connus peuvent postuler au double titre de planète naine et de plutoïde, et que plusieurs centaines restent à découvrir.

C'est également du statut de « planète naine » (mais pas de plutoïde !) dont hérite l'astéroïde Cérès, résolument sphérique avec ses 952 kilomètres de diamètre, alors qu'en liste d'attente les astéroïdes Pallas, Vesta et Hygée pourraient eux aussi rejoindre le club si les grands télescopes et les sondes spatiales prouvent à l'avenir leur sphéricité (Vesta est de forme irrégulière, mais une dérogation pourrait lui être accordée, car il a apparemment été « abîmé » lors d'une collision).

LES ASTÉROÏDES

Les astéroïdes sont une famille de petits corps qui circulent autour du Soleil, majoritairement entre les orbites de Mars et de Jupiter – la ceinture principale –, mais dont certains membres (les « géocroiseurs ») incurvent leur orbite vers le Soleil jusqu'à recouper celle de la Terre. Une autre importante population d'astéroïdes circule en deux escadrilles sur la même orbite que Jupiter, 350 millions de kilomètres en avant et en arrière de celle-ci : ce sont les « Grecs » et les « Troyens ».

Taille et nombre

Les astéroïdes sont des rassemblements de matière minérale, métallique ou carbonée, qui remontent à l'origine du système solaire. Certains ont atteint plusieurs centaines de kilomètres de diamètre mais, trop perturbés par l'influence gravitationnelle de la proche et massive Jupiter, n'ont pas pu croître davantage. Du reste, la masse totale de tous les astéroïdes réunis ne dépasse pas le vingtième de la masse de la Lune – moins du centième de la masse de la Terre : il s'agit plus d'un « saupoudrage » de petits objets que d'une planète avortée.

Le premier astéroïde découvert, par Giuseppe Piazzi le 1er janvier 1801 à l'observatoire de Palerme, en Sicile, est aussi le plus gros (952 kilomètres de diamètre) : il représente à lui seul le tiers de la masse totale de toute la famille. Baptisé Cérès, il a été élevé au statut de « planète naine » en août 2006, car il est suffisamment massif pour avoir atteint une forme quasi sphérique. Avec respectivement 544, 529 et 431 kilomètres de diamètre, les trois plus gros astéroïdes suivants – Pallas, Vesta et Hygée – recevront peut-être aussi le titre de « planète naine » dans un proche avenir.

Suivent deux douzaines d'astéroïdes compris entre 200 et 400 kilomètres, et environ deux centaines d'astéroïdes de taille comprise entre 100 et 200 kilomètres. Les populations d'objets plus petits sont plus importantes encore, le nombre d'objets augmentant d'un facteur 100 chaque fois que le calibre chute d'un facteur 10. Ainsi, on estime à 20 000 le nombre d'astéroïdes supérieur à 10 kilomètres de taille, et à 2 millions le nombre d'astéroïdes dépassant le kilomètre. On est loin de les connaître tous : seuls 200 000 astéroïdes sont répertoriés en date de 2009.

Classification

Les astéroïdes sont classés d'après leur spectre lumineux (couleur, albédo) en trois grandes classes – les astéroïdes « C », « S » et « X » – et en une vingtaine de catégories dans le détail.

Les astéroïdes de classe « C » sont les plus nombreux, rassemblant 75 % de tous les objets. Essentiellement composés de carbone et de grains minéraux,

FIGURE 9.4 – L'astéroïde Ida (56 km) avec à droite sa lune Dactyl (1,5 km) photographiés par la sonde *Galileo* le 28 août 1993. Du groupe Coronis, Ida est un astéroïde « minéral » de classe S. *(NASA/JPL.)*

ils sont noirs comme du charbon. Ils ont pour représentants emblématiques Hygée, Cérès (catégorie « G ») et Pallas (catégorie « B »). Des fragments de ces astéroïdes sont probablement à l'origine des météorites de type chondrite carbonée qui tombent sur Terre.
Les astéroïdes de classe « S » (17 % du total), tels Junon et Eunomie, sont des objets rocheux riches en silicates ; leurs météorites associées sont les achondrites (météorites pierreuses).
Les astéroïdes de classe « X » (moins de 10 %) regroupent les objets métalliques (fer et nickel), qui sont vraisemblablement les noyaux de corps plus gros, dénudés par des impacts. Ils ont pour représentants Psyché et Pandore, et sont à l'origine des météorites ferreuses (sidérites).

Distribution

Les astéroïdes sont répartis sur des orbites essentiellement contrôlées par Jupiter, à commencer par un grand nombre – près de la moitié – sur la même orbite que Jupiter dans deux poches de stabilité appelées points de Lagrange, situées 60 degrés en avant et en arrière de la planète géante. L'escadrille qui précède Jupiter comprend les Grecs, nommés d'après les héros de *L'Iliade* qui ont fait le siège de Troie (Achille, Nestor, Agamemnon, Ajax...). L'escadrille qui suit Jupiter comprend les Troyens (Priam, Pâris, Hélène...). Ces deux familles comptent moins de gros objets que la ceinture principale : le plus gros, Hector, mesure tout juste 100 kilomètres de taille.

L'autre moitié des astéroïdes, qui constituent la ceinture principale, circulent à mi-chemin entre Mars et Jupiter, la plupart entre 315 et 490 millions de kilomètres du Soleil. Cette ceinture principale est tranchée par des lacunes qui correspondent à des zones de résonance avec Jupiter, notamment les résonances 3 : 1, 5 : 2, 7 : 3 et 2 : 1, qui délimitent des sillons vides à respectivement 375, 423, 442 et 454 millions de kilomètres du Soleil (lacunes de Kirkwood). Les astéroïdes qui sont éjectés par Jupiter de ces zones instables peuvent se retrouver sur des trajectoires qui recoupent celle de la Terre et alimentent ainsi la famille des géocroiseurs *(voir encadré p. 76, chapitre « La Terre »).*

À l'inverse, on note aussi que des zones particulièrement riches en astéroïdes correspondent à des résonances constructives avec Jupiter, lequel les maintient dans les zones en question. Hormis les Grecs et les Troyens, c'est le cas notamment de deux groupes à l'extérieur de la ceinture principale : ceux de Cybèle et consorts (résonance 7 : 4) et de Hilda (résonance 3 : 2). D'autres groupes correspondent à la désagrégation de gros objets en une famille de débris aux orbites semblables. Il en est ainsi des groupes ayant pour têtes de liste Hungaria, Flore, Coronis et Éos.

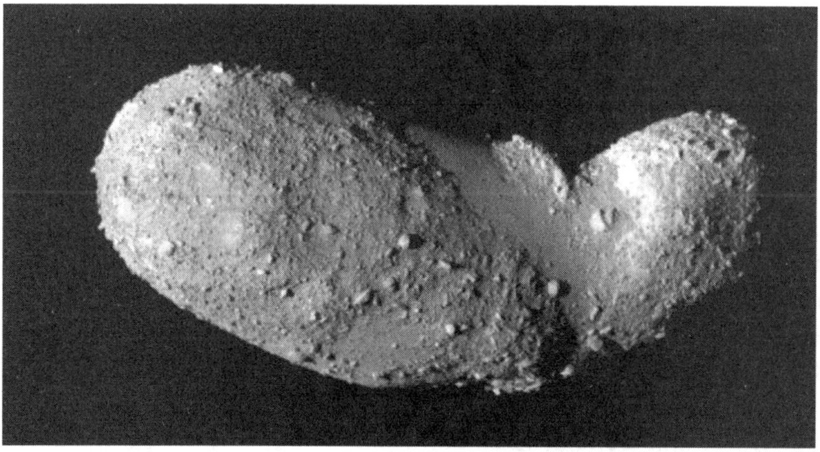

FIGURE 9.5 – L'astéroïde Itokawa (535 m de long, classe « S ») photographié par la sonde japonaise *Hayabusa* en septembre 2005. Exempt de cratères, il résulte vraisemblablement de la jonction récente de deux agrégats de débris.
(JAXA.)

Exploration par des sondes

Plusieurs astéroïdes ont été survolés par des sondes spatiales, à commencer par Gaspra et Ida, photographiés en 1991 et en 1993 par la sonde *Galileo* sur le chemin de Jupiter. Ida se distingue notamment par une petite lune de 1 kilomètre de long, baptisée Dactyl.
Première mission exclusivement consacrée aux astéroïdes, la sonde *NEAR-Shoemaker* a survolé Mathilde en juin 1997, avant de se mettre en orbite autour d'Éros en février 2000 et de s'y poser le 12 février 2001. C'est également un quasi-atterrissage qu'a réussi la sonde japonaise *Hayabusa* sur l'astéroïde Itokawa en novembre 2005, en s'en rapprochant à moins de 50 mètres.
Parmi les autres astéroïdes survolés par des sondes figurent Braille (sonde *Deep Space 1*, 1999), Annefrank (sonde *Stardust*, 2002) et Steins (sonde *Rosetta*, 2008). La sonde *Dawn*, lancée en septembre 2007, rejoindra et étudiera les gros astéroïdes Vesta de septembre 2011 à avril 2012, et Cérès de février à juillet 2015.

Un fourmillement de petits objets

À l'heure de classer les petits objets du système solaire, les astronomes ont du pain sur la planche. Il y a d'abord les astéroïdes *(voir encadré p. 279 à 282)*, célèbres parce qu'ils orbitent près de la Terre – la plupart entre Mars et Jupiter –, mais qui ne représentent au total que le centième de la masse de notre planète.

Puis viennent les Centaures, qui circulent principalement entre Jupiter et Neptune sur des orbites circulaires à excentriques, variablement inclinées sur le plan de l'écliptique. Ils sont perturbés par les planètes géantes au point que les simulations par ordinateur indiquent qu'ils ne peuvent rester dans leur voisinage plus de quelques millions d'années, avant de s'écraser sur une planète, sur le Soleil, ou d'être éjectés du système solaire. Ce sont donc des objets transitoires venus d'ailleurs, dont le stock est renouvelé en permanence (sinon il n'y en aurait plus), leur réservoir étant vraisemblablement la ceinture plus lointaine d'objets transneptuniens. Aucun ne postule au titre de « planète naine », car le plus gros, Chariklo, ne mesure que 260 kilomètres. En 2009, près d'une centaine ont été recensés.

Au-delà de Neptune commence la grande famille des objets transneptuniens (abrégés *TNOs* en anglais), que les astronomes ont divisée en plusieurs catégories selon leurs caractéristiques orbitales.

Il y a d'abord les objets transneptuniens « classiques », qui circulent pour la plupart au-delà de Neptune dans un plan proche de l'écliptique. Ils constituent la ceinture d'Edgewood-Kuiper, baptisée en honneur des deux astronomes qui ont entrevu l'existence d'un tel réservoir de petits corps en périphérie du système solaire. Appartiennent à cette catégorie les « planètes naines » Haumea et Makemake, ainsi que Varuna, Quaoar et le premier objet transneptunien découvert, 1992 QB_1, qui n'a pas reçu pour l'instant de nom plus sexy. En l'honneur de ce premier objet historique, les astronomes donnent d'ailleurs aux membres de cette ceinture classique l'appellation de « cubewanos » – fondée sur la prononciation en anglais de Q, B, 1.

Ces objets classiques constituent la majorité des objets transneptuniens : plus d'un millier ont été recensés jusqu'à aujourd'hui. Mais ce n'est que la pointe de l'iceberg : les astronomes estiment qu'il doit en exister près de 100 000 qui dépassent 100 kilomètres de taille, et sans doute plus de 100 millions qui dépassent 10 kilomètres. Toutefois, la masse de tous ces objets réunis n'atteindrait pas le dixième de la masse de la Terre.

Ces objets transneptuniens classiques sont rassemblés en une vaste ceinture – ou plutôt un tore, car leurs orbites inclinées embrassent un certain volume de part et d'autre de l'écliptique – qui s'étend majoritairement entre 6,3 milliards de kilomètres (42 UA[1]) et 7,2 milliards de kilomètres (48 UA) du Soleil, frontière au-delà de laquelle leur population chute brusquement. Certaines zones dans cette ceinture jouissent d'une grande stabilité, car elles sont en résonance avec la planète Neptune, tout comme certains astéroïdes habitent des zones de résonance avec Jupiter. Ainsi, Neptune a lui-même des Troyens et des Grecs qui le précèdent et qui le suivent sur son orbite. La géante de glace définit également des zones stables là où la période des objets est dans un rapport simple avec la sienne, à savoir les résonances 3 : 4, 3 : 5, 4 : 7 et 2 : 5.

Juste en deçà de cette ceinture principale d'Edgewood-Kuiper existe une population particulière d'objets qui sont en résonance 2 : 3 avec Neptune, et dont le demi-grand axe orbital (le rayon moyen de l'orbite) vaut 5,9 milliards de kilomètres (39,4 UA). On a déjà beaucoup parlé de l'objet phare de cette catégorie, qui n'est autre que la « planète » Pluton. Or il y en a toute une famille, aux excentricités et aux inclinaisons variées, qui se livrent à un ballet avec Neptune. Les premiers furent découverts par Jewitt et Luu, on l'a vu, en 1993. D'autres ont suivi, dont le massif Ixion ; à ce jour, plus de 200 d'entre eux ont été recensés. Ils ont logiquement reçu l'appellation de « plutinos ».

---

1. Au sein du système solaire, les astronomes ont l'habitude de chiffrer les distances en unités astronomiques (UA), une unité représentant la distance Terre-Soleil (150 millions de km).

LES COMÈTES

Les comètes sont de petits corps du système solaire, créés dans les régions les moins chaudes de son disque d'accrétion et pour cette raison riches en glace. Elles ont été repoussées aux confins du système par l'action perturbatrice de Jupiter, formant un vaste nuage de « boules de neige sales » à plus de 7 500 milliards de kilomètres du Soleil (50 000 UA), soit 1 000 fois la distance du Soleil à Pluton. Un tel éloignement correspond à plus d'une année-lumière : près d'un tiers de la distance des plus proches étoiles (Proxima et Alpha du Centaure).

Cette lointaine réserve de comètes est baptisée « nuage d'Oort » en l'honneur de l'astronome hollandais qui a prédit son existence. Si leurs membres sont fort nombreux – sans doute près de 1 000 milliards –, leur masse totale ne dépasse probablement pas celle de la Terre.

Les comètes visibles dans notre ciel sont des corps expulsés du nuage d'Oort par des perturbations aux confins du système solaire, par exemple le passage dans les parages d'une autre étoile, et précipités vers le Soleil. En s'en rapprochant, leurs glaces se subliment en un nuage de gaz et de poussières, qui s'étire en une queue lumineuse. Une fois passées à proximité du Soleil, les comètes s'en retournent vers les profondeurs du système solaire, et leur activité gazeuse et lumineuse diminue.

FIGURE 9.6 – La comète de Halley, photographiée à bout portant par la sonde européenne *Giotto*, le 13 mars 1986. Le noyau mesure 16 km × 8 km. Plusieurs jets en émanent, qui alimentent sa brillante chevelure au rythme de 3 tonnes de poussière et de glace vaporisée par seconde.
(ESA/MPAE.)

Les comètes dites périodiques constituent une catégorie à part : elles ont été déviées au passage d'une planète géante (en général Jupiter) et parquées sur des orbites autour du Soleil beaucoup plus courtes – de quelques années à quelques dizaines d'années seulement.

La structure d'une comète

La partie solide de la comète est appelée le noyau. De forme irrégulière, il mesure de quelques centaines de mètres à plusieurs kilomètres de taille (16 kilomètres sur 8 kilomètres pour la comète de Halley, 40 kilomètres pour la comète de Hale-Bopp), avec une surface très sombre composée de poussières minérales et de molécules carbonées. La glace d'eau, qui est l'ingrédient principal des comètes, est présente massivement sous ce vernis superficiel.

Lorsque la comète se rapproche à moins de 7,5 milliards de kilomètres du Soleil (5 UA), les glaces d'ammoniac, de méthane et d'oxydes de carbone se vaporisent ; puis c'est au tour de la glace d'eau à partir de 3 UA, en deçà de l'orbite de Jupiter. Gaz et poussières, expulsés des fissures du noyau en de véritables jets, créent une boule lumineuse autour du noyau, appelée chevelure ou « coma », qui s'étend sur plusieurs centaines de milliers de kilomètres. Les poussières qui s'en échappent forment une queue dans le sillage de la comète, alors que les gaz ionisés par le vent solaire constituent une seconde queue moins curviligne, de direction opposée au Soleil.

Effets de marée, dus au survol trop rapproché d'une planète géante ou du Soleil, ou vaporisation explosive des glaces peuvent entraîner la dislocation d'une comète en plusieurs fragments, comme ce fut le cas des comètes Biela en 1846 et Ikeya-Seki en 1965, ou de Shoemaker-Levy 9 en 1993, lorsqu'elle passa trop près de Jupiter avant de s'y écraser l'année suivante.

Les débris poussiéreux semés dans le sillage d'une comète sont responsables de pluies d'étoiles filantes lorsque la Terre croise leur trajectoire. Ainsi, les Perséides du mois d'août découlent de la comète Swift-Tuttle, les Léonides de la comète Tempel-Tuttle, les Aquarides et les Orionides de la comète de Halley. Le gros bloc qui explosa dans le ciel de Sibérie le 30 juin 1908 (événement de la Toungouska) est probablement un fragment de la comète d'Encke.

Des comètes percutent parfois la Terre, mais moins souvent que les astéroïdes. En revanche, leur vitesse peut être beaucoup plus élevée et, à masse égale, elles causent donc des dégâts plus importants. Au cours des derniers siècles, les passages les plus rapprochés ont été ceux de la comète Hyakutake en mars 1996 (à 15 millions de kilomètres tout de même), le record étant détenu par la comète D/Lexell en 1770 (2,3 millions de kilomètres), ou bien la comète de 1491 observée en Corée, qui serait passée d'après les calculs à seulement 1,4 million de kilomètres de la Terre (4 fois la distance Terre-Lune).

Distribution des comètes

La plupart des comètes habitent le nuage d'Oort à des milliers de milliards de kilomètres du Soleil (plus de 50 000 UA). Lorsqu'elles sont perturbées au point de plonger vers le Soleil, elles entament une longue chute qui dure plusieurs dizaines de millions d'années jusqu'à leur passage au périhélie. Selon la nature de leurs trajectoires, soit elles repartent ensuite vers le nuage d'Oort, soit elles sont éjectées par le Soleil hors du système solaire. Plus d'un millier de ces comètes singulières a été répertorié, y compris les célèbres Hale-Bopp (1995), Hyakutake (1996) et McNaught (2007).
Une autre famille de comètes a une origine différente, puisque leurs orbites culminent à seulement quelques milliards de kilomètres du Soleil dans la ceinture d'Edgewood-Kuiper. Ce sont les perturbations occasionnées par Neptune qui les délogent de ce réservoir. Leur période orbitale est courte – moins de 200 ans –, et leurs réapparitions régulières à proximité du Soleil leur valent le titre de « comètes périodiques ». Plus de 400 ont été dénombrées en 2009, dont la célèbre comète de Halley (période de 76 ans).
Un sous-ensemble de ces comètes périodiques rassemble celles qui ont été aiguillées sur des orbites inscrites entre celles de Neptune et de Jupiter : ce sont les Centaures, dont certains se rapprochent juste assez du Soleil pour émettre quelques gaz, à l'image de Chiron.
D'autres objets ont été kidnappés par Jupiter sur des orbites de très courte période – celles de 6 et 12 ans étant privilégiées – avec leur aphélie au niveau de la planète géante. Un petit nombre d'entre eux circulent dans la ceinture des astéroïdes, dont on a du mal à les distinguer, car ils ont perdu leurs glaces superficielles et n'émettent plus ni chevelure ni queue.
Enfin, l'éclatement de certaines comètes lorsqu'elles passent trop près du Soleil constitue des familles d'objets cométaires regroupés sur des orbites apparentées. Près de 1 500 comètes – soit la moitié des quelque 3 600 comètes répertoriées au total – proviendraient de la dislocation d'un seul objet de grande taille : la famille de Kreutz. Ces objets ont des périodes de 400 à 800 ans : la comète Ikeya-Seki, passée près du Soleil en 1965, en fait partie.

Exploration par les sondes

Le passage de la comète de Halley en 1986 a été l'occasion d'un tir groupé de sondes soviétique, japonaise et européenne, cette dernière – la sonde *Giotto* – ayant pris de bonnes images de son noyau. Des vues encore plus détaillées d'un noyau cométaire furent prises en septembre 2001 par la sonde américaine *Deep Space 1* (comète Borrelly). Puis ce fut le tour de la sonde *Stardust* de photographier le noyau de la comète Wild 2 en janvier 2004, révélant des jets qui soulèvent de gros blocs de glace, et de prélever

FIGURE 9.7 – La comète Tempel 1, d'un diamètre de 6,5 km. Son bord est illuminé par l'impact d'un lest de 370 kg, largué par la sonde *Deep Impact*, le 4 juillet 2005. Frappant la comète à la vitesse de 10 km/s, le projectile a soulevé 10 000 t de débris, analysés à distance par la sonde.
(NASA/JPL-Caltech/UMD.)

des poussières dans sa chevelure, rapatriées sur Terre dans une capsule, le 15 janvier 2006.
C'est d'autre part une exploration en profondeur qu'a entreprise la sonde *Deep Impact* en juillet 2005, lorsqu'elle survola la comète Tempel 1. Elle largua un lest de 370 kg qui percuta son noyau et souleva un nuage analysé par la sonde : 5 000 tonnes de glace d'eau et 5 000 tonnes de poussière minérale.
La prochaine étape de l'exploration des comètes est l'atterrissage en douceur d'une sonde sur son noyau. C'est l'objectif de la sonde européenne *Rosetta*, lancée en mars 2004 vers la comète Churyumov-Gerasimenko, qu'elle atteindra en mai 2014. La sonde se placera en orbite autour de son noyau pour l'étudier et le cartographier durant 6 mois, avant de larguer l'atterrisseur *Philaé*, qui a mission de s'y poser, d'analyser son sol (notamment avec un spectromètre alpha) et ses propriétés électriques, sismiques et acoustiques.

Enfin, il existe une ruche d'autres objets transneptuniens qui circulent sur des orbites très elliptiques les emmenant bien plus loin du Soleil que les objets classiques, avec des plans souvent très inclinés sur l'écliptique. Leur approche de l'orbite de Neptune au périhélie indique que c'est la planète géante qui les a aiguillés sur de telles trajectoires : on les appelle pour cette raison des objets « dispersés ». Plus d'une centaine de ces objets ont d'ores et déjà été découverts. La « planète naine » Éris est la vedette du groupe, avec une orbite rasant celle de Neptune au périhélie (38 UA) et s'éloignant jusqu'à 15 milliards de kilomètres du Soleil (97 UA) à l'aphélie, une orbite qu'elle boucle en 560 ans.

Enfin, il existe une variante de cette catégorie : ses membres sont dispersés au point d'échapper complètement à Neptune, dont ils ne croisent plus l'orbite au périhélie. Ces objets sont dits « détachés » – une trentaine ont été recensés jusqu'à présent. Leur vedette est Sedna, déesse de la Mer chez les Inuits, qui circule de 12 milliards à 1 340 milliards de kilomètres du Soleil (de 76 à 893 UA) en 10 000 ans et mérite certainement le titre de « planète naine », vu sa taille, estimée entre 1 200 kilomètres et 1 600 kilomètres de diamètre.

Une histoire du système solaire

Astéroïdes entre Mars et Jupiter, Centaures entre Jupiter et Neptune, objets transneptuniens au-delà : le système solaire regorge de petits objets qui datent des premiers jours de sa création. Il faut ajouter à cette liste les comètes, qui sont également des objets transneptuniens, aiguillés par Neptune vers le Soleil (les comètes à courte période) ou éjectés par Jupiter à de très grandes distances du Soleil – exil dont elles ne reviennent que lorsqu'elles sont perturbées par le passage d'autres étoiles à proximité (comètes non périodiques).

Les objets transneptuniens proches (Centaures, ceinture d'Edgewood-Kuiper, y compris les objets dispersés et détachés) ne représentent en masse totale que le dixième de la masse de la Terre, et la ruche de comètes plus lointaines (appelée nuage d'Oort) pas plus que la masse de la Terre. Or, c'est ce saupoudrage de petits objets qui détient la clef de l'histoire du système solaire, pour qui sait la lire.

Les petits objets posent en effet un certain nombre d'énigmes aux chercheurs, la plus surprenante étant que la ceinture d'Edgewood-Kuiper ne contient pas assez de matière pour que de gros objets comme Pluton, Éris, Haumea ou Makemake aient pu s'y former par le jeu des rencontres. Pourtant, ces objets existent bien ! En fait, les calculs indiquent qu'à l'époque de leur création il devait y avoir de 100 à 1000 fois plus de petits corps tournoyant à cette distance du Soleil qu'aujourd'hui. Où sont-ils tous passés ?

D'autres énigmes concernent la propension pour les objets restants à être capturés par Neptune sur des orbites en résonance avec la géante de glace, à commencer par Pluton et les plutinos. Enfin, par quel miracle autant d'objets se trouvent-ils diffusés aussi loin de l'écliptique, que ce soient les objets « dispersés » ou « détachés » ?

C'est en simulant l'évolution du système solaire sur ordinateur qu'une équipe de quatre planétologues réunis à l'observatoire de la Côte d'Azur, à Nice, avec à sa tête Alessandro Morbidelli, est parvenue à articuler un scénario cohérent qui explique la distribution actuelle des petits corps, ainsi qu'un certain nombre d'autres événements qui ont marqué l'histoire du système solaire.

À l'origine, le Soleil naissant était entouré de son disque de matière. Près de l'astre central, où la température n'autorise pas la présence de glaces, des blocs minéraux et métalliques se sont assemblés pour bâtir les planètes telluriques : Mercure, Vénus, la Terre et la Lune, Mars, et un reliquat de petits corps qui resteront au stade d'astéroïdes.

Plus loin, à quelque 750 millions de kilomètres du Soleil (5 UA), là où la température passe sous la barre de 0 °C, existe une abondance de glace dont vont se gorger les mondes en devenir, à commencer par Jupiter et Saturne. Ces mondes se forment d'autant plus lentement qu'à ces grandes distances du Soleil les blocs en orbite sont plus espacés et leur vitesse d'interaction plus lente. Notre étoile évolue de son côté en traversant une phase instable (phase *T Tauri*), émettant un fort vent solaire qui balaye ce qu'il reste de gaz légers dans le disque d'accrétion, de sorte que les embryons des planètes les plus lointaines et les plus lentes à se former – les futurs Uranus et Neptune – restent constitués majoritairement de glaces et n'ont pas le temps d'amasser hydrogène et hélium comme ont rapidement pu le faire Jupiter et Saturne.

Mais ce que le modèle de Morbidelli et de son équipe fait surtout ressortir, c'est que le disque de matière est plus serré que ne le laissent deviner les orbites actuelles des planètes géantes. Les Jupiter, Saturne, Uranus et Neptune en devenir sont ramassés entre 750 millions et 2,1 milliards de kilomètres du Soleil (5 UA à 14 UA), alors qu'aujourd'hui ils sont ventilés sur un intervalle 2 fois plus grand. Pour expliquer cette évolution, il faut invoquer les petits corps restants – futurs objets transneptuniens et autres comètes –, qui vont interagir de façon étonnante avec les grosses planètes.

Il y a en effet de la matière au-delà d'Uranus et de Neptune, jusqu'à 5 milliards de kilomètres du Soleil (34 UA). Ce foisonnement de petits corps ressent l'attraction des deux géantes de glace, qui dévient les objets les plus proches, les propulsant vers l'intérieur du système solaire, où ils croisent Saturne, puis Jupiter. Ce dernier se fait une joie de les écarter, les éjectant loin du Soleil où ils vont s'accumuler pour bâtir le nuage d'Oort.

Cela étant, ces jeux de fronde ne sont pas gratuits, même pour de grosses planètes. Lorsque Uranus ou Neptune dévient un petit corps vers l'intérieur du système solaire, la planète responsable a un mouvement de recul par réaction (par conservation du moment angulaire, disent les physiciens). À l'inverse, lorsque Jupiter éjecte un petit corps vers l'extérieur, il se rapproche très légèrement du Soleil.

Ces petits ajustements ne sont pas anodins. Durant les premières centaines de millions d'années du système solaire, les petits objets vont être éjectés et les grosses planètes (notamment Saturne, Uranus et Neptune) vont subtilement migrer vers l'extérieur, migrations qui se chiffrent en millions de kilomètres.

C'est la dérive de Saturne qui va avoir les plus lourdes conséquences. La planète aux anneaux va atteindre l'éloignement qui la met soudain en résonance 2 : 1 avec Jupiter (Jupiter faisant deux tours du Soleil dans le même temps que Saturne en fait un seul), avec une amplification des perturbations que la plus grosse exerce sur la plus petite. Saturne est littéralement propulsé vers l'extérieur, et, par effet domino, Uranus et Neptune sont eux-mêmes repoussés plus loin, semant la pagaille dans les petits corps transneptuniens qui peuplent leur périphérie. La ceinture est repoussée et dispersée, le « chasse-neige » Neptune capturant des objets au passage pour se bâtir une famille en résonance orbitale avec lui – Pluton et les plutinos –, alors que la majorité d'entre eux est infléchie vers Jupiter, qui l'expédie au loin vers le nuage d'Oort. Une fois ce grand nettoyage terminé, les planètes arrêtent leurs migrations par réaction, et le système solaire prend l'aspect qu'on lui connaît aujourd'hui.

L'histoire est surprenante, mais les simulations par ordinateur lui donnent une grande crédibilité. Elles proposent même des variantes insolites. Par exemple, avant le grand chamboulement qu'occasionna la migration de Saturne par son point de résonance avec Jupiter, Neptune se serait trouvé plus proche du Soleil qu'Uranus ; bousculé par Saturne, Neptune aurait alors joué à saute-mouton et dépassé Uranus pour lui ravir la place de planète la plus lointaine et jouer le premier rôle dans l'éparpillement des petits corps en périphérie.

Ce scénario resterait un scénario s'il n'expliquait avec autant d'élégance un grand nombre de caractéristiques du système solaire : le dépeuplement de la ceinture d'Edgewood-Kuiper, dont la plupart des membres sont allés nourrir le nuage d'Oort, le recul des objets restants aux distances qu'on leur connaît (jusqu'à 42 UA), la constitution d'une famille d'objets capturés autour du chasse-neige Neptune, et une explication à un phénomène jusqu'alors mystérieux qui a frappé le jeune système solaire : le grand bombardement.

Les grands bassins d'impact qui poinçonnent la Lune, Mercure et Mars semblent en effet s'être formés il y a 3,8 à 4 milliards d'années, c'est-à-dire 500 à 700 millions d'années après la création du système solaire. Les planétologues avaient du mal à expliquer un bombardement aussi tardif des surfaces planétaires par de gros objets, dans un intervalle de temps bien précis. Or les simulations par ordinateur indiquent que le passage de Saturne par sa résonance avec Jupiter date justement de cette époque : de gros objets délogés de la ceinture d'Edgewood-Kuiper par le chaos résultant auraient traversé le système solaire et frappé les planètes telluriques au passage, tout comme l'auraient fait un grand nombre d'astéroïdes entraînés dans le mouvement.

Le modèle d'Alessandro Morbidelli et des autres chercheurs, appelé « modèle de Nice », tient aujourd'hui la corde pour expliquer la naissance et l'évolution du système solaire. Les planétologues, épaulés par les sondes spatiales et par les grands télescopes, n'ont pas fini d'apporter de nouveaux éléments au portrait de famille de la Terre et des planètes, qui s'affine d'année en année. C'est aussi une aventure partagée par tous, grâce à la diffusion des images et des données sur internet, pratiquement en temps réel. Jamais l'exploration du système solaire n'aura été aussi intense, ni aussi fructueuse. Et les missions en cours et à venir nous promettent de nouvelles découvertes et de nouvelles surprises.

Bibliographie

BRAHIC, A., *Enfants du Soleil. Histoire de nos origines*, Paris, Odile Jacob, 1999 ; rééd., coll. « Poches Odile Jacob », 2000.

DE GRASSE TYSON, N., *The Pluto Files. The Rise and Fall of America's Favorite Planet*, New York, W. W. Norton & Cie, 2009.

DORESSOUNDIRAM, A. et LELLOUCH, E., *Aux confins du système solaire*, Paris, Belin, coll. « Bibliothèque scientifique », 2008.

FORGET, F., COSTARD, F. et LOGNONNÉ, P., *La Planète Mars. Histoire d'un autre monde*, Paris, Belin, coll. « Bibliothèque scientifique », 2006 (nouvelle éd.).

FRANKEL, C., *Vous êtes ici ! Les idées clés pour comprendre notre planète*, Paris, Dunod, coll. « Oh, les sciences ! », 2008.

— *La Vie sur Mars*, Paris, Éditions du Seuil, coll. « Science ouverte », 1999.

— *La Mort des dinosaures. L'hypothèse cosmique*, Paris, Masson, 1996 ; rééd., Paris, Éditions du Seuil, coll. « Points sciences », 1999.

GOURSAC, O. de, *Visions de Mars*, Paris, La Martinière, 2004.

JOUZEL, J. et DEBROISE, A., *Le Climat : jeu dangereux. Dernières nouvelles de la planète*, Paris, Dunod, coll. « Quai des sciences », 2007.

LAGRANGE, P. et HUGUET, H., *Sur Mars. Le guide du touriste spatial*, Les Ulis, EDP Sciences, coll. « Références astronomiques », 2003.

LEVASSEUR-REGOURD, A.-C. (sous la dir. de), *Système solaire et Planètes*, Paris, Ellipses, 2009.

LILENSTEN, J. (sous la dir. de), *Le Système solaire revisité*, Paris, Eyrolles, 2006.

LORENZ, R. et MITTON, J., *Titan Unveiled*, Princeton, Princeton University Press, 2008.

MAYOR, M. et FREI, P.-Y., *Les Nouveaux Mondes du cosmos. À la découverte des exoplanètes*, Paris, Éditions du Seuil, coll. « Science ouverte », 2001.

ROCARD, F., *Planète rouge. Dernières nouvelles de Mars*, Paris, Dunod, coll. « Quai des sciences », 2006 (2e éd.).

ROTHERY, D. A., *Teach Yourself Planets*, Hodder Education, 2000, 2003.
SOTIN, C., GRASSET, O. et TOBIE, G., *Planétologie. Géologie des planètes et des satellites*, Paris, Dunod, coll. « Sciences sup », 2008.
WHITEHOUSE, D., *Lune. La biographie autorisée*, Paris, Dunod, coll. « Quai des sciences », 2008.

Quelques sites web

Système solaire

www.planete-astronomie.com
(découverte du système solaire)
http://www.space.com/solarsystem
(nouvelles du système solaire)
http://www.astrosurf.com/luxorion/menu-systemesolaire.htm
(compendium du système solaire, en français)
http://photojournal.jpl.nasa.gov/index.html
(photothèque NASA des images planétaires)

Mercure

http://www.mercurytoday.com
(nouvelles de Mercure)
http://messenger.jhuapl.edu
(Mercure vue par la sonde *Messenger*)

Vénus

http://www.venustoday.com/
(nouvelles de Vénus)
http://www.esa.int/SPECIALS/Venus_Express/
(sonde *Venus Express* : le site de l'ESA)
http://www2.jpl.nasa.gov/magellan/
(Vénus vue en 1990-1994 par la sonde *Magellan*)

La Lune

http://www.moontoday.net/
http://www.moondaily.com/
(nouvelles de la Lune)
http://lunar.gsfc.nasa.gov/
(la Lune vue par la sonde *Lunar Reconnaissance Orbiter*)

http://www.jaxa.jp/projects/sat/selene/index_e.html
(la Lune vue par la sonde japonaise *Kaguya*)

Mars

http://www.nirgal.net/
(tout sur la planète rouge, en français)
http://www.planete-mars.com/
(site de l'association Planète Mars, en français)
http://www.marsdaily.com/
(nouvelles de Mars)
http://marsrovers.jpl.nasa.gov/home/index.html
(Mars vue par les sondes *Spirit* et *Opportunity* du programme *MER* [*Mars Exploration Rover*])
http://phoenix.lpl.arizona.edu/
(Mars vue par la sonde *Phoenix* de 2008)
http://www.esa.int/SPECIALS/Mars_Express/
(Mars vue par la sonde européenne *Mars Express*)
http://marsprogram.jpl.nasa.gov/mro/
(Mars vue par la sonde *MRO* [*Mars Reconnaissance Orbiter*])

Les astéroïdes

http://www.lpl.arizona.edu/css/
(recherche d'astéroïdes : programme *Catalina Sky Survey*)
http://neo.jpl.nasa.gov/
(recherche d'astéroïdes : *Near Earth Program* du JPL)

Jupiter

http://www.jupitertoday.com/
(nouvelles de Jupiter)
http://www2.jpl.nasa.gov/galileo/
(Jupiter vue par la sonde *Galileo*, 1995-2001)

Saturne

http://www.saturndaily.com/
(nouvelles de Saturne)
http://www.esa.int/esaMI/Cassini-Huygens/
http://saturn.jpl.nasa.gov/
(Saturne et ses lunes vues par la mission *Cassini-Huygens*, NASA/ESA)

Bibliographie

http://www.newscientist.com/topic/saturn-and-its-moons
(découverte de Saturne, commentée par le magazine *New Scientist*)

Uranus

http://www.sciencedaily.com/news/space_time/uranus/
(nouvelles d'Uranus)

Neptune

http://www.sciencedaily.com/news/space_time/neptune/
(nouvelles de Neptune)

Pluton et les planètes naines

http://www.sciencedaily.com/news/space_time/pluto/
(nouvelles de Pluton)
http://pluto.jhuapl.edu/
(Pluton et la sonde *New Horizons*)
http://www.boulder.swri.edu/ekonews/
(objets transneptuniens)

Table

Le Seuil s'engage pour la protection de l'environnement

Ce livre a été imprimé chez un imprimeur labellisé Imprim'Vert, marque créée en partenariat avec l'Agence de l'Eau, l'ADEME (Agence de l'Environnement et de la Maîtrise de l'Énergie) et l'UNIC (Union Nationale de l'Imprimerie et de la Communication).
La marque Imprim'Vert apporte trois garanties essentielles :

- la suppression totale de l'utilisation de produits toxiques ;
- la sécurisation des stockages de produits et de déchets dangereux ;
- la collecte et le traitement des produits dangereux.

RÉALISATION : CURSIVES À PARIS
IMPRESSION : NORMANDIE ROTO IMPRESSION S.A.S. À LONRAI
DÉPÔT LÉGAL : OCTOBRE 2009. N° 96549 (093210)
IMPRIMÉ EN FRANCE